ROWOHLT
BERLIN

Alles

Hans Graßmann

Alles Quark?

Ein Physikbuch

Rowohlt · Berlin

3. Auflage Februar 2000

Lektorat Rüdiger Dammann
Umschlaggestaltung Büro Hamburg, Susanne Reizlein
(Foto: ZEFA-Steeger; Uwe Müller)
Satz aus der Sabon PostScript PageOne
Gesamtherstellung Clausen & Bosse, Leck
Printed in Germany
ISBN 3 87134 362 5

Die Schreibweise entspricht den Regeln
der neuen Rechtschreibung.

Marina Greta

«Μῆνιν ἄειδε, θεά»
gilt immer,
wenig hat sich geändert
seit der Tochter Klage:

Auch heute bekümmern uns,
kleine Kleis,
die Tyrannen nicht.
Ist doch das Leben selbst,
an dem nur teilhat, wer will,
notwendig, ewig.

Inhalt

ANHANG

Zu diesem Buch

Du hast ein wenig herumgestöbert oder vielleicht war Geburtstag, jetzt hast du jedenfalls dieses Buch in der Hand und schmökerst darin herum, mal sehen. Dann sollst du nicht enttäuscht sein, wenn du nicht alles gleich verstehst. Es liegt nicht an dir. Es liegt am Buch, dieses Buch ist sehr schwer.

Natürlich habe ich mir große Mühe gegeben, das Buch so zu schreiben, dass man es gut versteht. Aber es soll doch auch ein richtiges Physikbuch sein, und nirgends habe ich etwas verheimlicht, nur deswegen, weil es zu schwierig sein könnte.

Du musst also nicht enttäuscht sein, denn von einem richtigen Physikbuch die Hälfte zu verstehen oder ein bisschen weniger, ist schon eine ganze Menge und ist ein großer Erfolg. Und immer, wenn du wieder ein wenig herumschmökerst, wirst du ein wenig mehr verstehen.

Du magst schwierige Bücher nicht so, ich weiß. Aber siehst du, dies ist ja eben kein Schul- oder Lehrbuch: Du musst nicht brüten und leiden und studieren, weil dich morgen jemand abfragen wird. Betrachte doch das Buch als eine Reise. Nicht eine Reise, bei der man auf der Autobahn möglichst schnell irgendwohin rast. Sondern wie einen Spaziergang am Meeresstrand. Barfuß, wenn du willst, und ganz gemütlich, und nur, wenn du gerade Lust hast. So eine Art von Spaziergang kannst du auch unterbrechen, solange du willst, eine Woche, einen Monat, gar ein Jahr, und kannst doch immer wieder zurück und weitermarschieren, dort, wo du die Pause eingelegt hattest. Dein Buch wird auf dich warten, und immer, wenn du es aufschlägst, ist es wieder für dich da.

Eile zu haben, darauf kommt es hier nicht an. Es kommt nur darauf an, dem Weg zu folgen, aber der ist ja vorgegeben durch den Meeresstrand, du hast Zeit. Und gerade eben die ist es, die Zeit, die dich ans Ziel bringen wird, ganz allmählich.

Es könnte schon sein, dass du einmal das Buch zuklappen wirst und sagen: «Jetzt hab ich alles verstanden», den Spaziergang beenden wirst und bist das Kind nicht mehr, das du warst, sondern bist überm Spazieren erwachsen geworden, es mag sein. Aber vielleicht bist du manchmal im Zweifel, ob du genauso werden willst wie die Erwachsenen? Dann bräuchtest du erst recht ein Physikbuch. Doch! Es ist wirklich so, das lehrt uns die Geschichte von Irinel und ihrem Pferd, wie sie die Scheherazade fanden. Kennst du sie?

Irinel

Als der Herr Dammann vom Rowohlt·Berlin Verlag gefragt hat, ob ich ein Physikbuch für junge Leser schreiben will, da war ich zuerst wenig überzeugt. So ein Buch macht eine Menge Arbeit. Einmal soll es ja von der gesamten Physik handeln, auch von solchen Dingen, über die ich schon lange nicht mehr nachgedacht habe, und dann soll der Leser auch noch alles verstehen können. Und trotz der vielen Arbeit ist mit so einem Buch kein Geld zu verdienen. Wer kauft denn heute schon Physikbücher?

Damit war die Sache eigentlich für mich erledigt. Ich wollte beruhigt ins Bett gehen, am nächsten Morgen würde ich meine Absage nach Berlin schicken. «Sehr geehrte Damen und Herren … rechnet sich einfach nicht … verbleibe mit freundlichen Grüßen.» Der Brief lag schon fertig auf dem Küchentisch.

Stattdessen war ich den ganzen Abend seltsam unruhig, weiß nicht warum. Man ist müde, will schlafen, doch der Kopf produziert wirres Zeug. Und belästigt einen mit zusammenhanglosen Bildern, die man gar nicht sehen will. Zum Beispiel von jenem Mädchen. Weiß nicht warum. Woher kennt der Kopf die überhaupt? Wusste zuerst nicht einmal mehr, wie die hieß, hatte ja schon seit Jahren nicht mehr an sie gedacht. Aber dann hat der Kopf auch die Stimme geliefert zum Bild, so ist mir nach und nach auch der Rest wieder eingefallen, wie Irinel und ich uns kennen gelernt hatten, als Sommerstudenten, am Desy. Es ist lange her und ich war damals jung. Ja, sie hatte viel gearbeitet und noch mehr gelacht, und wenn sie nicht gelacht hat, so hat sie nachgedacht, und wenn sie nicht nachgedacht hat, so hat sie zugehört, und wenn sie nicht gerade zugehört hat, so hat sie geredet. Und immer, wenn sie nicht geredet hat, sang sie leise, rumänische Lieder – aus ihrer Heimat.

Sie war gerade aus Frankreich zurückgekommen, hatte sich da irgendwie ein Pferd geliehen, für ein Auto hatte sie ja kein Geld gehabt, so erklärte sie mir, wohingegen das Pferd billiger kam, weil es sich sein Futter selbst sucht. Und war immerzu

nach Süden geritten. Mal hatte sie mit ihrem Pferd im Wald übernachtet, das kostet nichts, und dass ihr dabei etwas zustoßen könnte, nahm sie in Kauf; mal ist sie bei Leuten eingekehrt, die sie unterwegs kennen lernte. Zuletzt hatte sie auf einer einsamen Farm in der Camargue Aufnahme gefunden, am Meer. Bei einer ehemaligen Tanzlehrerin des Schahs von Persien, die in ihrer Jugend für den Schah in Schah getanzt hatte, zu seiner Zerstreuung, des Nachts, in seinem Palast, und die viel zu berichten hatte aus ihrem Leben: von Schiffbruch an fremden Küsten, gewonnenen und verlorenen Schätzen; und die Geschichten über Geschichten zu erzählen wusste. Wenn nicht 1000 und eine, so doch viele.

Irinel konnte so reisen, weil sie außer Rumänisch auch Französisch sprach, Deutsch und Englisch. Ihr Deutsch hatte nur einen ganz kleinen Akzent, der hauptsächlich in einer gewissen Melodik bestand, die das Deutsche sonst nicht hat.

Bei alldem war Irinel aber ein ganz normales Mädchen, weder überdreht noch leichtsinnig. Es war nur einfach so, dass sie ihre Kindheit und Jugend darauf hatte verwenden müssen, ums Überleben zu kämpfen, nun war sie dabei, die verlorenen Jahre nachzuholen. Irinel war Flüchtling.

Mittelmaß

Daher auch ihre Sprachkenntnisse: Französisch sprach sie, weil sie sich aus der Ausweglosigkeit Rumäniens in die Schönheit Frankreichs geträumt hatte. Deutsch, weil Deutschland das einzig mögliche Fluchtland sein würde. Englisch, weil das die Sprache der modernen Physik ist. Irinel war aber keineswegs Physikerin aus Leidenschaft oder Berufung, sie hatte in der Physik lediglich Zuflucht gesucht, eine Überlebensnische.

Denn in ihrer Heimat, Rumänien, herrschte ein Diktator, sein Name spielt keine Rolle. Ein durch und durch mittelmäßiger Mensch ohne Bildung oder Gewissen, der Land und Leute ruinierte und dessen Partei jeden Menschen eisern in ihrer Faust hielt: Einem jeden wurde seine Arbeit zugewiesen, in der er oft unter haarsträubenden Bedingungen ein Leben lang ausharren musste; waren die Leute nicht auf der Arbeit, so suchten sie nach Nahrung oder Kleidern, weil es in den Läden wenig gab; und wurde jemand krank, weil wieder einmal wegen Kohlenmangel nicht geheizt worden war, so konnte das lebensgefährlich sein, denn es gab kaum Medikamente. Und selbstverständlich finden sich in einem Land, in dem es nicht einmal anständig zu essen gibt, keine lesenswerten Zeitungen oder Bücher oder interessante Fernsehprogramme. Wem diese Zustände nicht passten, der tat gut daran, das für sich zu behalten, sonst erging es ihm noch übler.

Um ein erträgliches Leben zu führen, musste man es schaffen, in irgendeiner Weise an der Diktatur teilzunehmen, zu einer Stütze des Apparats zu werden. Dann ging es einem besser. Allerdings hätte es nicht genügt, ein paar rote Fähnchen zu schwenken und dann nach Hause zu gehen, da wäre man noch keine Stütze gewesen. Nein, man musste schon richtig mitmachen, und weil das Regime so entsetzlich dumm war, musste man selbst entsetzliche Dummheiten begehen.

Von einem Arzt etwa mochte verlangt werden zu entscheiden: «Diese todkranken Kinder brauchen gar kein Antiobiotikum, das ist eine ganz falsche und klassenfeindliche Medizin, Zuckerwasser ist alles, was die brauchen.» Als Manager musste man begeistert erklären, wie prima alles läuft, auch wenn man das an den Zahlen wenig merkt, und wie zufrieden die Arbeiter wären und darum bäten, mehr arbeiten zu dürfen.

Natürlich hat diese Ignorierung der Wirklichkeit, diese Missachtung von Verstand und Anstand schon in der Schule begonnen. Im Musikunterricht sangen die Kinder, wie wundervoll ihr Diktator sei und wie er sie befreit hat. Im Kunstunterricht mussten sie den Diktator malen, im Rumänischunterricht schrieben sie Aufsätze über den bedeutenden Mann und so weiter.

Die beste und vielleicht einzige Möglichkeit, sich dem ein wenig zu entziehen, war, sich mit Physik zu beschäftigen. Denn man kann die Gesetze der Betriebs- und Volkswirtschaft verdrehen, die Gesetze des Anstands und der Menschlichkeit, ja sogar die der Medizin, aber nicht die der Physik.

Ausgesorgt?

Und so hatte sich Irinel in die Physik geflüchtet, sie war natürlich auch in den anderen Fächern so fleißig wie nötig, um ausreichend gute Noten zu bekommen. Nach ihrem Abitur wurde sie zum Physikstudium zugelassen. Damit hatte Irinel ausgesorgt. Bei uns ist Student sein nichts Besonderes, aber in Rumänien war das anders: Der Staat hat nur wenige junge Leute zum Studium zugelassen, die dann aber bevorzugt behandelt. Im Gegenzug hat er erwartet, dass diese Leute ihn, den Staat, stützen würden.

Als Akademiker hatte einer immer gut zu essen, ein Dach überm Kopf, Heizung, eine sichere Karriere. Dafür musste dann der Arzt eben die kranken Kinder zufrieden anlächeln und der Manager hatte die kaputte Wirtschaft zu loben. Den Physikern ging es noch besser, denn hätte Rumänien genug Geld gehabt, so hätten sie vielleicht eine Atombombe entwickeln müssen, und so etwas ist kein Spaß. Aber Rumänien war zum Glück pleite.

Was will der Mensch mehr? Und weil es für derart bevorzugte Leute eigentlich keinen Grund hätte geben dürfen, wegzulaufen, so durften Akademiker sogar gelegentlich ins Ausland fahren. Natürlich nicht mit der ganzen Familie, das nun doch nicht.

Nach einigen Semestern Physik durfte auch Irinel ins Ausland fahren, nach Deutschland, für zwei Wochen. Sie fuhr sofort. Und kam nie zurück.

Vorher hatte sie alles mit ihren Eltern besprochen. Die verloren ja nicht nur ihre Tochter, sondern würden als Geiseln auch hart bestraft werden. Sie hatten aber trotzdem darauf bestanden, Irinel sollte gehen.

Wir hatten uns viel zu erzählen in jenem Sommer und ich habe viel von ihr gelernt. Und dann war der Sommer plötzlich vorbei gewesen, mitten im Erzählen. Ich weiß nicht, was aus Irinel geworden ist, ich habe nach ihr gesucht, sie aber nicht mehr gefunden.

Klappe zu, Affe tot

Vielleicht weißt du schon, dass ein paar Jahre später der Diktator totgeschossen und verscharrt wurde wie ein Stück Vieh, und da könnte man erleichtert aufatmen – Klappe zu, Affe tot –, der Vorhang fällt, die Geschichte ist aus, wir gehn nach Haus. Ende gut, alles gut.

Vielleicht muss man ja bei Irinel in der Lehre gewesen sein, um es zu sehen, aber ich glaube, wer genauer hinsieht, der merkt auch so: Die Geschichte ist noch gar nicht aus, eigentlich geht sie erst an.

Wer genauer hinsieht, der merkt, dass der böse Diktator der Geschichte zwar ein dramatisches Moment gibt, man kann sich das so richtig gut vorstellen: Böser Diktator im schwarzen Mantel und Schlapphut verfolgt unschuldiges Mädchen. Aber eigentlich ist der Diktator gar nicht so wichtig. Denn die Irinel war ja davongelaufen, als sie vom Diktator gar nicht mehr so viel zu fürchten hatte, als es ihr am besten ging.

Nun wird manch erwachsener Leser, dies Buch ist ja ein Buch für Jugendliche nur insofern, als es auch für Jugendliche ist, möglicherweise ausrufen: «Halt! Stopp! Was haben Sie da vor, Herr Graßmann? So etwas kann man den jungen Leuten doch nicht zumuten! Das ist doch zu schwer! Ein Buch für Jugendliche muss doch lustig sein und leicht.»

Ich bin aber erstens der Meinung, nur weil jemand jung ist, ist er noch lange nicht dumm. Zweitens ist es zwar wahr: Junge Menschen hatten vielleicht noch nicht Zeit, die wichtigsten Bücher zu lesen, jedenfalls nicht die weniger bekannten, wobei es interessanterweise ja die Erwachsenen sind, die festlegen, was ein weniger bekanntes Buch ist. Aber es ist ja nicht nötig, immer alles sofort ganz zu verstehen, falls jemand wirklich etwas nicht verstehen sollte, so kann er's ja fürs Erste durchlesen und bedenken, und wenn er's erst später richtig versteht, warum nicht? Außerdem kann er ja fragen, seine Lehrer etwa oder seine Eltern, wenn er zum Beispiel nicht weiß, wer die Leute aus Ur in Chaldäa sind.

Iss und sei still?

Zurück also zu Irinel. Was tatsächlich passiert war, ist dies: Der Diktator hatte die wirkliche Welt durch eine vereinfachte Scheinwelt zu ersetzen versucht. In dieser Scheinwelt brauchten Menschen nur Essen und Trinken, ein Dach überm Kopf, Kleider, medizinische Versorgung, ein wenig Karriere. Das war, was er den Menschen, die ihn unterstützten, geben konnte. Und das sind ziemlich genau die gleichen Sachen, die man einem Tier gibt, wenn man nicht gegen das Tierschutzgesetz verstoßen will. Nur dass Tiere halt keine Kleider brauchen, und statt einer Karriere, wie man sie in einer Diktatur machen kann, gibt man ihnen ein Tretrad oder einen Lieblingsknochen, je nach Tierart.

Diese Scheinwelt hatte mit der wirklichen Welt wenig zu tun, denn in der Wirklichkeit sind die Menschen vom Tier verschieden. Die vereinfachte Scheinwelt hatte der Diktator nur aufgebaut, um die Menschen zu beherrschen: Wenn man Menschen von der Wirklichkeit abschneidet und sie mit einer Scheinwirklichkeit umgibt, so hat man die Menschen in seiner

Macht. Es ist so ähnlich wie bei Tieren. Will man ein freilebendes Tier dressieren, so muss man es einfangen und in ein Gehege sperren, also von der Natur abtrennen. Beim Menschen funktioniert das ähnlich, nur muss man ihn nicht von der Natur trennen, sondern von seiner Kultur. Den Effekt, den man erzielt, indem man das Tier von der Natur trennt, erhält man, wenn man den Menschen von seiner Kultur abschneidet.

Nun versteht man, warum sich Irinel ausgerechnet in die Physik geflüchtet hatte. In der Physik ist es viel schwerer, die Wirklichkeit so zu verdrehen, wie man sie haben will, als in allen anderen Gebieten des Menschseins. Es gab und gibt Versuche, eine arische oder marxistische oder Newage-Physik zu schaffen, aber diese Versuche haben immer in die Lächerlichkeit geführt. Ist der Mensch in Gefahr, aus der Wirklichkeit gerissen zu werden, so ist die Physik der letzte Rettungsanker.

Auf allen anderen Gebieten sind Manipulationen viel leichter möglich. Man kann den Leuten weismachen, das Bild mit den glücklichen Menschen, die sich um ihren geliebten Diktator scharen, sei ganz wunderbar, man muss nur vorher alle wirklich guten Bilder wegschaffen. Man kann den Leuten noch den letzten billigen Fusel als Musik verkaufen, vorausgesetzt, sie hatten vorher nie die Gelegenheit, mit einer Musik in Berührung zu kommen, die sie hätte ansprechen können. Dadurch kann man den Menschen so weit von der Wirklichkeit entfernen, dass er am Schluss selbst nicht mehr weiß, wer er ist.

Und das ist, was letzten Endes hinter der Flucht Irinels stand, die Frage danach, wer und was der Mensch denn sei. Ist er wirklich nur ein unbehaartes Tier?

Das Menschsein in Frage zu stellen, die Wirklichkeit zu verdrehen, das ist keine Spezialität der Diktaturen. Bei denen fällt es nur besonders auf, weil sie die Menschen mit Gewalt aus der Wirklichkeit reißen wollen. Es sind lediglich die Akte der Gewaltanwendung, wodurch Diktaturen auffallen.

Die Tendenz, die Menschen von der Wirklichkeit zu trennen, gibt es aber überall, wo Menschen sich organisieren, einfach aus Gründen der Arbeitserleichterung, nicht notwendig aus Bosheit. Wenn die Regierung so tut, als seien die Regierten nur große Ameisen, so ist das Regieren viel einfacher. Macht man sich vor, die Menschen hätten nur materielle Interessen – Essen, Kleidung, Einkaufen –, so ist es viel leichter, Geld umzusetzen.

18

Ur!

Und deswegen wird es immer wieder eine Irinel geben, die flieht, solange es Menschen gibt. Und deshalb schreibe ich dieses Buch. Vielleicht, vielleicht hilft es ihr bei ihrer nächsten Flucht.

Verhindern lassen wird sich ihre Flucht nicht! Die Gewissheit haben wir zu unserer Erleichterung. Denn Irinels Flucht war nichts anderes als die vieltausendste Wiederholung eines Urgeschehnisses, eines Geschehens, das sich immer schon so abgespielt hat, seit Urzeiten, und das sich deshalb auch in Zukunft so wiederholen wird. Und es ist schon in den allerfrühesten Schriften bekundet. Nur hieß Irinel damals nicht Irinel und wohnte nicht in Rumänien, sondern lebte in Chaldäa und floh aus den Mauern von Ur.

Die Eltern der Physik

Jetzt sitz ich schon zwei Tage hier und versuch zu schreiben, was Physik sei, weil ein Physikbuch ja mit einer Definition anfangen muss von der Physik, so viel ist klar, und soo schwierig ist das am Ende gar nicht, nur werden die immer so lang, diese Definitionen, und der Herr Dammann hat mir gesagt, das Buch soll auch für Jugendliche sein, und Recht hat er, der Herr Dammann, ich find das auch gut, aber wenn ein Jugendlicher so eine Definition durchlesen will, da wird er ja alt, bis er fertig ist, und dann ist er ja kein Jugendlicher mehr, und das Buch hat seinen Zweck ganz verfehlt. Was tun?

Ach, wär ich Musiker und mich fragte einer: «Was ist Musik?» Da wüsste ich, was tun! Ich setzte mich ans Klavier und finge einfach so an. Ein paar Noten zuerst, die klängen zusammen, einen Akkord, ein bisschen Harmonie, daraus wird ein einfaches Stückchen. Dann zeigte ich, wie's geht, hier die linke Hand, da die rechte. Am Anfang hauen alle daneben, das macht nichts, mit ein bisschen Mühe geht's dann doch, nicht so laut bitte, wegen der Nachbarn. Die weißen Tasten sind die Ganztonschritte, die schwarzen sind für die Halbtöne, übrigens fehlen zwei schwarze Tasten, denn seit Bach wissen wir …

Aber ja, doch! Natürlich! Warum denn nicht so? Also:

$v = \frac{l}{t}$, die Geschwindigkeit v, mit der sich etwas bewegt, ist gleich der Strecke, die es zurücklegt, l, geteilt durch die Zeit, t, die es dafür benötigt. Warum nicht? So nennen wir unser erstes Kapitel:

Beispiel:

Du fährst mit deinem Fahrrad	l = 10 Kilometer weit,
dazu brauchst du	t = 1 Stunde,
deine Fahrgeschwindigkeit ist	v = 10 Kilometer pro Stunde.

«Pro Stunde» ist die umgangssprachliche Ausdrucksweise für «geteilt durch eine Stunde». Die Abkürzung von Kilometer ist ‹km›, von Stunde ‹h›. Dein Fahrrad fährt also mit einer Geschwindigkeit von 10 km/h.

Anstatt die Länge in Kilometern zu messen und die Zeit in Stunden, kannst du auch irgendwelche anderen Einheiten verwenden. Willst du die 100 Meter in 10 Sekunden laufen, so musst du eine Geschwindigkeit von $v = \frac{100 \text{ m}}{10 \text{ sec}} = \frac{10 \text{ m}}{\text{sec}}$ schaffen. Du kannst die Formel mit Hilfe der Bruchrechnung natürlich auch umformen und statt $v = \frac{l}{t}$ schreiben

$$t = \frac{l}{v}.$$

Damit kannst du zum Beispiel ausrechnen, wie lange ein Schiff, dessen Höchstgeschwindigkeit «v» du kennst, brauchen wird, um die Entfernung «l» nach Amerika zurückzulegen. Das ist schon wichtig, damit du genug Proviant an Bord nimmst. Oder du kannst schreiben

$$l = v \cdot t,$$

und wenn du nach, sagen wir mal, t = 27 Stunden Fahrt wissen möchtest, wo du dich auf der Seekarte gerade befindest, so brauchst du nur t = 27 Stunden mit deiner Fahrtgeschwindigkeit v zu multiplizieren, und schon weißt du, wie weit du schon gefahren bist. Falls du immer gut Kurs gehalten hast, weißt du somit auch, wo du gerade bist. Zu wissen, wo man ist, das ist gut, besonders wenn man eben im Radio gehört hat, dass 600 Meilen Süd-Süd-Ost von Neufundland Eisberge gesichtet wurden.

Du siehst schon, die Formel $v = \frac{l}{t}$ ist wichtig. Deshalb wird sie oft benutzt, und mancher mag sich denken: «Och, das kenn ich aber schon, ist doch klar, ist so was Einfaches überhaupt Physik?» Das hängt von uns ab. Wenn wir die Formel so einfach mit der Schulter wegzucken, so wie die Kuh die Fliegen, dann ist das natürlich keine Physik. Wenn wir uns unter einen Apfelbaum in den Schatten setzen, auf einer Wiese, wo man die Käfer brummen hört, und in den Nachmittag hinausblicken und über die Formel nachdenken, dann wird's schon Physik. Das ist gar nicht poetisch gemeint, ich will auch nicht didaktisch sein oder so was. Probier's doch einfach aus, falls es bei dir gerade Sommer ist. «Nachdenken» heißt aber nicht, den Kopf in die Hände nehmen und brüten und leiden. Vielleicht ist ein besserer Ausdruck «Mach dir Gedanken», irgendwelche.

Einfach ist mutig

Zum Beispiel, aber das ist wirklich nur ein Beispiel, dir könnte auch irgendwas anderes einfallen, zum Beispiel könntest du dich fragen, «$v = \frac{l}{t}$», das sagt uns, was Geschwindigkeit ist, es ist «Raum geteilt durch Zeit»; aber wer sagt uns, was Raum ist und Zeit? Die Formel jedenfalls sagt es nicht, wer sagt es uns dann?

Ich glaube aber nicht, dass du Derartiges tatsächlich gedacht hast, du hast dich nämlich nicht getraut, so was Einfaches zu denken. Wenn du abends von deiner Wiese heimkommst und jemand fragt dich, was du denn gedacht hast unter deinem Baum, was solltest du da schon erzählen? Du müsstest dich ja schämen und die Leute hielten dich für einfältig, weil du so kindische Sachen denkst. In der Tat haben sich schon eine Menge Leute den Kopf zerbrochen über Raum und Zeit, auch sehr gescheite und berühmte Leute. Nur haben die leider ihre Gedanken in künstlich komplizierte philosophische Ausführungen versteckt, vermutlich weil sie Angst hatten, ausgelacht zu werden. Durch diese Kompliziertheit wurde es aber schnell zu schwierig und so ist bei all diesen komplizierten Gedankengängen recht wenig herausgekommen.

Nun können wir uns aber nicht ins Gras setzen und warten, bis ein Philosophenfreund so nett ist, für uns herauszufinden, was das ist, Raum und Zeit, ehe wir weiterschreiben beziehungsweise -lesen. Sonst werden wir mit dem Buch ja nie fertig. Behelfen wir uns zwischenzeitlich so: «Zeit ist, was wir mit dieser Sache hier messen, dies ist eine Uhr. Raum ist, was wir mit dieser Sache hier messen, es ist ein Metermaß.» Womit nicht nur gesagt ist, was Raum und Zeit sind, sondern auch, wie sie sich verhalten. Am Metermaß sieht man, Längen addieren sich, so wie einfache Zahlen es tun. 2 + 3 = 5 = 3 + 2. 20 cm + 30 cm = 50 cm = 30 cm + 20 cm. Und Zeiten ebenso. Wenn ich von München nach Nürnberg fahre und dann geht es im gleichen Zug weiter nach Hamburg und dann nach Berlin, da reicht es, wenn ich weiß, wie lange der Zug von einer Station zur jeweils nächsten braucht, damit liegt auch fest, wie lange er insgesamt braucht. Zeiten addieren sich.

Zu schnell!

Und deswegen kann man mit der Formel $v = \frac{l}{t}$ Geschwindigkeiten ganz einfach aufaddieren: Es weht Wind mit einer Geschwindigkeit von 10 km/h. Du steigst auf dein Rad und fährst gegen den Wind mit einer Fahrradgeschwindigkeit (wie sie der Tacho anzeigt) von 10 km/h. Dann spürst du einen Fahrtwind von 10 km/h + 10 km/h = 20 km/h. Oder du sitzt im Zug, der fährt mit 100 km/h Geschwindigkeit. Du stehst auf, um zum Speisewagen zu gehen, und gehst mit 5 km/h. Nun bewegst du dich mit 105 km/h. Vom Bahndamm aus gesehen.

Das kann man beliebig weiter so treiben. Stell dir was Extremes vor, stell dir einen Zug vor, der immerzu im Kreis fährt;

der Zug soll genauso lang sein wie der Kreis, auf dem er fährt, sodass die Lokomotive den hintersten Wagen berührt. Oben auf dem Zug legen wir Schienen aufs Dach und lassen einen anderen Zug fahren und auf dem wieder einen anderen und so weiter. Je mehr Züge wir aufeinander stellen, umso schneller wird der oberste Zug, vom Bahndamm aus gesehen. Weil sich in unserer Formel Längen addieren, deswegen addieren sich die Geschwindigkeiten der Züge. Je mehr Züge wir aufeinander türmen, umso schneller wird der oberste Zug sein. Beliebig schnell, unendlich geschwind. In unserer Formel $v = \frac{l}{t}$ wird das «l», das der oberste Zug in irgendeiner Zeit zurücklegt, beliebig groß, unendlich geschwind.

Und das ist seltsam. Denn wenn man sich ein wenig umschaut in der Welt, so findet sich eigentlich nirgends etwas unendlich Großes. Das Weltall zum Beispiel hat eine endliche Größe. Deswegen, weil es erst seit einer bestimmten Zeit existiert, nicht seit einer unendlichen Zeit. Deshalb ist auch die Zahl der Sterne begrenzt. Denn in ein bestimmtes Volumen passen nur soundso viele Sterne. Was man auch immer tut, worüber man auch immer nachdenkt, nirgends in der Welt findet sich etwas unendlich Großes. Mit unserer Formel wäre also etwas denkbar, das unendlich Große, was man in Wirklichkeit nie beobachtet. Seltsam, stimmt vielleicht etwas nicht mit unserer Formel, $v = \frac{l}{t}$? Oder mit dem Raum oder mit der Zeit?

Die drei Eltern der Physik

Mit der Formel $v = \frac{l}{t}$ war ich so ausführlich, um das Wesen, den Charakter, der Physik zu demonstrieren, denn so halb und halb sind wir ja immer noch in der Einleitung. Die Physik hat gewissermaßen nicht zwei Eltern, sondern drei: Mathematik,

Philosophie und Kunst. Die Denk- und Arbeitsweise der Physik hat von jedem dieser drei etwas.

Von der Mathematik hat sie eine gewisse Klarheit, innere Notwendigkeit und Unbedingtheit. Das Gleichheitszeichen «=» besagt, «was auf der linken Seite von = steht, ist das Gleiche wie auf der rechten Seite, auch wenn es verschieden aussieht», genau gleich, da gibt es kein Bisschen mehr oder weni-

ger. Und aus «$v = \frac{l}{t}$» folgt eben «$l = v \cdot t$», der Mathematiker schreibt dafür «$v = \frac{l}{t} \Rightarrow l = v \cdot t$», und dieses «$\Rightarrow$» kennt kein Wenn und Aber. Und in $v = \frac{l}{t}$ ist die Geschwindigkeit additiv. So sagt der Mathematiker zu unserem Beispiel mit den Zügen, und da gibt es keine Diskussion.

Die Mathematik kümmert sich aber nicht darum, was das denn sei, v, l oder t, sind halt Symbole, in der Mathematik. Sind die erst mal definiert, so folgt der Rest zwangsläufig. Da hat nun die Physik das Sich-Sorgen und Nachdenken der Philosophie, und sie wundert sich, was das denn sei, Zeit und Raum? Könnten wir nicht sogar fragen: «Gibt's das denn wirklich, Raum und Zeit, oder bilden wir uns das nur ein?»

Hätte die Physik ihren schwierigen Charakter nur von der Mathematik und der Philosophie geerbt, so wäre sie hiermit am Ende. Wenn sich mathematisch genau über Raum und Zeit nichts sagen lässt, rein philosophisch gesehen unklar ist, was es mit Raum und Zeit auf sich hat, so wär's das wohl, da könnten wir nach Hause gehen, beziehungsweise dieses Buch resigniert zuklappen. Doch nimmt sich die Physik nun eine gewisse Freiheit, wie sie etwa der leichtsinnig lebendigen und deshalb schöpferischen Kunst zu Eigen ist, und sagt: «Na ja, Raum mess ich mit diesem Ding da in meiner rechten Hand, es heißt ‹Metermaß›, und Zeit mit diesem Ding in meiner linken Hand, ich nenn es ‹Uhr›, und das, was ich damit mess, das sind Raum und Zeit, und damit sehe ich: $v = \frac{l}{t}$. Fürs Erste reicht mir das.» Und wenn wir nicht so hastig im Text vorwärts stürmten, so hätten wir gehört, wie sie leise hinzufügt: «Na, hoffentlich gibt's Raum und Zeit wirklich, damit das gut geht, hoffentlich.» Falls jemand später einmal zu der Angelegenheit mehr zu sagen hat, so wird er jederzeit willkommen sein. Wie in der Malerei halt, was die Menschen vor 30 000 Jahren in den Höhlen malten, ist ganz verschieden von dem, was sie vor 5000 Jahren malten, vor 100 Jahren oder erst gestern. Das heißt aber nicht, die eine oder andere Malweise sei weniger Kunst oder gar falsche Kunst.

Und in der Tat, ich sag das, ohne es gleich zu erklären, ist unsere kleine Formel $v = \frac{l}{t}$ schon Physik und nicht schlecht, sie ist aber sozusagen Physik aus der Steinzeit. Das ist in Ordnung, weil bisher alle Kapitäne und Radfahrer gut mit ihr gefahren sind.

Was ich nie verstanden hatte

Nun befürchte ich, die Einleitung könnte zu einfach ausgefallen sein, wir wollen uns ja nicht langweilen. Besprechen wir als Nächstes das, was am schwierigsten ist in der ganzen Physik. Das ist die so genannte klassische Mechanik. Die handelt davon, wie sich Dinge in Raum und Zeit bewegen und was geschieht, wenn Kräfte auf diese Dinge wirken.

Für mich war die klassische Mechanik das Allerschwerste. Aus zwei Gründen: Erstens handelt die klassische Mechanik von der Welt, wie wir sie aus dem Alltag kennen, zum Beispiel handelt sie vom Fahrradfahren. Fahrradfahren habe ich schon gekannt, bevor ich Physikunterricht hatte, ich habe gewusst, wenn ich fest trete und kein Gegenwind herrscht, dann schaff ich eine Geschwindigkeit von 20 km/h. Das war das Entscheidende an einem Fahrrad, wie schnell man damit fahren kann. Für höhere Geschwindigkeiten hätte ich eines von diesen Rennrädern gebraucht, mit 10-Gang-Schaltung, aber die sind so furchtbar empfindlich, ständig ist etwas kaputt, und das Fahrradreparieren lag mir nicht so.

Jedenfalls war die Geschwindigkeit das Entscheidende und nun hat mir der Physiklehrer beibringen wollen, dass in der

Physik nicht die Geschwindigkeit v des Fahrrads wesentlich ist, sondern eine Sache, die sich Impuls nennt, p. Das fand ich unnötig kompliziert. Bisher war ich gut gefahren mit meiner Geschwindigkeit von 20 km/h, wozu brauch ich da auf einmal einen Impuls? Außerdem sagen die Erwachsenen ja auch: «Mein Auto fährt eine Geschwindigkeit von 200 km/h», keiner käme auf die Idee zu sagen: «Mein Auto schafft einen Im-

puls von 1 Tonne mal 200 km/h.»

In der Elektrizitätslehre war Neues leichter zu akzeptieren: Ich war kein Radiobastler und hatte von Elektrizität nur gewusst, das ist halt die Sache, welche die Lampen leuchten macht. Alles in der Elektrizitätslehre war deshalb neu, und ich habe leichter akzeptiert, auch neue und seltsame Begriffe zu lernen wie «Stromstärke», «Induktion», «Kapazität». Gerade die Vertrautheit mit den Gegenständen der klassischen Mechanik, Fahrrädern zum Beispiel, hat mir die Physik versauert.

Mein zweites Problem war, dass die klassische Mechanik letzten Endes immer von ein und derselben Sache handelt und von sonst gar nichts, nämlich der Erhaltung von Energie und Impuls. Hat man die verstanden, so fällt es einem wie Schuppen von den Augen, und alles andere ist ganz leicht. Leider scheinen diese Erhaltungssätze in haarsträubendem Widerspruch zu stehen zu unserer alltäglichen Erfahrung, und deshalb hatte niemand den Mut, uns Kindern gleich zu sagen: «Das ist der Impulserhaltungssatz, und der gilt immer, und den müsst ihr verstehen, weil er das Einzige ist, was zu verstehen ist.» Alle schienen zu denken, die Kinder schaffen das sowieso nicht. Und deshalb hat man versucht, uns mit Beispielen gewissermaßen zu überlisten, in der Hoffnung, wir Kinder würden uns wenigstens einbilden, es verstanden zu haben. Dabei ist es doch überhaupt nicht schlimm, etwas nicht zu verstehen. Schlimm ist, sich nur einzubilden, etwas verstanden zu haben.

Wenn Billardkugeln eine Reise tun

In meinem Physikschulbuch wurde der Impulserhaltungssatz mit Eisenbahnwaggons erklärt. Ein Eisenbahnwaggon steht auf dem Rangiergleis; jetzt lässt man einen anderen, gleich schweren Waggon auf den drauffahren, mit der Geschwindigkeit v; die beiden Waggons treffen aufeinander, kuppeln ein und rollen dann gemeinsam mit der halben Geschwindigkeit weiter, $\frac{v}{2}$. Auf die Art und Weise stellt man große Züge zusammen.

Also vorher v. Nachher $\frac{v}{2} + \frac{v}{2}$, das ist insgesamt wieder v, so wie vorher. Das ist der Impulserhaltungssatz, hat mir das Buch erklärt und eigentlich fand ich das einleuchtend.

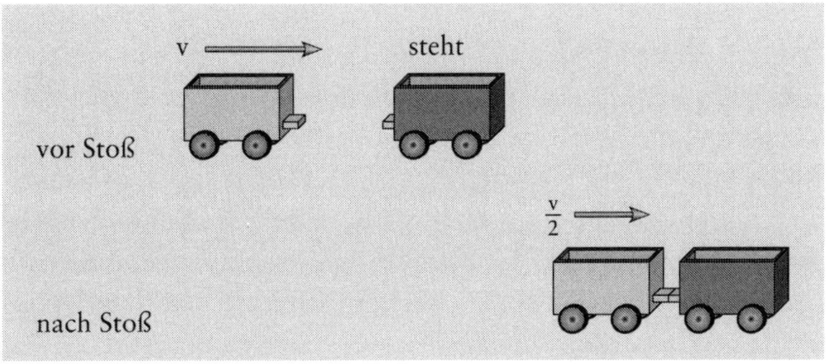

Aber leider habe ich dann auch irgendwann in ein anderes Buch geschaut, und da war ein Beispiel mit zwei Billardkugeln anstatt mit Eisenbahnwaggons: Schwarze Billardkugel liegt auf Billardtisch, weiße, gleich schwere, trifft mit Geschwindigkeit v auf schwarze – Glack –, weiße Kugel bleibt liegen, schwarze rollt weg, mit Geschwindigkeit v. Das ist auch Impulserhaltung, und mich hat das jedenfalls verrückt gemacht: Wenn es bei Billardkugeln so Sitte ist, dass eine still liegen bleibt und eine weiterrollt, und bei Eisenbahnwaggons ist es so, dass die kameradschaftlich zusammen wegrollen, was passiert da wohl, wenn zwei Waggons aufeinander prallen, die Billardkugeln geladen haben?

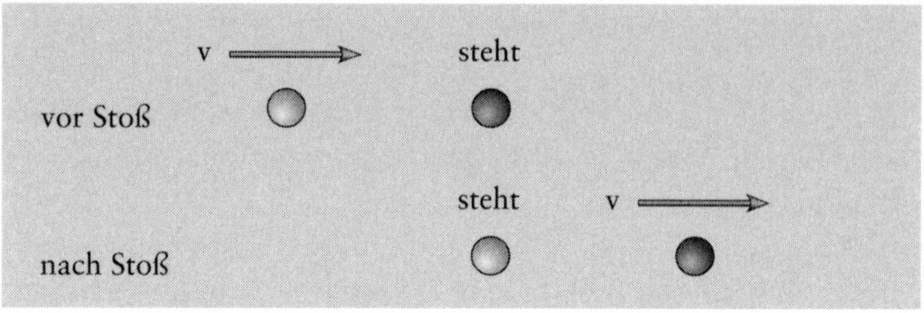

Ich habe damals notgedrungen alle Beispiele und Rechenaufgaben aus meinem Buch auswendig gelernt, und damit hab ich die nächste Schulaufgabe heil überstanden, auch ohne irgendetwas kapiert zu haben. Es war eine Heidenarbeit!

Doch auch wenn man es so erklärt, dass es einer verstehen kann, bleibt die klassische Mechanik trotzdem verflixt schwer. Die nächsten Seiten sind daher die schwersten im ganzen Buch, find ich. Deshalb musst du auch nicht traurig sein, falls du nicht sofort alles verstehst, das ist in Ordnung, lies einfach weiter. Dies ist ja ein Buch, kein Film, und du kannst dann später, wenn du gerade Lust hast, zurückblättern und es nochmal lesen. Außerdem sind die guten Physiker diejenigen, die zugeben, wenn sie was nicht verstehen. Einstein hat zugegeben, dass er die Sache mit der Geschwindigkeit nicht versteht, und hat dann die Relativitätstheorie erfunden. Leute, die immer sagen: «Alles klar, gar kein Problem für mich», die finden nie was!

Mechanik: Die abgeschlossene Welt

Wir führen zwei neue Größen ein, «Masse» und «Kraft», damit wir «Impuls» und «Energie» definieren können. Auf den ersten Blick scheint «Masse» einfach zu sein, die Masse von einem Kilogramm Äpfeln ist halt ein Kilogramm*. «Masse» ist ein Maß dafür, wie viel von etwas da ist. Zwei Kilo Äpfel sind doppelt so viel wie ein Kilo Äpfel. Solange es sich um Äpfel handelt, könnte man vielleicht die Äpfel einfach abzählen, da weiß man auch, wie viel Äpfel man hat. Aber das Abzählen wird sinnlos, wenn wir Äpfel mit Kirschen vergleichen. «Masse» ist besser geeignet: Ein Kilo Kirschen hat so viel Masse wie ein Kilo Äpfel.

«Kraft» ist auch so einigermaßen klar, wir bestimmen «Kraft» zum Beispiel mit einer Feder. Um eine bestimmte Feder um eine bestimmte Länge zu spannen, braucht man eine bestimmte Kraft, um zwei Federn auf die gleiche Länge zu spannen, die doppelte Kraft, für drei Federn …

Das sind jetzt schon vier Größen, mit denen wir umgehen: Länge, Zeit, Kraft, Masse. Und so, wie wir vorher Länge und Zeit zur Geschwindigkeit verknüpft haben, $v = \frac{l}{t}$, so verknüpfen wir als Nächstes Masse und Kraft mit den anderen Größen.

* Was das genau ist, «Masse», das ist gar nicht so einfach zu sagen. Wir werden erst später genauer darüber nachdenken. Das ist, glaub ich, besser. Falls du dir unter «Masse» gar nichts vorstellen kannst, könntest du fürs Erste einfach denken «Gewicht» statt «Masse», solange wir auf der Erde bleiben, geht das in Ordnung.

Impuls

Umgangssprachliche Entsprechungen für das Wort Impuls sind vielleicht «Wucht» oder auch «Schlagkraft». Die genaue Definition lautet: Der Impuls einer Sache ist gleich ihrer Masse mal ihrer Geschwindigkeit. Für Geschwindigkeit schreiben wir nach wie vor «v», die Masse nennen wir «m», der Impuls bekommt die Abkürzung «p». Also:

Impuls $p = m \cdot v$

Um mir das besser einprägen zu können, habe ich mir in der Schule den Impuls als «Bewegungsmenge» vorgestellt, so wie es ja die «Wärmemenge» gibt. Impuls und Geschwindigkeit sind so wie Wärmemenge und Temperatur. Die Temperatur sagt, wie warm etwas ist. Aber damit ist noch nicht gesagt, wie viel Wärmemenge es hat. Ein Liter 50 Grad warmes Wasser hat tausendmal weniger Wärme als tausend Liter Wasser mit 50 Grad. Ebenso hat ein Fahrradfahrer mit einer Geschwindigkeit von 20 km/h viel weniger Impuls («Bewegungsmenge») als ein Lastwagen mit 20 km/h. Zum Beispiel können sich auf dem Lastwagen 10 Fahrräder befinden, mitsamt ihren Fahrern.

Aber das ist nur so eine Eselsbrücke aus meiner Jugend, im Unterricht kann man schlecht sagen «Bewegungsmenge», sag lieber «Impuls».

Energie

«Energie», das ist auf den ersten Blick besser vertraut als «Impuls». Man sagt: «In der Batterie steckt Energie», «das Kraftwerk erzeugt Energie», «im Essen ist Energie» oder «die

Sonne strahlt Wärmeenergie auf die Erde». Energie kann in verschiedenen Erscheinungsformen auftreten, als Wärmeenergie oder als elektrische Ener

Halt!

Nicht weiterlesen. Sag bitte erst, was du jetzt gedacht hast. «O weh, ist das schwierig»? Das wäre schön, wenn du es gemerkt hättest. Es ist nämlich wirklich schwierig. Wir Menschen haben das ein paar tausend Jahre lang ganz und gar nicht verstanden, was das ist, «Energie». Selbst die allerklügsten und berühmtesten haben es nicht verstehen können. Erst seit kurzem sind wir in der Lage, mit dem Begriff «Energie» etwas anzufangen, erst seit kurzem wissen wir, dass «Energie» immer erhalten bleibt, dass sie in verschiedenen Formen auftauchen kann, als Wärme-Energie, als Bewegungs-Energie, als chemische Energie, als potentielle Energie und so weiter.

Der Begriff der Energie ist gedanklich so schwierig, auch schwieriger als der des Impulses, weil man einem Gegenstand seine Energie so schwer ansieht. Beim Impuls reicht es, zu wissen, welche Masse der Gegenstand hat, und zu sehen, mit welcher Geschwindigkeit er sich bewegt, dann wissen wir, er hat den Impuls $p = m \cdot v$. Aber wenn ich zum Beispiel eine Uhr aufziehe, dann hat die Uhr Energie gespeichert in ihrer Feder, aber das seh ich der Uhr nicht an. Wenn ich Schokolade esse, da ist Energie drin, aber wie mess ich die? Ob jemand Schokolade gegessen hat oder nicht, das sieht man von außen nicht. Ob jemand Impuls hat oder nicht, das sieht man schon, an seiner Bewegung nämlich. Was tun wir da?

Ganz einfach, wir machen's wie die Katzen. Wenn die Katze wissen will, was da wohl drin ist, im Mauseloch, dann setzt sie sich geduldig davor und wartet, bis jemand rauskommt. Was da aus dem Mauseloch herausgekrabbelt kommt, war wohl vorher drin. Problem gelöst. Wie aber kommt nun die Energie in eine Sache rein beziehungsweise raus? Wenn man das weiß, hat man die Energiefrage fast schon gelöst.

Arbeit macht Energie und Energie macht Arbeit – die Entdeckung der Energie

Vor 150 Jahren war es so weit, hat es jemand endlich geschafft, den folgenden Gedanken zu fassen: «Es ist doch die Arbeit, die einem Körper Energie zuführt. Ein Körper gewinnt genauso viel Energie, wie Arbeit an ihm geleistet wird.» – «Körper», das kann irgendein Gegenstand sein, etwa ein Auto, aber es kann sich auch um ein Lebewesen handeln.

Man kann den Gedanken auch umkehren, dann lautet er so: «Es ist die Arbeit, durch die ein Körper seine Energie abgibt. Ein Körper gibt genauso viel Energie ab, wie er Arbeit leistet.»

Beispiele: Es gibt Spielzeugautos, die funktionieren mit einer Feder. Ich zieh sie auf und dann fahren sie, bis die Feder wieder entspannt ist. Wie viel Spannungsenergie enthält das Auto, wenn es aufgezogen ist? So viel, wie es Arbeit gemacht hat, die Feder aufzuziehen. Andere Spielzeugautos haben eine Batterie. Wie viel Energie enthält die? Ganz einfach, ich schalte den Motor an und lasse das Auto fahren, bis die Batterie leer ist: In der Batterie war so viel Energie drin, wie der Motor Arbeit geleistet hat. Welche Bewegungsenergie hat ein Pfeil, wenn er durch die Luft zischt? Ganz einfach, ich messe, wie viel Arbeit es gemacht hat, die Bogensehne zu spannen.

«Es ist doch die Arbeit, die einem Körper Energie zuführt. Ein Körper gewinnt genauso viel Energie, wie Arbeit an ihm geleistet wird.» Dieser einfache, kleine Gedanke ist eine der größten Entdeckungen der Menschheit überhaupt gewesen. Er ist eines der wichtigsten Denkinstrumente, welche der Mensch je bekommen hat. Mit seiner Hilfe lassen sich Gedanken denken, die sonst unvorstellbar wären. Du wirst es sehen: Wenn du die Gedanken, in denen die Energie vorkommt, aus diesem Buch streichen würdest, so bliebe wenig übrig vom Buch.

Der Herr Mayer

Robert Mayer war es, der den Gedanken zum ersten Mal ausgesprochen hat. Und niemand wollte zuhören. Jedenfalls in Deutschland. Die deutschen Physiker haben einfach weggesehen und so getan, als wär nichts. Damit war die Entdeckung erst mal vom Tisch, denn der Herr Mayer hat in Deutsch veröffentlicht, und wer spricht schon Deutsch außer in Deutschland.

Das hat Nachwirkungen bis heute: Galilei, Newton, Einstein, klar. Kennt jeder. Aber kaum jemand hat den Namen Mayer jemals gehört. Keines der Bücher, die ich kenne, verwendet viel Gedanken darauf, warum das damals geschehen ist: dass einer so eine welterschütternde Entdeckung macht, ihm gelingt, was Jahrtausende niemandem gelang – und dann will's keiner wissen. Alle meine Bücher tun so, als wär es das Normalste von der Welt.

Schreib halt ich ein paar Zeilen zum Herrn Mayer, einer muss es tun, finde ich, Herrn Robert von Mayer, genauer gesagt. 1814 in Heilbronn geboren, wird er bald zu einem fleißigen und ernsthaften Menschen, studiert Medizin, macht seine Studienabschlüsse, wird Arzt. Ärzte sind fleißige und ernsthafte Leute, finde ich. Ist aber nicht nur fleißig und ernsthaft, unser Herr Mayer, sondern abenteuerlustig ist er auch. Heuert an im Hafen auf einem Segelschiff. Dreimaster, es ist 1840, Reiseziel: Java, exotische Insel auf der anderen Seite der Welt – am Kap der Guten Hoffnung vorbei, Piraten, Tiger, Kopfjäger, Schlangen, Dschungel, Vulkane. Das war ein ganzer Kerl, der Mayer!

Für Physik hatte er sich eigentlich nicht interessiert bis dahin. Aber so eine Reise auf einem Dreimastsegelschiff, das ist ja Natur pur und man hat Zeit zum Nachdenken. Man wird also in aller Ruhe über die Natur nachdenken, es ergibt sich aus den Umständen von selbst. Jedenfalls für jemanden, der gerne nachdenkt. Und das ist dann schon Physik: In Ruhe über die Natur nachdenken ist Physik.

Zum einen hat der Mayer gesehen, dass das Wasser wärmer ist, wenn die Wellen hoch gehen und die Brecher über Bord rasen und der Sturm tobt. Seltsam. Und dann hat er als Arzt die Matrosen untersucht und darüber nachgedacht, wie der menschliche Körper wohl in den Tropen funktioniert. Der Mensch ist ja in mancher Hinsicht ein wenig so wie ein Auto. Das Auto tankt Benzin und verbrennt es im Motor, dadurch fährt es. Der Mensch isst etwas, das wird dann im Bauch «verbrannt», nur halt ohne Flammen, sonst würdest du ja anbrennen. Und dadurch kann der Körper zum einen seine Temperatur halten, er muss ja immer 37 Grad haben. Und zum anderen kann er sich bewegen und etwas tun. Wie ist das nun in den Tropen?, hat sich der Herr Mayer gefragt. Da herrschen ja eh fast immer 37 Grad, braucht man da weniger zu essen? Oder kann man mehr arbeiten? Oder wie oder was?

Das ist ein sehr umständlicher Weg, um das Gesetz von der Energie zu entdecken, aber der Herr Mayer hatte ja Zeit auf seinem ollen Segelschiff. Und hat es geschafft. Als er in Heilbronn zurück war, hat er alles aufgeschrieben und veröffentlicht.

Veröffentlichen konnte er es dank des großen Justus von Liebig, Chemiker, in dessen Zeitschrift, den «Annalen für Chemie und Pharmazie». Eigentlich sollte ich gar nicht anfangen, vom Liebig zu schreiben, sonst hör ich nicht mehr auf. Der war phantastisch! Nur ganz kurz: Schulabbrecher wegen Langeweile, studiert Chemie, damals konnte man auch ohne Abi studieren, wird mit 22 Professor, damals konnte man mit 22 Professor werden, macht eine Erfindung nach der anderen, zum Beispiel Chloroform, womit man vor der Operation die Patienten narkotisiert; bis dahin hatte es vor einer Operation nur eine doppelte Ration Schnaps gegeben. Studiert die Ernährung – welche Stoffe braucht der Mensch, wo kommen die her? Revolutioniert mit dem Wissen die Landwirtschaft, erfindet das Fleischextrakt und so weiter.

«Landwirtschaft», «Fleischextrakt», ich seh schon, wie du

gähnst. Bedenke aber: Bis zu Liebigs Erfindungen waren auch in Deutschland eine Menge Leute unterernährt. Arme Leute hatten im Winter wenig zu essen und Fleisch gab es einmal im Jahr. Da ist man nicht nur schlank, sondern kann auch dran sterben, schon eine Grippe ist dann tödlich.

Und dieser tolle Kerl hat dem Mayer also geholfen, seine Entdeckung zu veröffentlichen. Das war's dann. Den Herren Physikern, die doch angeblich so scharf darauf waren, zu verstehen, wie die Welt funktioniert, denen war das wurscht.

Meine Bücher erwähnen, der Mayer sei ein rechter Kauz gewesen, ein wenig absonderlich. Sie erwähnen das so, als sei es vielleicht eine Erklärung dafür, dass man den Mayer ignoriert hat. Aber der Newton war noch viel absonderlicher als der Mayer und eigentlich sogar kriminell, deswegen wurde er aber nicht ignoriert.

Ich glaube, es lag daran, dass der Mayer Arzt war. Die Physiker wollten sich von einem Arzt nichts sagen lassen. Sie haben gegen den Außenseiter zusammengehalten. Sie wollten nicht zugeben, dass einem Arzt ganz alleine gelungen ist, was die gesamte Physikerschaft nicht fertig gebracht hat. Es scheint sogar, als ob sie erst mal abgewartet hätten, bis der Mayer in Vergessenheit gerät, um dann seine Entdeckung sozusagen nochmal zu machen, aber ohne ihn: Meine Bücher reden von einem «Prioritätenstreit».

Der arme Mayer ist fast verrückt geworden, das kann man verstehen, und dann sind auch noch seine Kinder gestorben, und da wollte er sich umbringen. Das ist schief gegangen, er hat überlebt, wurde aber in ein Irrenhaus gesperrt. Das darfst du dir nicht vorstellen wie eine moderne Nervenklinik, stell's dir lieber überhaupt nicht vor. Die Physiker haben keinen Finger gerührt für den großen Mann und es ist wirklich ein Wunder, dass er da lebendig wieder herausgekommen ist.

Nach langer Zeit hat den Doktor Mayer auf einer Konferenz ein englischer Physiker verteidigt, der Herr Tyndall war das. Und weil die deutschen Physiker von ihrem Kollegen absolut nichts wissen wollten, hat sich am Ende die Politik der Sache angenommen und den großen Mayer für seine Verdienste in den Adelsstand erhoben. Das war damals die höchste staatliche Auszeichnung, die jemand erhalten konnte.

Wenn der angeblich irrsinnige Herr von Mayer damals Recht gehabt hat, und wir denken heute, das sei so, wenn also Energie die «Fähigkeit ist, Arbeit zu verrichten», so müssen

wir nur noch wissen, was «Arbeit» ist, und dann können wir auch immer angeben, wie viel Energie etwas hat.

Das weiß man zum Glück: Arbeit ist, wenn man mit der Kraft F etwas über eine Strecke l bewegt:

Arbeit = F · l

Beispiel: Ich ziehe an einem Seil einen Eimer mit Sand hoch. Dazu brauch ich die Kraft F und ich ziehe in eine Höhe l, alles klar, die geleistete Arbeit ist F · l. Oder ein Ochse zieht den Pflug übers Feld, mit der Kraft F zieht er, das Feld hat die Länge l, der Ochse leistet die Arbeit F · l. Die Energie E, die ich einem Körper zuführe, ist also:

E = F · l

Das ist die Energie, die ich einem Körper zuführe, wenn ich ihn mit der Kraft F ziehe, hebe, schiebe und so weiter. Aber der Körper kann natürlich auch noch Energie zusätzlich enthalten. Indem ich ihn hochziehe, führe ich dem Eimer die Hubenergie F · l zu, aber der Eimer kann außerdem auch Wärmeenergie haben. Oder, wenn zum Beispiel Benzin im Eimer ist, so enthält er chemische Energie.

Ich habe versucht, es so zu erklären, dass man es möglichst gut versteht: Der Impuls eines Körpers ist $p = m \cdot v$. Je schneller ein Körper ist, umso mehr Impuls hat er. Und je mehr Masse ein Körper hat, umso mehr Impuls hat er.

Die Energie, die ich einer Sache zuführe, indem ich sie mit der Kraft F um die Strecke l bewege, die ist $E = F \cdot l$. Ich glaube, so kann man es gut verstehen, und es hilft einem, den Einstieg zu finden in die Gesetze der Bewegung. Aber man muss schon ein sehr gewiefter Physiker sein, um den Zusammenhang zwischen diesen Formeln zu sehen. Denn mit den beiden Formeln $p = m \cdot v$ und $E = F \cdot l$ haben wir Impuls und Energie auf ganz verschiedene Weise erklärt.

$p = m \cdot v$ ist sozusagen eine Gegenstandsbeschreibung, sie besagt, wie viel Impuls ein bewegter Körper hat. Die Formel sagt aber nicht, woher dieser Impuls kommt und warum der Körper Impuls hat. $E = F \cdot l$ hingegen ist eher ein Kochrezept. Die Formel sagt, was ich tun muss, um einem Körper die Energie E zuzuführen. Wie viel Energie der Körper insgesamt hat, ist der Formel egal, ehe ich ihm die Energie $F \cdot l$ zugeführt habe, kann er schon Energie gehabt haben, so viel er will.

Lass uns deshalb lieber die Verschiedenheit der Aussageweise ausgleichen, sonst bekommen wir keinen Überblick! $E = F \cdot l$ besagt, wie die Energie in den Körper hineinkommt. Können wir auch für den Impuls eine Formel angeben, die besagt, wie der Impuls in den Körper hineinkommt? Können wir, der Herr Isaac Newton hat es herausgefunden: Einem Körper wird Impuls zugeführt, wenn eine Kraft F eine Zeit lang t auf ihn einwirkt:

$$\mathbf{p = F \cdot t}$$

Eigentlich einfach, es schaut fast genauso aus wie die Formel $E = F \cdot l$, man muss nur drauf kommen, es als Formel zu schreiben. Alles, was gesagt wird, ist ja das: Wenn du ein Auto anschiebst mit deiner Kraft F, so gewinnt es umso mehr Impuls ($m \cdot v$), je länger du schiebst. Wenn ein Auto mit seinem Motor beschleunigt, so wird es umso schneller, je länger man Gas gibt. Und umgekehrt: Bremst man, so wird das Auto umso langsamer, je länger man bremst. Oder je stärker man bremst.

Ich will hinzufügen: Damit die Kraft F im Verlauf der Zeit t

den Impuls des Körpers tatsächlich erhöhen kann, darf natürlich niemand den Körper festhalten. Das muss man dazu sagen, wenn man genau sein will.

Ebenso, wie man angeben kann, wie viel Impuls ein Körper hat, ohne zu fragen, wie und wann er den Impuls bekommen hat, $p = m \cdot v$, ebenso kann man auch die Bewegungsenergie eines Körpers angeben: $E = \frac{1}{2} \cdot m \cdot v^2$. Das leiten wir später ab, es ist ein wenig kompliziert. Für den Moment schreib ich es nur der Vollständigkeit halber hin.

Das Δ-Symbol

Wo wir schon beim Aufräumen sind, wollen wir auch gleich das Δ-Symbol einführen. So wie wir es jetzt treiben, sind wir ständig gezwungen, lange Erklärungen hinter die Formeln zu hängen. Weil wir nämlich ein und dasselbe Zeichen für zwei verschiedene Sachen verwenden und deshalb immer dazusagen müssen, wie es gerade gemeint ist. In «$p = m \cdot v$», da ist p der gesamte Impuls, den eine Sache hat. In «$p = F \cdot t$», da reden wir ausschließlich über die Impulsänderung.

Ich schlage deswegen vor, einen griechischen Buchstaben einzuführen, das Delta: Δ. Das soll «Änderung» bedeuten. Also p ist der Impuls einer Sache, die sich bewegt (ist gleich Null, wenn sich die Sache nicht bewegt). Δp hingegen ist die Impulszunahme.

Allerdings ist das Wort «Änderung» für sich allein völlig sinnlos. Ich muss ja immer sagen, in Bezug worauf sich etwas ändert. Ich kann nicht sagen: «Mein neuer Ferrari hat einen irren Motor, der beschleunigt auf 100 km/h.» Das wäre Quatsch, auch ein Lastwagen beschleunigt auf 100 km/h, ich muss mich nur lange genug aufs Gaspedal stellen. Nein, sinnvoll wird der Satz erst, wenn ich sage: «Mein Ferrari beschleunigt auf 100 km/h in nur fünf Sekunden.» Beides muss ich wissen, 100 km/h und fünf Sekunden, erst dann beeindruckt's die Leute.

Deswegen kommt das Δ-Symbol immer doppelt vor in allen Formeln. Zum Beispiel $\Delta p = F \cdot \Delta t$. Wirkt eine Kraft über ein Zeitintervall Δt, so erhöht sich der Impuls des Körpers um Δp. Zum Beispiel eben der Ferrari-Motor, der ist enorm stark, produziert also viel Kraft F und ist deshalb in der Lage, in nur einem kurzen Zeitintervall (zum Beispiel $\Delta t = 5$ Sekunden) auf eine hohe Geschwindigkeit zu beschleunigen, also den Impuls um einen großen Wert Δp zu erhöhen.

Unsere Formeln nochmal mit dem Δ-Symbol:

Wie kommt Energie in eine Sache hinein?	$\Delta E = F \cdot \Delta l$
Wie kommt Impuls in eine Sache hinein?	$\Delta p = F \cdot \Delta t$
Wie viel Bewegungsenergie hat etwas?	$E = \frac{1}{2} \cdot m \cdot v^2$
Wie viel Impuls hat etwas?	$p = m \cdot v$

Du siehst, mit dem kleinen Δ haben wir uns eine Menge Kommentar erspart. Wir müssen nicht immer extra dazuschreiben, wie es gemeint ist. Das ist wichtig. Manchmal will jemand einen Spickzettel schreiben, ich will gar nicht wissen wofür, jedenfalls soll so ein Spickzettel ja klein sein, da passen keine Kommentare drauf.

Unsere Formeln sind sehr allgemein, man kann sie eigentlich überall anwenden. Deshalb haben wir auf den letzten Seiten, auch wenn man das gar nicht gleich merkt, eine Menge geleistet.

Zum Beispiel die Formel $E = F \cdot l$: Für die «Hubenergie», wenn wir zum Beispiel einen Eimer hochziehen, da genügt diese Formel, das sieht man ja. Aber interessanterweise gilt diese einfache Formel nicht nur für die Hubenergie, sondern wir können ein und dieselbe Formel «$E = F \cdot l$» auch für alle anderen Arten von Energie verwenden, wenn wir wollen.

Mit ein bisschen Phantasie siehst du es sofort: Wir bauen eine Schiene mit einem Wägelchen drauf, so ähnlich wie bei der Achterbahn, in dem Wägelchen lassen wir den Eimer, den wir gerade hochgezogen hatten, zu seinem Ausgangspunkt hinunterrollen. Der Eimer hat die Hubenergie $F \cdot l$, weil wir ihn vorher ja um die Höhe l hochgehoben hatten, und dazu haben wir die Kraft F aufwenden müssen. Nun rollt der Eimer in seinem Wägelchen los, wird schneller, es rumpelt gewaltig, Kurve! Weiter geht's mit großem Tempo! Pardon, Impuls, nicht Tempo, wir sind ja hier in der Physik. Ja, und während das Eimerchen immer tiefer hinunterrollt, da wandelt es allmählich seine Hubenergie in «Geschwindigkeitsenergie» um. Wenn es schließlich mit Karacho unten ankommt, da hat es keine Hubenergie mehr, denn nun ist es ja wieder auf derselben Höhe wie vorher. All seine Hubenergie hat sich in Geschwindigkeitsenergie umgewandelt. Falls unterwegs nicht irgendwo Energie verloren gegangen ist, so hat das Eimerchen nun genauso viel Bewegungsenergie, wie es vorher Hubenergie hatte, $F \cdot l$. $F \cdot l$ ist also auch gut, um Geschwindigkeitsenergie auszurechnen!

Mir macht das Spaß, das ist rasant, lass mich schnell mal Scheibenbremsen einbauen. Wenn die das Wägelchen in seiner wilden Fahrt abbremsen, so wie bei der Achterbahn, da wird ja auch gebremst, dann werden die Bremsen heiß. Unten angekommen, saust das Wägelchen nicht weiter, sondern kommt zum Stehen (aussteigen bitte!), es hat weder Hub noch Geschwindigkeitsenergie, aber die Bremsscheiben sind heißgelaufen ⇒ Wärmeenergie.

Oder wir montieren einen Dynamo, so wie bei einem Fahrrad, anstatt der Scheibenbremse. Und vorne am Wägelchen montieren wir eine elektrische Lampe, so wie beim Fahrrad ⇒ elektrische Energie.

Natürlich musst du für die Wärmeenergie oder elektrische Energie nicht unbedingt die Formel F · l verwenden, es geht auch anders. Du könntest die Wärmeenergie auch bestimmen, indem du die Temperatur misst. Aber jedenfalls ist die sehr einfache Formel F · l immer anwendbar, steht immer zur Verfügung, sie ist die grundlegende und allgemeingültige Definition von Arbeit. Und damit von Energie in all ihren Formen.

Ob die Energie gewonnen oder verloren wird, das hängt davon ab, in welche Richtung die Kraft zeigt: Zeigt die Kraft in Richtung der Bewegung, so verliert derjenige, der die Kraft verursacht, Energie. Zeigt die Kraft in die Richtung entgegengesetzt zur Bewegung, so gewinnt er Energie.

Philosophisches

Warum sind die Variablen «Energie» und «Impuls» so wichtig? Weil sie in hohem Maße wirklich sind. Die Physik bezieht ihre Erfolge daraus, Dinge zu formulieren, deren Wirklichkeit in möglichst hohem Maße unabhängig ist von uns.

Zwei verschiedene Arten von Größen haben diese Unabhängigkeit: Größen, die immer erhalten bleiben. Und Größen, die charakteristisch sind für eine Sache. (Größen, die charakteristisch sind für eine Sache, nehmen wir erst am Ende des Buches durch. Die Energie einer Sache ist zum Beispiel nicht charakteristisch für die Sache. Denn wie viel Bewegungsenergie etwas hat, hängt von der Geschwindigkeit ab. Geschwindigkeiten sind fast immer relativ.)

Nimm an, die Energie sei etwas, das nicht erhalten bliebe: Ich könnte dann etwa einem Körper, sagen wir, zehn Einheiten Energie zuführen, und trotzdem würde er nur fünf Einheiten Energie gewinnen. Dann wäre die Energie eine Größe, mit der ich nichts anfangen kann.

Ein Beispiel für so eine Situation ist der Geschmack einer Sache. Die Physik kann mit dem Geschmack deshalb nicht rechnen, weil er für jeden anders ist (meine Katze frisst Mäuse, mir schmecken sie nicht) und weil er verschwinden kann, ohne irgendwo hinzugehen (Fisch schmeckt einen Tag lang gut, dann nicht mehr).

Energie und Impuls hingegen bleiben erhalten, sie verschwinden nie und deshalb sind sie so hilfreich für die Physik. Die Geschwindigkeit, zum Beispiel, wird nicht erhalten: Wenn ich ein 30 km/h schnelles Fahrrad abbremse, so bleibt es stehen, ohne dass sich deswegen irgendetwas an seiner Stelle mit 30 km/h hinwegbewegen müsste. Die Geschwindigkeit ist weg, es ist wie mit der Frische vom Fisch.

Energieerhaltung

Der Satz von der Erhaltung der Energie lautet so:

«In unserer Welt geschieht nichts,
was die Energie der Welt verändert.»

Oder auch so:

«Die gesamte Energie der Welt bleibt auf ewig gleich»:
E (Welt) = konstant.

Wobei mit «auf ewig» aber nur der Zeitraum zwischen Anfang und Ende der Welt gemeint ist. Ob es auch für davor und danach wahr ist, können wir nicht sagen, weil niemand so genau weiß, wie das ist, mit dem Davor und dem Danach der Welt.

Wir werden später sehen, dass Masse und Energie im Grunde genommen das Gleiche sind. Wenn man das weiß, dann kann man den Satz von der Erhaltung der Energie auch so formulieren: «Die Erschaffung der Welt ist abgeschlossen.» Wenn das wahr ist, wenn niemand Energie zugibt oder wegnimmt, sondern wenn Energie lediglich ihren Aufenthaltsort wechselt, so bedeutet das: Wo auch immer Energie angesammelt wird, muss gleichzeitig und im gleichen Ausmaß Energie verschwinden. So, wie wenn du Wasser von einem Eimer in den anderen gießt, ohne etwas zu verschütten: Im gleichen Maß, wie das Wasser im einen Eimer abnimmt, nimmt es im anderen zu.

Impulserhaltung

«In unserer Welt geschieht nichts, was den Impuls der Welt verändert.»

Oder:

«Der gesamte Impuls der Welt bleibt ewig gleich»: p(Welt) = konstant.

«(Welt)» heißt wiederum, dass die Formel sich auf den Gesamtimpuls der Welt bezieht, mit allem, was es in der Welt gibt, das schließt noch die kleinste Ameise ein und die größte Galaxie mit Abermillionen von Sternen – alles, was es gibt. Die kleinste Ameise kann ihr Bein nicht bewegen (ein bewegtes Bein hat ja Impuls), wenn sie es nicht in Übereinstimmung tut mit dem Impulserhaltungssatz. Die größte Galaxie auf ihrem rasenden Flug durch den endlosen Raum darf den Impulssatz nicht verletzen, auch nicht um so wenig, wie es der Bewegung eines

Ameisenbeinchens entspricht. Wenn sich um einen der abertausend Sterne ein warmer Planet dreht, und darauf wohnt eine Ameise, so müssen all diese durch den Raum rasenden Sternriesen es berücksichtigen, wenn die Ameise ihr Beinchen hebt.

Auch der Impulssatz besagt, dass unsere Welt abgeschlossen ist, es gibt nichts und niemanden, der von außen bewegend auf die Welt einwirkt.

Dieses «Welt» darf man nicht weglassen in den Formeln, sonst werden sie ganz falsch. Wenn man nur einen Teil der Welt betrachtet, zum Beispiel einen Vogel, wie er durch die Luft fliegt, einmal hierhin, einmal dorthin, einmal schnell, einmal langsam, da ändert sich der Impuls des Vogels natürlich laufend.

Die Impulserhaltung bedeutet also nicht, dass nichts passiert in der Welt. Es sind vielmehr alle die Ereignisse erlaubt, bei denen, wenn man alles berücksichtigt, der Impuls insgesamt gleich bleibt. Du kannst schnell oder langsam Rad fahren, die Physik würde das nie verbieten wollen. Sie sagt nur, wenn du deinen Impuls veränderst, indem du schneller fährst, so muss irgendwas im Universum seinen Impuls auch verändern, und zwar haargenau so, dass sich die beiden Veränderungen aufheben.

Gute alte Zeit

Vor ein paar hundert Jahren hat ein großer Physiker namens Galilei herausgefunden, dass sich die Erde in Wirklichkeit um die Sonne dreht. Nicht die Sonne um die Erde, wie es doch scheint. Die Kirche war gegen diese Idee und hat allen Ernstes behauptet, so etwas sei gegen die Bibel. Das war eine dumme Ausrede, in Wahrheit war die Kirche wohl nur zu einer zu großen und mächtigen Organisation erstarrt. Erstarrte Organisationen wollen keine neuen Ideen. Erst vor ein paar Jahren hat die Kirche ihre Meinung geändert, jetzt ist die Erddrehung mit der Bibel in Übereinstimmung.

Damals haben sie den Galilei in die Folterkammer geführt

und haben ihm erklärt, was für perverse Sachen man in einer gut ausgerüsteten Folterkammer so machen kann, und haben ihm nahe gelegt, mit dem Gerede von der sich drehenden Erde aufzuhören. Der arme Galilei ist ganz furchtbar erschrocken, das kann man verstehen, und fand es dann auch besser, nicht mehr vom Drehgesetz der Erde zu sprechen. Die Erde hat sich trotzdem weitergedreht und dreht sich bis heute, und das ist auch besser so. Weil nämlich der Impulssatz verletzt würde, wenn die Erde einfach so aufhören würde, sich zu drehen.

Ich erzähle diese Geschichte, weil, recht bedacht, dieser lustige kleine Karussellfahrergedanke von der sich drehenden Erde doch gemütlich ist, verglichen mit dem unerbittlichen Impulssatz, der alles eisern in seiner Klammer hält: nicht nur Erde und Sonne, sondern wirklich alles, die ganze Welt. Und der feststellt, die Welt sei abgeschlossen, von außen rührt sie niemand an. Wäre der arme Galilei auf den Impulssatz gekommen, da kann man sich vorstellen, welch Zwicken und Zwacken das gegeben hätte in der päpstlichen Folterkammer, welch Stechen und Hauen, Strecken und Brennen!

Erinnerst du dich an den Anfang unserer Geschichte? «$v = \frac{l}{t}$», das ist sehr einfach, das kennt jedes Kind. Ist das denn überhaupt schon Physik, so was Einfaches?, haben wir uns gefragt. Jetzt haben wir zwei noch einfachere Formeln:

E(Welt) = konstant, p(Welt) = konstant

Der Herr Dirac, ein großer Physiker, hat einmal gesagt, wenn eine physikalische Theorie nicht auf einen Briefumschlag passt, dann stimmt sie nicht. Das gefällt mir.

Nun wird aber, wie schon gesagt, nur der Gesamtimpuls, die Gesamtenergie, der Welt erhalten. Aber ständig geht Energie von einer Sache zur anderen, wird Impuls von einem Körper an den anderen weitergegeben, denn für einen einzelnen Körper gelten die Erhaltungssätze nicht. Es muss folglich einen

Mechanismus geben, der bewirkt, dass trotz des ständigen Hin und Hers von Energie und Impuls nie etwas verloren geht. Wie geht das?

Eidechsen und Perpetuum mobiles

Kleine Eidechse liegt still in der Sonne, hat keinen Impuls, liegt ja still. Da erschrickt sie plötzlich, rennt nach links weg. Aber, stopp, wegrennen darf sie doch nicht so einfach, da hätte sie ja Impuls. Darf nicht so einfach auf eigene Faust nach links rennen, irgendjemand muss ihre Bewegung ausgleichen, zum Beispiel indem er nach rechts läuft. Sonst bleibt der Impuls der Welt nicht erhalten. Was tun?

Zufälligerweise fährst du eben mit dem Fahrrad vorbei. Die Eidechse bräuchte dir nur zuzurufen: «Hey du, fahr mal 'nen Moment langsamer, ich hab mich erschrocken und will wegrennen und brauch jemand, der meinen Impuls ausgleicht.» Der Weltimpulssatz wär's zufrieden, Hauptsache p(Welt) = konstant. «Geht in Ordnung», würd er krumeln, und da siehst du nun, dass noch etwas fehlt, denn natürlich ist klar, so geht das nicht. Was würde passieren, falls du die kleine Eidechse überhörst? Da käme die Welt ja durcheinander, P(Welt) würde sich ändern, das ganze Universum käme aus dem Lot. Und noch dazu wärst am Ende du schuld an allem, nur weil du nicht auf die Eidechse gehört hast.

Der Impulserhaltungssatz braucht also etwas, das für seine Einhaltung sorgt. Zurufen kommt nicht in Frage. Das Übertragen von Impuls von einem Körper auf den anderen muss vielmehr automatisch vor sich gehen.

Da kommen nun unsere Formeln $\Delta p = F \cdot \Delta t$ und $\Delta E = F \cdot \Delta l$ ins Spiel. Es sind sozusagen die Ausführungsbestimmungen der Erhaltungssätze. Um loszurennen, muss sich die Eidechse ja vom Boden abstoßen. So wie du beim 50-Meter-Lauf. Wenn du optimale Zeiten laufen willst, musst du kleine Startblöcke für die Füße in den Boden nageln, damit du dich besser abstoßen kannst. Wenn du es nicht so eilig hast, so stößt du dich, wenn du losrennst, auch vom Boden ab, tust es aber ganz automatisch und nicht so stark, dann braucht es keine Startblöcke.

Das Beinchen der Eidechse übt also einerseits eine Kraft aus auf den Körper der Eidechse. Der wird beschleunigt: $\Delta p = F \cdot \Delta t$. Andererseits bewirkt die Eidechse auch eine Kraft auf den Boden, von dem stößt sie sich ja ab. Dadurch wird die Erdkugel beschleunigt, nur in die andere Richtung. Erhalten bleibt dabei aber nicht die Geschwindigkeit, sonst müsste sich ja die gesamte Erde um 20 km/h schneller drehen, falls die Eidechse mit 20 km/h wegrennen will, sondern der Impuls $m \cdot v$. Das $m \cdot v$, das die Eidechse gewinnt, und das $m \cdot v$, das die Erde gewinnt, die müssen gleich, aber entgegengesetzt gerichtet sein, dann ist alles in Ordnung. Weil aber die Masse der Erde so viel größer ist als die Masse der Eidechse, ändert die Erde ihre Geschwindigkeit nur ganz geringfügig. Aber sie ändert sie. Sagt der Impulssatz.

Das Ganze funktioniert natürlich nur, wenn die Kraft, welche das Eidechsenbeinchen auf die Eidechse ausübt, und die Kraft, die es auf die Erde ausübt, gleich sind. Dann passt es und der Impuls ist immer und automatisch erhalten: Die Kraft auf die Erde und die Kraft auf die Eidechse sind gleich groß, ebenso wie der Zeitraum Δt der jeweiligen Kraftausübung. Also ist auch der Impuls, den die Eidechse bekommt, gleich dem Impuls, den die Erde aufnimmt. Nur zeigt er in die umgekehrte Richtung, weil die beiden Kräfte in die entgegengesetzte Richtung zeigen. Insgesamt bleibt der Impuls der Welt deshalb gleich.

Dass es zur Kraft der Eidechse und überhaupt zu jeder Kraft eine Gegenkraft geben muss, das sieht man auch am Energieerhaltungssatz. Er kann nur funktionieren, wenn es zu jeder Kraft immer eine Gegenkraft gibt, die gleich groß und entgegengesetzt gerichtet ist. Wir erinnern uns, wie Energie zu- oder abgeführt wird: durch eine Kraft F, die über eine Strecke l wirkt. Gäbe es nun irgendwo in der Welt eine Kraft ganz für sich alleine und würde die sich bewegen, so würde sie Energie schaffen, aus dem Nichts. Eine Maschine, die Energie aus dem Nichts erzeugt, die heißt Perpetuum mobile.

Perpetuum mobiles gibt es nicht, sagt der Energieerhaltungssatz. Auch wenn sich die Kraft nicht bewegt, sondern, sagen wir, im Boden einzementiert ist, so geht es doch nicht, dass sie ganz alleine sei. Denn die Erde selbst bewegt sich ja, rast mit irrwitziger Geschwindigkeit durchs Universum. Gäbe es irgendwo auf der Erde eine Kraft ganz für sich alleine, so würde die ständig Energie produzieren, wegen der Erdbewegung. Ohne dass die entsprechende Energiemenge woanders weggenommen wird.

Es geht also nicht: Es darf nie eine Kraft für sich alleine geben. Wo auch immer eine Kraft ist, da muss eine Gegenkraft existieren. Eine Gegenkraft, die gleich groß, aber entgegengesetzt gerichtet ist und die gleichzeitig zur Kraft wirkt. Nur dann kann der Energieerhaltungssatz funktionieren: Während sich die Kraft F bewegt und Energie «schafft», wird im gleichen Maße durch die Gegenkraft Energie «vernichtet».

Wenn man das erst einmal weiß, findet man es gar nicht mehr erstaunlich. Sondern es ist einem gar nicht mehr möglich, sich «eine Kraft ganz für sich alleine» vorzustellen. Aber wenn man es noch nicht weiß, ist es schon erstaunlich, und man kommt nicht drauf.

Dass Kraft und Gegenkraft immer gleich groß sind, aber entgegengesetzt gerichtet und dass eine Kraft, die über einen Zeitraum Δt wirkt, eine Impulsänderung Δp hervorruft, $\Delta p = F \cdot \Delta t$, das nennt man Newton'sche Gesetze. Weil sie das erste Mal der Herr Newton formuliert hat.

Isaac Newton

Es kommt schon einmal vor, dass du ärgerlich auf jemanden bist, und dann sagst du etwas Dummes. Und am nächsten Tag entschuldigst du dich, und die Sache ist vergessen. War ja auch nicht so gemeint, war ja nur Wut.

«Ich habe meinen Eltern gedroht, sie zu verbrennen in ihrem Haus», hat der Herr Newton nicht nur gesagt, sondern eiskalt aufgeschrieben. Nicht als kleines Kind in einem Wutanfall, sondern als Erwachsener! War also wohl ein wenig auch so gemeint, war nicht nur Wut. Schönes Früchtchen.

Da kommen manche Leute dem Herrn Newton zu Hilfe geeilt und sagen, er habe eine schwere Kindheit gehabt. Sein Vater ist schon gestorben, da war der Herr Newton noch gar nicht auf die Welt gekommen, seine Mutter hat dann nochmal geheiratet, und der arme Newton musste bei seinen Großeltern aufwachsen.

Ich erinnere mich, dass man in den sechziger und siebziger Jahren des 20. Jahrhunderts so geredet hat: Wenn einer Mist baut, so ist immer die unglückliche Jugend schuld, also die anderen. Nie er selbst. Und so verhalten sich manche Leute dann auch: Sie tun, was ihnen gerade passt, auch wenn es der größte Mist ist, denn sie sind ja gar nicht schuld an dem, was sie tun.

Meiner Meinung nach ist das aber Quatsch mit Soße. Denn auch mein Vater hat seinen Vater nie gekannt, und seine Mutter, meine Großmutter, hat auch wieder geheiratet, und mein Vater ist auch bei seinen Großeltern aufgewachsen. Noch dazu war Krieg. Mein Vater hat aber meine Großmutter sehr gut behandelt und hat ihr ein Haus gebaut, anstatt ihr eines anzuzünden.

In der Tat ist der Newton keineswegs nur gegen seine eigenen Eltern losgegangen, sondern gegen alle, außer seinen Vorgesetzten: Newton wurde Professor als Nachfolger seines vorherigen Chefs. Die Stelle, die er von seinem Vorgänger geerbt hat, hieß übrigens Lukasische Professur. So was nennt man heutzutage «Hausberufung». Es gilt als Schande, denn oft sind diese Hausberufenen Schleimer und Günstlinge, die ihrem Herrn Chef jahrelang die Aktentasche ins Büro getragen haben.

Das hat er ein Leben lang so gehalten: nach oben buckeln, nach unten treten, um immer noch mehr Macht zu bekommen. Am Schluss ist es ihm über politische Verbindungen sogar gelungen, einen Posten zu ergattern, der ihm die Macht gab, andere Leute aufhängen zu lassen, am Galgen. Da war der Newton Chef des englischen Münzwesens geworden. Die Physik hatte ihn nicht mehr so interessiert, weil er alles geworden war, was man als Physiker werden konnte. Mein englisches Lexikon schreibt dazu: «He became the terror of London counterfeiters, sending a good number to the gallows and finding in them a socially acceptable target on which to vent the rage that continued to well up within him.» Man kann sich das so richtig gut vorstellen, der Herr Newton feixend und händereibend, wie er die Leute vor seinem Fenster baumeln sieht.

Und nicht etwa, dass der Typ seine Perversionen und seine Wissenschaft voneinander getrennt hätte: Die Physik war damals an einem Punkt angelangt, wo es ohne eine Verbesserung der Rechenmethoden nicht mehr weiterging. Um Fortschritte machen zu können, brauchte die Physik das, was wir heute Differential- und Integralrechnung nennen. Natürlich hat das der Newton auch verstanden, und da hat er die halt entwickelt, die Differentialrechnung. Aber er war nicht der Einzige. Auch der große Mathematiker und Philosoph Gottfried Wilhelm Leibniz hat, unabhängig von Newton und ohne von Newton zu wissen, die gleiche Sache entwickelt. Newton war etwas früher auf die Differentialrechnung gekommen als Leibniz, hat seine Arbeiten aber erst mit großer Verspätung veröffentlicht, das war 1704. Während Leibniz, ohne von Newton wissen zu können, die Differentialrechnung schon 1684 publiziert hatte.

Im Grunde genommen ist es schnurzpiepegal, wer nun was zuerst gefunden hat. Ein vernünftiger Mensch hätte dem Leibniz einen Brief geschrieben: «Sehr geehrter Herr Leibniz, habe soeben von Ihrer Integralrechnung gehört. Sehr interessant, ich habe mir auch schon so etwas gedacht. Ich freu mich, dass Sie das genauso sehen. Ich schick Ihnen meine Arbeiten zu, und bitte vergessen Sie auch nicht, mich zu zitieren! …» Von wegen, da kennt man den Newton schlecht. Als er von Leibniz hörte, ist er explodiert wie ein Knallfrosch. Wie eine Furie ist

Newton auf Leibniz losgegangen und hat ihn dann lebenslang verleumdet, und selbst als Leibniz schon tot war, hat Newton gegen ihn weitergetobt und geschrieben. Und hat behauptet, der Leibniz hätte von ihm, Newton, abgeschrieben. Was nachweislich gelogen war.

Dabei verstand Newton durchaus, wie schmutzig und unwürdig das ist, was er macht, und er hat seine Hassbriefe niemals persönlich und unter seinem Namen verschickt. Nein, er war da ja schon ein mächtiger Mann, es gab viele Physiker, die beruflich von ihm abhingen. Die mussten Newtons Hassbriefe unter ihren eigenen Namen abschicken. Dadurch sah es so aus, als ob alle Wissenschaftler gegen Leibniz seien. Der naive Leibniz hat sich an die damals größte wissenschaftliche Vereinigung gewandt, um die Sache schlichten zu lassen. Das war die so genannte «Royal Society», ein sehr angesehener Club der besten Forscher überhaupt. Blöderweise hat der Vorsitzende der Royal Society Newton geheißen. Den Rest kannst du dir denken.

Erst seit dem Jahr 1938, als man einen Stapel alter Dokumente durchsah, weiß man, dass es damals noch einen Dritten gab, der unabhängig von Leibniz und Newton ebenfalls die Differentialrechnung erfand. Sein Name war J. Gregory. Ich nehme an, der hat sich nicht getraut, etwas zu sagen, weil er wohl befürchten musste, so wie Leibniz massakriert zu werden. Genaueres hab ich nicht herausfinden können über Gregory, außer dass er sehr jung gestorben und dann in Vergessenheit geraten ist.

Das steht ja schon bei Shakespeare, der vor Newton gelebt hat: «Kluge Kinder sterben früh.» Das stimmt aber wohl nur, solange es wenige kluge Kinder gibt. Darum schreib ich ja dieses Buch, wenn es nur genug kluge Kinder gibt, so wird Klugheit ungefährlich.

Bei einer anderen Gelegenheit hat Newton die Messergebnisse eines Astronomen haben wollen. Der wollte aber erst seine Arbeit in Ruhe fertig stellen. Da hat es Newton geschafft,

Direktor des astronomischen Instituts zu werden. Und hat dem armen Astronomen seine Resultate einfach weggenommen. Und hat den armen Astronomen, der sich dagegen gewehrt hatte, dafür den Rest seines Lebens ebenfalls bekriegt und ihm geschadet, wo es ging.

Dass so ein Scheusal wie Newton nicht verheiratet war, das kannst du dir denken. Die Bücher behaupten, Newton hätte auch sonst nie eine Frau angerührt. Armes Schwein.

Normalerweise redet niemand über diese Dinge. Aber ich finde, man sollte es wissen. Nicht, weil es wichtig ist zu wissen, wer nun genau der Herr Newton war, das ist nicht wichtig. Sondern deshalb:

Auch Physiker brauchen Kontrolle

Die Naturwissenschaften, auch die Physik, können heutzutage sehr schwerwiegende Dinge bewirken. Zum Beispiel können die Physiker Atombomben bauen, die Biologen können Gene manipulieren. Und da sagen manche Leute, die Wissenschaftler hätten somit eine besonders große Verantwortung, und sie erwarten, die Wissenschaftler müssten deswegen besonders verantwortungsvoll handeln.

So eine Erwartung ist aber ganz unrealistisch. Denn Wissenschaftler sind keineswegs besser als andere Menschen. Nur weil einer hervorragend ist auf dem Gebiet der Wissenschaft, ist er noch lange nicht vorbildlich auf dem Gebiet der Moral. Das eine hat mit dem anderen nichts zu tun. Newton hat Großartiges zur Physik beigetragen, er ist einer der wichtigsten Physiker, die jemals gelebt haben. Aber rein menschlich war er eine Katastrophe.

Und umgekehrt gibt es ja Menschen, die ganz vorbildlich leben, anderen helfen und Gutes tun, aber von Physik gar keine Ahnung haben. Das wundert ja auch keinen. Entscheidungen, die alle Menschen angehen, die müssen von allen Menschen getroffen werden, nicht von den technischen Experten.

Die Newton'schen Gesetze

Unter den vielen interessanten und weniger interessanten Sachen, die Newton getan hat (er soll sich auch mit Alchemie beschäftigt haben), ist auch unsere Formel $\Delta p = F \cdot \Delta t$, die stammt von Newton. Ich persönlich finde, das ist die wichtigste Formel, die er entdeckt hat.

Allerdings hat Newton sie in einer etwas anderen Form benutzt: So wie wir unsere Formel $v = \frac{l}{t}$ mit Hilfe der Bruchrechnung umgeformt hatten in $l = v \cdot t$ oder in $t = \frac{l}{v}$, ebenso können wir die Formel $\Delta p = F \cdot \Delta t$ umformen in

$$F = \frac{\Delta p}{\Delta t}$$

Das ist die Form, in der Newton die Gleichung verwendet hat. «Wenn eine Kraft auf einen Körper wirkt, so bewirkt sie eine Impulsänderung um Δp pro Zeitintervall Δt.» Also eine Beschleunigung. Es ist nichts Neues, wir haben das schon vorher gesagt, ich hab nur die Formel mit Hilfe der Bruchrechnung umgeschrieben.

Natürlich, das ist ja trivial: Wenn sich der Impuls eines Körpers nicht ändert, wenn also $\frac{\Delta p}{\Delta t} = 0$ ist, so ist dann auch die Kraft $F = 0$. «Wenn ein Körper seinen Impuls nicht ändert, so wirkt folglich keine Kraft auf ihn.» Das nennt man

1. Newton'sches Gesetz: für $F = 0$ ist $\frac{\Delta p}{\Delta t} = 0$ (und umgekehrt)

Wirkt eine Kraft, so ändert sich der Impuls. Das nennt man

2. Newton'sches Gesetz: $F = \frac{\Delta p}{\Delta t}$

Damit die Welt nicht in Unordnung gerät, muss gelten, dass es zu jeder Kraft eine Gegenkraft gibt, das haben wir schon besprochen. Zur Zeit Newtons war Barock, die Männer sind mit weiß gepuderten Perücken herumgelaufen anstatt mit bunten Krawatten und haben Latein geschrieben, also in Latein:

3. Newton'sches Gesetz: «actio = reactio»
(deutsch: Kraft = Gegenkraft)

54 Solange man nicht mit Einsteins Relativitätstheorie zu tun hat, sind Massen immer konstant. Statt $\Delta p = \Delta(m \cdot v)$ kann man dann einfacher schreiben $\Delta p = m \cdot \Delta v$, denn m ändert sich ja nicht, da braucht es kein Δ-Symbol.

Dann steht da $F = \frac{\Delta p}{\Delta t} = m \cdot \frac{\Delta v}{\Delta t}$.

$\frac{\Delta v}{\Delta t}$ ist aber die Geschwindigkeitsänderung pro Zeiteinheit, umgangssprachlich «Beschleunigung», abgekürzt a. Also ist die Kraft, die auf einen Körper wirkt, gleich der Masse, m, multipliziert mit ihrer Geschwindigkeitsänderung (Beschleunigung: a).

$F = m \cdot a$

So schreibt man das zweite Newton'sche Gesetz in vielen Büchern.

Um Verwirrungen und Verwechslungen zu vermeiden, sollte ich vielleicht nochmal darauf hinweisen, dass auch in dieser Formel das Gleichheitszeichen in unsere umgangssprachliche Denkweise übersetzt werden kann, indem man es von links nach rechts liest oder von rechts nach links. Indem man sich denkt: «Wenn eine Kraft wirkt, so hat die eine Beschleunigung zur Folge», oder aber: «Wenn ich eine Beschleunigung beobachte, so wirkt folglich eine Kraft.» Diese Denkweise von Ursache-Folge ist aber eigentlich nicht notwendig, das Gleichheitszeichen kennt keine Richtung. Genau genommen steht da: «Eine Kraft geht einher mit einer Beschleunigung.»

Aus 1 mach 3

Das erste Newton'sche Gesetz ist natürlich nur ein Spezialfall des zweiten: Es folgt aus dem zweiten für den Fall F = 0. Das dritte Gesetz ist eine Folge der Erhaltungssätze, es ist nicht selbst ein grundlegendes Gesetz. Außerdem gilt es in dieser einfachen Form nur, solange einem nicht die Relativitätstheorie in die Quere kommt. Denn genau genommen sagt es: «Zu jeder Kraft gibt es gleichzeitig eine Gegenkraft», und was gleichzeitig ist, das ist so die Frage in der Relativitätstheorie.

Es gibt folglich eigentlich nur ein Newton'sches Gesetz, das zweite. Wenn man bis heute von dreien spricht, ist das vermutlich eine Folge der Propaganda, die der Lukasische Professor Newton mit Hilfe seiner Royal Academy betrieben hat.

Das Newton'sche Gesetz lautet: $\Delta p = F \cdot \Delta t$
So wie das Mayer'sche Gesetz lautet: $\Delta E = F \cdot \Delta l$

Der Name «Mayer'sches Gesetz» findet sich in den anderen Büchern nicht. Aber das ist mir egal: Gerechtigkeit für Mayer!

Die Δ-Schreibweise ist übrigens von Leibniz und sie ist noch heute gültig. Gerechtigkeit für Leibniz!

Lang lebe Gregory!

Der Kreis der Kraft

Solange keine Bewegung stattfindet, bilden alle Kräfte der Welt immer geschlossene Kreise. Wenn man das bedenkt, so kann man sich die «Newton'schen Gesetze» besser vorstellen: Du machst eine starke Feder an der Wand fest und ziehst am Ende. Deine Hand zieht an der Feder, die Feder zieht an deiner Hand – Kraft und Gegenkraft, klar. Aber es geht weiter: Die Kraft deiner Hand bewirkt, dass du über deine Füße eine gleich große Kraft auf den Boden ausübst. Deshalb brauchst du griffige Turnschuhe, wenn du wirklich stark anziehen willst, mit Rollschuhen ginge es nicht. Und ebenso wirkt am anderen Ende der Feder eine Kraft von der Feder auf die Wand und eine umgekehrt von der Wand auf die Feder. Woraufhin ihrerseits die Wand eine Kraft ausübt auf den Boden, auf dem sie steht. So wie deine Füße es tun, nur halt in die entgegengesetzte Richtung. Du siehst: ein in sich geschlossener Kreis von Kraft und

Gegenkraft. Und du kannst das nach Belieben fein unterteilen: Deine Hand zieht am Arm und dein Arm an der Hand. Der Arm an der Schulter und die Schulter am Arm. Und so weiter.

Unterbricht man so einen Kreis irgendwo, ohne dass gleichzeitig die Kräfte abgeschaltet werden, so erfolgt eine Beschleunigung. Wenn jemand, ohne dass du es merkst, die Feder durchschneidet, so knallt die gegen die Wand und du purzelst über den Boden. Beim Purzeln kann man nicht denken, deshalb ein anderes Beispiel: Du bindest deinen roten Ferrari mit einem starken Seil an der Wand fest und gibst Vollgas. Die Reifen drehen durch, es raucht und stinkt. Wenn du es zeichnen willst, so findest du wieder einen geschlossenen Kreis von Kräften. Nun schneidet dein Assistent die Schnur durch. Vorher hatte die Schnur eine Gegenkraft bewirkt zur Kraft des Motors. Diese Gegenkraft fehlt nun, aber der Motor tobt ungestört weiter. Ohne Gegenkraft! Das darf nicht sein, nicht für den Bruchteil einer Sekunde. Es muss sofort eine neue Gegenkraft her. Woher? Es gibt nur eine Möglichkeit: die Trägheitskraft. Die kennst du vom Busfahren; wenn du stehst und der Bus fährt an, fällst du um, wenn du dich nicht festhältst. Beschleunigt der Bus nach vorne, so wirkt die Trägheitskraft offensichtlich nach hinten, in die Gegenrichtung. Du fällst gegen die Dame hinter dir, nicht gegen die vor dir *.

* Manchmal bezeichnen die Leute die Trägheitskraft als «Scheinkraft» und formulieren es so: «Wenn ein Körper beschleunigt wird, so wirkt auf ihn eine Kraft $F = m \cdot a$, aber ansonsten wirkt keine andere Kraft. Die Trägheitskraft ist ja nur eine Scheinkraft.» Das ist nur eine andere

Anstatt nur zu sagen: «Wenn niemand den Ferrari festhält, so bewirkt die Motorkraft F eine Ferrari-Impulszunahme $\frac{\Delta p}{\Delta t}$», kann ich auch etwas genauer sagen: «Damit bei Abwesenheit anderer Gegenkräfte die Ferrarimotorkraft trotzdem nicht alleine ist, kommt es zu einer Beschleunigung so, dass die resultierende Trägheitskraft und die Ferrarimotorkraft sich genau die Waage halten.»

Alles nur Ausführungsbestimmung für den Energieerhaltungssatz, wie schon gesagt. Würde der Ferrari nur ein wenig stärker beschleunigen, als seiner Motorkraft entspricht, so schüfe er Energie aus dem Nichts, würde also die Erschaffung der Welt fortsetzen, er wäre Gott. Das wär uns nicht recht: Hoch lebe Newton!

Wie man Masse misst

Wir müssen schnell noch ein wenig erklären, wie man Masse misst. Dass man überhaupt so viel über Masse reden kann, ehe man genau sagt, worum es sich handelt, das geht nur wegen dieser gewissen künstlerischen Ader.

Wir haben als Formel zur Verfügung: $F = m \cdot a$. Ich lasse eine Kraft bekannter Größe wirken auf die Masse, die ich untersuchen will, und mess dann die Beschleunigung. Dadurch ist die Masse festgelegt. Die Kraft kann zum Beispiel von einem Raketenmotor kommen oder von einem Ferrari.

Oder von der Erdanziehung. Wenn ich einen Körper nicht

Weise, es zu formulieren, die ich allerdings unschön finde. Anstatt die Stange im Bus direkt zu umklammern, kannst du ja eine Feder an der Stange einklinken und dich dann an der Feder festhalten, damit man die wirkenden Kräfte besser sieht. Natürlich wird die Feder gedehnt, wenn der Bus anfährt: Vorne an der Feder zieht offensichtlich die Kraft des Busses. Was ist dann wohl die Kraft, die hinten an der Feder zieht, eine Feder dehnt sich ja nur aus, wenn an beiden Seiten gezogen wird? Die Trägheitskraft, was sonst? Es ist keine Scheinkraft, weil sie ja die Feder wirklich dehnt, nicht scheinbar. Finde ich.

festhalte, so wird er von der Massenanziehungskraft zur Erde hin beschleunigt. Halte ich ihn fest, so nennt man die Kraft, die ich dazu aufbringen muss, «Gewichtskraft» des Körpers. Ich kann also die Masse eines Körpers bestimmen, indem ich ihn beschleunige oder indem ich ihn wiege.

Anwendungen

Wir hatten den Impuls- und Energiesatz so ausführlich besprochen, weil ich behauptet hatte, sie seien alles, was es zu verstehen gibt, der Rest, nicht nur der klassischen Mechanik, seien lediglich Anwendungsbeispiele. Ein paar Anwendungsbeispiele also.

Hebel:
Wenn der linke Arm des Hebels viermal so lang ist wie der rechte, und die Kraft auf den linken Arm ist F, wie groß ist die Kraft auf den rechten Arm? Nun, wenn sich der linke Arm des Hebels ein wenig nach unten bewegt, so bewegt sich der rechte Arm nach oben, und weil er viermal so kurz ist, so bewegt er sich auch nur um ein Viertel des Weges nach oben. Wenn sich der linke Arm viermal so weit nach unten bewegt wie der rechte nach oben, aber die Energieänderungen links und rechts sich ausgleichen müssen, so muss halt die wirkende Kraft rechts zum Ausgleich viermal so groß sein wie links.

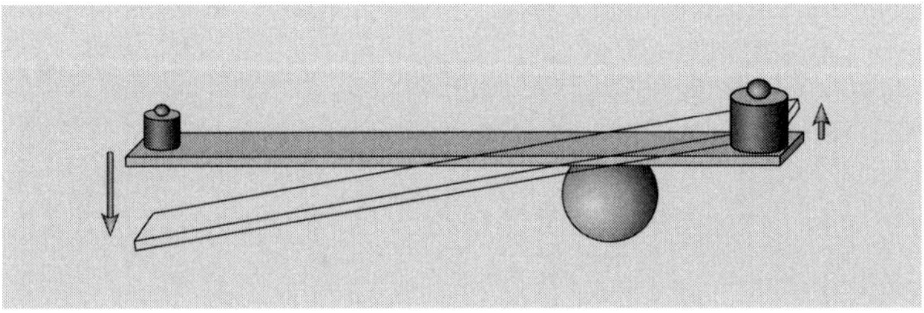

Flaschenzug:
Nehmen wir einen Flaschenzug mit drei Strängen. Zieh ich am freien Ende des Seils um die Länge l, so hebt sich der Haken um die Länge L, und wenn man nachmisst oder auch nur abzählt, so findet man: $l = 3 \cdot L$. Reine Geometrie oder Abzählerei.

Kraft mal Weg müssen aber gleich sein, an den beiden Enden des Flaschenzuges, am Haken, an dem die Last hängt, und am Ende, an dem ich ziehe. Sonst müsste ich weniger oder mehr Arbeit leisten, als die Last an Hubenergie aufnimmt. Wenn $l = 3 \cdot L$ ist, so muss die Kraft an meinem Ende dafür dreimal kleiner sein als die Kraft am Haken. Ich kann also eine sehr schwere Last heben. Der Flaschenzug ist, so wie der Hebel, ein Kraftverstärker. Allerdings kein Energieverstärker.

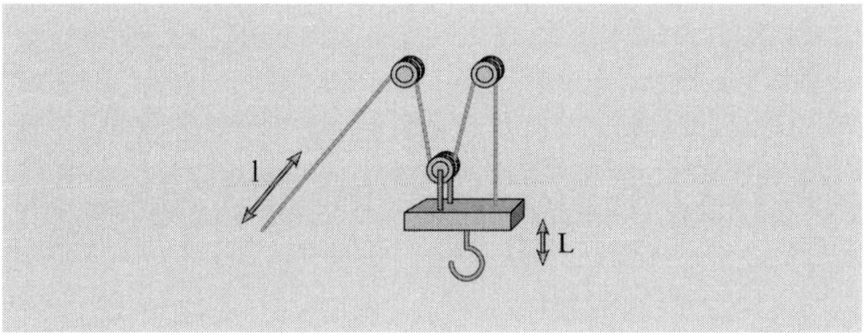

Billardkugeln auf Reise:
Und nun zur Lösung meines Jugendproblems! Wie ist das mit den Billardkugeln und den Eisenbahnwaggons? Zuerst leite ich die Formel $E = \frac{1}{2} \cdot m \cdot v^2$ her, das hatte ich ja versprochen, und nun ist eine gute Gelegenheit.

Allerdings: Es ist ziemlich knifflig! Wenn du gerade keine Lust auf Formeln hast, so überschlag die Rechnerei ruhig. Das schadet gar nichts und du verlierst auch nichts. Ich werd meine Freunde von Rowohlt bitten, dass sie die nächste Seite umsonst drucken, als Sonderbonus für fleißige Leser.

Unser Ziel ist also, die Bewegungsenergie einer Sache mit Hilfe ihrer Geschwindigkeit auszudrücken anstatt mit Kraft und Weg. Um unsere Gedanken besser zu ordnen, denken wir uns ein Beispiel: Ein Auto beschleunigt aus dem Stand, sein Motor liefert gleichmäßig die Kraft F. Das Auto beschleunigt auf die Geschwindigkeit v. Dazu braucht es eine ganz bestimmte Zeit t, und es legt in dieser Zeit die Strecke l zurück.

Unsere Formel, mit der man ausrechnen kann, wie viel Energie ein Körper aufgenommen hat, lautet $\Delta E = F \cdot \Delta l$.

Das Δ-Zeichen können wir gleich weglassen, weil die Situation so einfach ist. Die Energieänderung ΔE ist einfach die Bewegungsenergie, die der Motor dem Auto verleiht, so ist ja eben unser Beispiel gemacht. Δl ist die dabei zurückgelegte Wegstrecke, es reicht, wenn wir die l nennen.

Wir haben also $E = F \cdot l$, und nun ist das Problem, die Kraft F und die Strecke l durch die erzielte Geschwindigkeit auszudrücken. Wenn wir das schaffen, so haben wir damit die Bewegungsenergie durch die Geschwindigkeit ausgedrückt.

1) Erstes Problem: Das Auto hat am Schluss des Versuches die Geschwindigkeit v. Aber während der Beschleunigung ändert sich seine Geschwindigkeit ständig. Damit können wir nicht rechnen, ohne Integral. Kann ich stattdessen vielleicht so was wie eine mittlere Geschwindigkeit angeben?

Wenn ein Auto eine halbe Stunde lang 40 km/h und dann eine halbe Stunde lang 60 km/h fährt, wie schnell fährt es im Schnitt? 50 km/h. (Insgesamt legt es 0,5 · 40 km + 0,5 · 60 km = 20 km + 30 km = 50 km zurück. In einer Stunde also 50 km/h.) Wenn es erst soundsolang 30 und dann die gleiche Zeit 70 km/h fährt? Wieder 50 km/h.

Wenn es aus dem Stand losfährt und gleichmäßig beschleunigt, bis es 100 km/h hat? So fährt es im Schnitt 50 km/h. Wenn es aus dem Stand losfährt und gleichmäßig beschleunigt, bis es die Geschwindigkeit v hat? So ist es durchschnittlich mit der Geschwindigkeit $\frac{v}{2}$ gefahren.

2a) Wie groß ist die Kraft F in unserer Formel $E = F \cdot l$? Kann man sie durch die Geschwindigkeit v ausdrücken? Vom Newton-Gesetz wissen wir, $F = m \cdot \frac{\Delta v}{\Delta t}$. In unserem sehr einfachen Fall können wir die Δ wiederum weglassen: Δv ist ja identisch mit der Geschwindigkeitsänderung von 0 auf v, also ist Δv das Gleiche wie v. Und Δt ist einfach die benötigte Zeit t. Also $F = m \cdot \frac{v}{t}$.

2b) Jetzt müssen wir noch das l in $E = F \cdot l$ durch v ersetzen. «Weg ist Geschwindigkeit mal Zeit», das wissen wir schon. Aber wir müssen etwas aufpassen, weil mit der Geschwindigkeit natürlich nicht die Endgeschwindigkeit gemeint sein kann. Die hat das Auto ja erst am Schluss. Vorher fährt es immer langsamer als v. Wie langsam? Das hatten wir in Punkt 1) ausgerechnet. $\frac{v}{2}$ fährt es im Schnitt. Also $l = \frac{1}{2} v \cdot t$.

3) Setzen wir die Ausdrücke für F und l in unserer Formel ein:
$E = F \cdot l = (m \cdot \frac{v}{t}) \cdot (\frac{1}{2} \cdot v \cdot t) = \frac{1}{2} \cdot m \cdot v^2$.

Hier hört die Rechnerei wieder auf. Und kommen Sie bitte in einem halben Jahr wieder vorbei zum Nachschauen, der Zahn hinten links könnte ein Problem entwickeln.

Dass die Bewegungsenergie und der Impuls auf verschiedene Art von der Geschwindigkeit abhängen, das ist der springende Punkt an der Kinematik. Wenn zum Beispiel ein Körper bei einem Zusammenstoß seine Geschwindigkeit halbiert, so halbiert er auch seinen Impuls ($m \cdot v \rightarrow m \cdot \frac{1}{2} v$), aber seine Bewegungsenergie reduziert er auf ein Viertel ($\frac{1}{2} m \cdot v^2 \rightarrow \frac{1}{2} m \cdot (\frac{1}{2} v)^2 = \frac{1}{4} \cdot (\frac{1}{2} m \cdot v^2)$), weil das Quadrat von $\frac{1}{2}$ eben nur $\frac{1}{4}$ ist.

Schauen wir das genauer an: Billardkugeln sind sehr hart, sie prallen aufeinander, ohne sich zu verformen. Wenn eine Billardkugel auf eine andere stößt, so geht beim Aufprall fast keine Energie verloren. Die heranrollende Kugel hat zuerst $p = m \cdot v$ und $E = \frac{1}{2} mv^2$ und dann $p = 0$ und $E = 0$. Während die Kugel, die getroffen wird, zuerst keinen Impuls und keine Energie hat, aber danach eben auch wieder $p = mv$ und $E =$

$\frac{1}{2} mv^2$.

Bei den Eisenbahnwaggons ist es anders: In den Puffern der Waggons befinden sich kräftige Federn, die auch starke Stöße abfedern. Sie vernichten dabei Bewegungsenergie, sie sind extra so gebaut.

Zuerst hat der herankommende Waggon $p = m \cdot v$ und $E = \frac{1}{2} m \cdot v^2$, und der andere hat keinen Impuls und keine Energie. Dann haben beide zusammen $p = (m \cdot \frac{1}{2} v + m \cdot \frac{1}{2} v) = m \cdot v$, also genauso viel Impuls wie vorher, und $E = (\frac{1}{2} m \cdot \frac{1}{4} \cdot v^2 + \frac{1}{2} m \cdot \frac{1}{4} \cdot v^2) = \frac{1}{2} \cdot (\frac{1}{2} m \cdot v^2)$. Sie haben also zusammen nur die Hälfte der ursprünglichen Bewegungsenergie von $\frac{1}{2} m \cdot v^2$. Der Rest ist von den Puffern in Wärmeenergie umgewandelt worden (so ähnlich wie in einer Fahrradbremse).

Wie schaffen die Puffer das, so genau die richtige Energiemenge aufzunehmen? Das kommt daher, dass die Eisenbahnwaggons einkuppeln, wenn sie zusammenstoßen, das ist ja der Grund, warum sie gemeinsam mit der gleichen Geschwindigkeit weiterrollen. Nachdem sie eingekuppelt haben, da rumpeln sie erst eine Zeit lang hin und her und stoßen gegen ihre Puffer, bis die Energie weg ist, erst dann hören sie mit dem Hin- und Herknuffen auf und fahren ruhig weiter. Sie würden natürlich auch zusammen mit der gleichen Geschwindigkeit wegrollen, wenn sie keine Puffer hätten, denn sie sind ja nun zusammengekoppelt. Aber ohne Puffer entstünde eine Menge Schrott bei dem Vorgang.

Das umgestülpte Flugzeug

Als ich noch zur Schule ging, habe ich manchmal bedauert, so spät in der Menschheitsgeschichte zu leben, denn ich hätte gerne irgendetwas entdeckt, das hätte mir Spaß gemacht. Es muss ja nicht gleich Amerika sein, irgendeine ganz bescheidene Entdeckung, eine klitzekleine Erfindung, das hätte mir schon gereicht.

Aber leider sind heutzutage alle einfachen Entdeckungen schon gemacht, so scheint es. Wenn einer heute was Neues und Spannendes herausfinden will, so muss er mindestens zehn Semester studieren, am besten in Amerika, und sicher braucht er einen großen Computer und ein teures Labor, so dachte ich, denn nur die ganz komplizierten Sachen sind zum Entdecken übrig. Schade, denn ich hätte die Formeln, die ich im Physikunterricht gelernt hatte, gern auch mal angewandt, für irgendeine neue Idee.

Das war ganz falsch gedacht. Auch mit den alten, einfachen Formeln, die wir bisher besprochen haben, lassen sich noch reichlich seltsame Sachen erdenken. Ein Beispiel: Die Windmühle wurde vor vielen hundert Jahren erfunden und seitdem wurden nur die verwendeten Materialien und die Konstruktionstechniken verbessert; das Arbeitsprinzip der Windmühle selbst ist unverändert. Könnte man es besser machen?

Wie funktioniert eine Windmühle?

Offensichtlich entnimmt sie der Luft Bewegungsenergie: Luft bewegt sich mit der Geschwindigkeit v1 auf das Windrad zu, indem sie die Flügel des Windrades anschiebt, wird sie abgebremst auf die geringere Geschwindigkeit v2. Ein Teil ihrer Bewegungsenergie wird dabei auf das Windrad übertragen.

Dabei muss sich der Luftstrom aufweiten. Wie bei einer Autobahnbaustelle ist das: Wenn sich die Autobahn von drei Spuren verengt auf nur eine, wegen der Bauarbeiten, so gibt es leicht einen Stau. Denn wenn alle drei Spuren voller Autos sind, die mit 100 km/h fahren, und wenn die gleich bleibend mit 100 km/h durch die Baustelle wollen, so müssten ja immer drei Autos gleichzeitig durch die Baustelle fahren, wie soll das gehen? Deswegen bildet sich ein Stau: Vor der Baustelle fahren die Autos langsam dreispurig, so in etwa 30 km/h, bis sie an die Baustelle kommen, da fahren sie einspurig mit 100 km/h weiter.

Das Gleiche siehst du bei einem Fluss. Da, wo es eine Engstelle gibt, da fließt das Wasser schneller. Bei der Windmühle ist es ähnlich. Weil die Luftströmung abgebremst wird, weitet sie sich gleichzeitig auf. Die Windmühle bremst den Luftstrom ab und weitet ihn dabei auf, das ist, wie sie funktioniert.

Wie kann ich, ohne die Flügel des Windrades zu vergrößern, mehr Energie aus dem Windrad herausholen? Entweder, indem ich einen Ventilator vor das Windrad stelle, der beschleunigt die Luft, die dann mit größerer Macht auf das Windrad drückt, sodass es mehr Strom produziert. Oder ich stelle einen Ventilator hinter das Rad, der die Luft absaugt, so wie ein Staubsauger, das müsste genauso gut funktionieren. Allerdings kann ich nicht tatsächlich einen Ventilator oder einen Staubsauger verwenden, denn die würden die Energie, dic ich mit dem Windrad erzeuge, ja gleich wieder verbrauchen. Kann ich Luft auch ohne Ventilator beschleunigen?

Luftbeschleuniger

Wir brauchen nur wieder das Baustellenprinzip anzuwenden: Luft, die durch eine Engstelle fließt, wird schneller. Seltsam eigentlich. Ist das nicht gegen Energie- und Impulserhaltung? Nach der Engstelle hat die Luft die gleiche Geschwindigkeit wie vor der Engstelle, also die gleiche Bewegungsenergie. In der Engstelle hat sie eine höhere Geschwindigkeit, also eine höhere Bewegungsenergie. Woher kommt die Energie?

Aus dem Druck. Wenn du Luft zusammendrückst, zum Beispiel mit der Fahrradpumpe, so leistest du Arbeit. Luft hat mehr Energie, wenn sie unter Druck steht. So wie eine zusammengedrückte Feder. Wenn Luft durch eine Engstelle fließt, so nimmt ihre Druckenergie, also ihr Druck, ab. Um genauso viel, wie ihre Bewegungsenergie zunimmt (falls du es genauer nachschlagen willst: Formel von Bernoulli).

Das kannst du ausprobieren. Du kannst eine «Röhre» aus Pappkarton zusammenkleben, die innen enger wird. Die Anführungszeichen habe ich gesetzt, weil es nicht unbedingt eine wirklich runde Röhre sein muss, die ist sehr schwer zu konstruieren, ein viereckiger oder sechseckiger Querschnitt tut's auch.

Man braucht ein bisschen Gehirnschmalz, um auszutüfteln, wie man den Karton zuschneiden muss, damit sich beim Zusammenkleben die Röhre ergibt. Aber wenn du erst mal das Profil gewählt hast, so geht der Rest mit einem Lineal und einem Winkeldreieck, ohne viel zu rechnen.

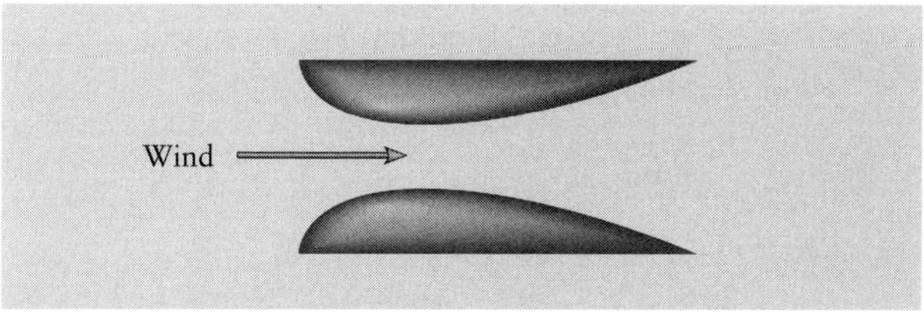

Längsschnitt durch eine Luftbeschleuniger-Röhre

Du stellst die Röhre vor einen Ventilator und misst die Windgeschwindigkeit innerhalb und außerhalb der Röhre. (Von der Firma Dwyer gibt es ein Gerät zur Messung der Windgeschwindigkeit, das im Wesentlichen aus einem Plastikröhrchen besteht, dessen eines Ende man in die zu messende Luftströmung hält. Du steckst das Rohrende einfach durch eine kleines Loch ins Innere der Röhre und schon kannst du die Windgeschwindigkeit innerhalb der Röhre messen.)

Ich hab es geschafft, die Windgeschwindigkeit in meiner Anordnung auf über das Doppelte zu steigern. Man kann die Geschwindigkeit der Luft nicht beliebig steigern. Wenn man, um die Beschleunigungswirkung zu erhöhen, die Röhre zu sehr verengt, so stößt man bald auf eine Grenze für die erzielbare Windgeschwindigkeit, vermutlich bilden sich Turbulenzen aus. Es kommt auch sehr aufs Profil an, es sollte ein stromlinienförmiges Profil sein, sonst funktioniert die Sache nicht.

In der engsten Stelle der Röhre hat die Luft ihre höchste Geschwindigkeit und deshalb ihren geringsten Druck.

Und jetzt stellen wir hinter die Röhre eine zweite Röhre. So wie in der Zeichnung. Das Ende der ersten Röhre befindet sich im Tiefdruckgebiet der zweiten. Die zweite Röhre saugt die Luft aus der ersten. Die Luftgeschwindigkeit in der ersten Röhre steigt nochmals weiter an.

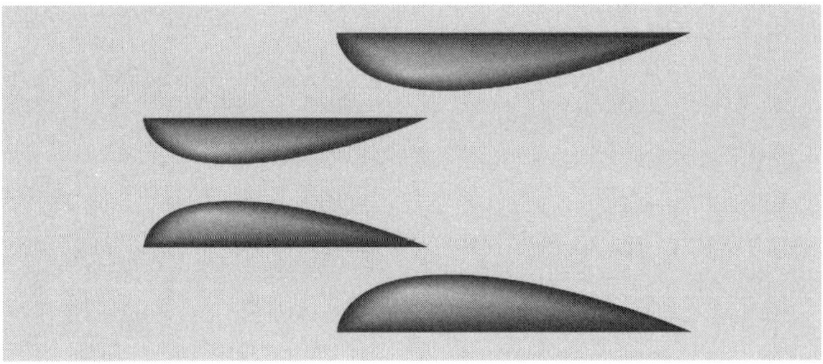

Doppelröhre

Bis hierhin habe ich alles selbst ausprobiert, es funktioniert prima. Was geschähe, wenn man ein Windrad in die erste Röhre stellt, da, wo sie am engsten ist? Ich vermute, dass nach wie vor die hintere Röhre aus der vorderen die Luft absaugt. Also das Windrad zusätzlich antreibt. Es läuft darauf hinaus, dass das Windrad nun die Windenergie über eine Fläche nutzt, die viel größer ist als es selbst.

Natürlich müssen wir dafür sorgen, dass sich die Luft hinter dem Rad sofort ausdehnen kann, wir müssen also innen die Form der Röhre ändern. Außerdem muss der Querschnitt der Röhre am Ausgang größer werden als am Eingang. Denn die austretende Luft ist ja abgebremst, da kommt wieder das Baustellenprinzip zur Anwendung. Siehe Zeichnung *Doppelröhre mit Propeller.*

Ich habe noch nicht selbst ausprobiert, ob es funktioniert. Mir fehlt die Zeit, außerdem bin ich kein sehr geschickter Bastler. Man kann also nicht sicher sein, ob es funktioniert, aber das ist bei neuen Ideen immer so.

Übrigens soll die Zeichnung nur das Arbeitsprinzip verdeutlichen. Für ein wirkliches System könnte man vermutlich die Anordnung noch etwas vereinfachen, um den Baupreis zu senken. Man kann sich auch ein System von vielen sehr kurzen Röhren hintereinander vorstellen, das sich beliebig ausdehnen lässt.

Die Anordnung ist schön kompakt und unempfindlich gegen Schaukeln, man kann sie auf eine schwimmende Plattform stellen und im offenen Meer vor Anker gehen, weit vor der Küste. Da ist der Wind stärker und die Landschaft wird nicht verschandelt. Ist das Windrad wasserdicht, so kann die Plattform ruhig kentern, dann nutzt unsere Anordnung halt die Wasserströmung.

Die Formel für die Bewegungsenergie ist $\frac{1}{2}mv^2$. Lass uns überlegen, wie viel Energie ein Kubikmeter Wasser hat, verglichen mit Luft. Zum einen hat das Wasser eine tausendmal höhere Masse. Zum anderen hat eine typische Meeresströmung so in etwa v = 3 km/h, während Luft typischerweise um die 15 km/h Geschwindigkeit hat, also fünfmal so viel. Der Ausdruck v^2 ist dann für Wasser 25-mal kleiner als für Luft. Ein bestimmtes Volumen bewegten Wassers hat also $\frac{1000}{25}$ = 40-mal so viel Energie wie das gleiche Volumen fünfmal so schnell fließender Luft. Nun braucht das Wasser fünfmal so lange, um durch unsere Anordnung zu fließen, in einer bestimmten Zeit können wir also aus dem Wasser $\frac{40}{5}$ = 8-mal so viel Energie gewinnen wie aus einer gleich großen Luft-Windmühle.

Es wäre schon sehr spannend, wenn es wirklich funktionieren würde. Vielleicht bräuchte man dann kein Öl mehr und es gäbe keine Kriege ums Öl.

Falls dir was Kluges zu der Sache einfällt oder falls du jemanden kennst, der zum Beispiel ein Computerprogramm hat, mit dem man solche Dinge berechnen kann, so schreib mir doch bitte, es würde mich interessieren.

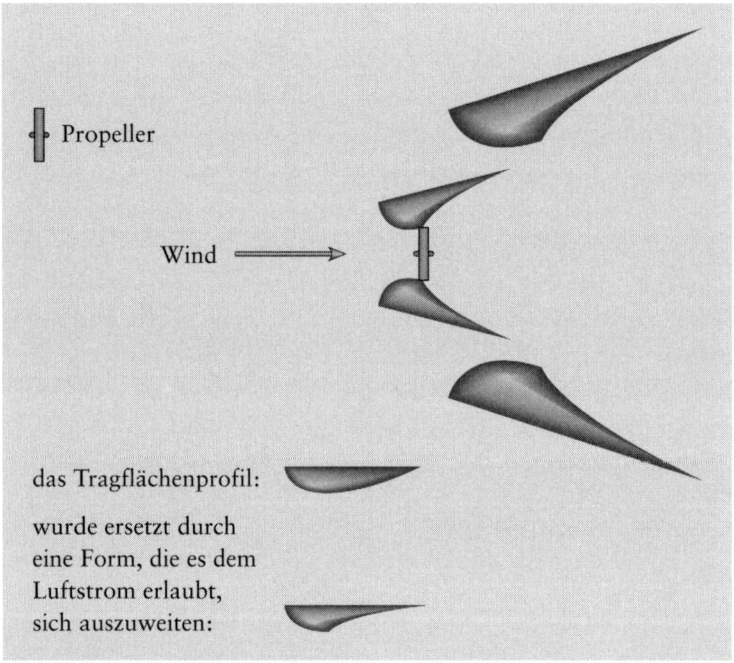

Doppelröhre mit Propeller

Dass es funktionieren und rentabel sein müsste, glaube ich deswegen: Ein herkömmliches Windrad ist ja die Umkehrung des Hubschraubers. Der Hubschrauber beschleunigt die Luft, das Windrad bremst die Luft, nach dem gleichen Prinzip. So gesehen ist unser modernes Windrad nichts anderes als ein umgestülptes Flugzeug. Flugzeuge sind viel ökonomischer als Hubschrauber. Folglich sollte auch unsere Anordnung ökonomischer sein als eine herkömmliche Windmühle.

Elegant muss es sein

Wenn ich schreibe p(Welt) = konstant und E(Welt) = konstant, so ist das im Grunde nur eine Behauptung. Denn man kann es nicht experimentell überprüfen, man kann ja nicht das ganze Universum ins Labor stecken. Man kann nur Teile des Universums ins Labor stecken. Zum Beispiel zwei Billardkugeln. Oder zwei oder zehn oder eine Milliarde mal eine Millarde Gasatome. Einen solchen kleinen Teil des Universums kann man ins Labor sperren, getrennt vom Rest des Universums.

In diesem abgeschlossenen Teil des Universums kommt es tatsächlich nie zu einer Impuls- oder Energieänderung, das kann man messen. Nun wissen die Billardkugeln oder die Gasatome ja nicht, dass sie ein abgeschlossenes System bilden, sie haben ja keinen Verstand. Man kann also nicht erwarten, dass sie sich anders verhalten, wenn sie gerade nicht eingesperrt sind. Folglich sollten doch auch im Universum insgesamt Impuls und Energie erhalten bleiben.

Außerdem baut die gesamte Physik auf der Impuls- und Energieerhaltung auf. Wären diese Erhaltungssätze falsch, so müssten sich als Konsequenz aus diesen falschen Annahmen irgendwo Fehler ergeben. Das ist bisher noch nie passiert.

Man kann ja mit Fernrohren auch weit hinaus ins Universum sehen und messen, wie sich die Sterne bewegen und manchmal auch umeinander kreisen. Wenn dort draußen die Erhaltungssätze nicht gelten würden, so sollte man das gemerkt haben.

Letzten Endes ist es allerdings eine Geschmacksfrage, ob dir diese Argumente genügen. Falls es dir gelingen sollte, in einem Experiment auch nur bei einer einzigen Gelegenheit zu zeigen, dass einer der Erhaltungssätze verletzt ist, so ist dir der Nobelpreis ganz bestimmt sicher. Ich würde dir aber abraten von so einem Experiment, ich hielte es für Zeitverschwendung. Nicht, weil die Erhaltungssätze in mathematischem Sinne beweisbar sind. Sondern weil sie schön sind. Sie sind außerordentlich einfach, außerordentlich allgemein. Sie sind von sehr großer Eleganz. Das ist das entscheidende Argument. Vielleicht, das ist meine ganz persönliche Meinung, vielleicht fehlt ihnen die

äußerste und vollständig überzeugende Eleganz, aber sie sind jedenfalls eleganter als alles, was man bekommt, wenn man auf sie verzichtet.

Frauen verstehen nichts von Physik

Darüber hinaus kann man Energie- und Impulserhaltung sogar aus ganz einfachen Annahmen ableiten. Also sagen, warum sie gelten müssen. Das hat Emmi Noether herausgefunden, 1918.

Das ist auch wieder eine interessante Geschichte. Emmi Noether war erstens eine Frau und zweitens auch noch Jüdin, und es ist ihr deshalb sehr schlecht ergangen. Erst hat sie keinen Arbeitsplatz bekommen an der Universität, weil sie ja eine Frau war. Vor 100 Jahren war es einfach, eine Frau von der Physik auszuschließen. Da musste sie froh sein, umsonst arbeiten zu dürfen, in irgendeiner kleinen Abstellkammer. Dabei war sie mit Sicherheit eine der gescheitesten Personen an der ganzen Universität.

Und ab 1933 konnte sie nicht einmal mehr das, weil die dümmsten Diktatoren der deutschen Geschichte an die Macht gewählt wurden. Nicht obwohl, sondern eben weil sie so dumm waren, ihre Primitivität war ja allgemein bekannt. Da musste Emmi Noether Deutschland überhaupt verlassen, denn die Nazis hätten sie als Jüdin erst nur drangsaliert, schließlich aber umgebracht.

Dass Emmi Noether als Jüdin verfolgt wurde, ist hauptsächlich die Schuld der damaligen Regierung. Sie so schlecht behandelt zu haben, weil sie eine Frau war, ist aber voll und ganz in der Verantwortung der Universität. Hätte man nur gewollt, so hätte sich bestimmt eine Stelle für Emmi Noether finden lassen, selbst wenn es tatsächlich gegen die Vorschriften gewesen wäre. An jeder Universität findet sich auch immer eine Reihe von Leuten, die nur deshalb ihre Stelle bekommen haben, weil sie Freund von irgendwem sind. Das ist ja auch gegen die Vorschriften, aber alle wissen es, und es geht. Stattdessen scheinen sich die weniger begabten Physiker zusammengetan zu haben, um jemanden draußen zu halten, der besser war als sie – unter dem Vorwand, Frauen verstünden nichts von Physik.

Es erinnert ein wenig an die Geschichte vom Herrn Mayer. Nicht nur, weil der Herr Mayer den Energiesatz gefunden und Emmi Noether ihn erklärt hat.

Ich selbst habe übrigens an der gleichen Universität studiert wie die Emmi Noether, natürlich viele Jahre später. Von Emmi Noether hatte während meines gesamten Studiums nur ein einziger Professor erzählt, der Herr Huber war das. Hätte ich den nicht zufällig getroffen, so hätte ich an jener Universität studiert, ohne überhaupt jemals von Emmi Noether erfahren zu haben.

Emmi Noether hat herausgefunden, dass Impuls- und Energieerhaltung zurückzuführen sind auf die Eigenschaften von Raum und Zeit. Der Impulserhaltungssatz gilt dann, wenn der Raum nirgends ausgezeichnet ist, wenn keine Gegend des Raumes besondere Eigenschaften aufweist. Wenn also ein Experiment, das ich durchführe, oder eine Maschine, die ich betreibe, nicht davon abhängen, wo ich bin. Es ist schon klar, in Sibirien startet mein Automotor nicht, in der Sahara schon. Aber das liegt nicht am Ort, sondern an der Temperatur. Wenn ich mein Auto in Sibirien in eine geheizte Garage stelle, so startet es auch in Sibirien.

Und ebenso lässt sich die Erhaltung der Energie zurückführen auf die Gleichberechtigung aller Punkte der Zeit. Es gibt keine besondere Zeit.

Von der Energie- und Impulserhaltung hat man früher wohl auch deshalb nicht gewusst, weil auf den ersten Blick das genaue Gegenteil der Fall zu sein scheint. In unserer Alltagswelt scheinen Impuls und Energie eigentlich nie erhalten zu bleiben. Wenn du nicht mehr in die Pedale trittst, so wird dein Fahrrad immer langsamer, bis es stehen bleibt, wenn du die Uhr nicht mehr aufziehst, so bleibt sie stehen, ein Kreisel, den man nicht mehr antreibt, bleibt schließlich stehen und fällt um. Ein Ball, den man wirft, fällt irgendwann zu Boden, rollt über die Wiese, immer langsamer, bleibt liegen. Alle Dinge, die irgendwie eine Geschwindigkeit haben und somit einen Impuls, verlieren die Geschwindigkeit und somit den Impuls allmählich. Alle Dinge, die sich bewegen und somit eine Bewegungsenergie haben, verlieren diese allmählich.

Und soweit ist das auch richtig beobachtet: So wie ein Gegenstand Impuls oder Energie aufnehmen kann, so kann er die auch wieder verlieren. Nur eben, wenn er das tut, wenn er Energie oder Impuls verliert, so sind die nicht verloren, sondern wechseln lediglich ihren Träger. Denn der Satz von der Erhaltung der Energie und der Satz von der Erhaltung des Impulses gelten nicht für einen einzelnen Gegenstand, sondern für die ganze Welt.

Erst wenn man nicht nur einen bestimmten Gegenstand betrachtet, einen rollenden Ball etwa, sondern wenn man alle Teile der Welt betrachtet, die mit dem Gegenstand «zu tun haben», erst dann sieht man die Erhaltungssätze.

Wirft ein Kind einen Ball, so braucht es Kraft in seinem Arm, um den Ball zu werfen, und diese Kraft wirkt über eine bestimmte Strecke l, so weit, wie das Kind eben ausholen kann beim Werfen. Das Kind leistet, nach unserer Definition, beim Wurf eine Arbeit von $F \cdot l$. Die Arbeit steckt dann im Ball als Energie, als Bewegungsenergie.

Schon wenn er durch die Luft fliegt, beginnt der Ball Energie zu verlieren, wird langsamer, wenn auch nur ganz wenig, man sieht es mit bloßem Auge kaum. Er verliert deswegen Energie, weil er Arbeit leisten muss, um die Luft vor sich wegzuschieben (so wie der Luftwiderstand beim Fahrradfahren). Die Energie, die der Ball dabei verliert, geht aber nicht wirklich verloren, sondern sie geht auf die Luft über, die ja durch den Ball wegbewegt wird.

Dann trifft der Ball auf die Wiese, rollt aus, bleibt still liegen. Wie kommt das nun, wo ist seine Energie hin? Er hat sie ans Gras abgegeben. Das Umbiegen eines jeden einzelnen Grashalms erfordert Arbeit, also die Abgabe von Energie. Unsereins merkt das nicht, welche Arbeit das Umbiegen eines Grashalms macht, weil wir zu groß und zu stark sind. Aber frag mal einen Käfer, wenn er von Grashalm zu Grashalm turnt, ob «Grashalme umbiegen» schwer ist, oder, falls er gerade nicht antworten will auf deine Frage, sieh ihm zu, wie er sich abmüht. Grashalme umbiegen macht schon Arbeit, nur halt für unsere Verhältnisse sehr wenig. Aber es sind doch sehr viele Grashalme, über die der Ball rollt, und das summiert sich dann. Und am Ende bleibt der Ball liegen, hat alle seine Bewegungsenergie an die Luft und an das Gras abgegeben.

Ähnliches gilt für den Impuls, und so wie beim Beispiel mit der Eidechse ist es letztlich die Erde, die den Impuls des Balles aufnimmt. Das ist auch recht und billig so, denn wenn du einen Ball wirfst, so ist es ja auch die Erde, die den Impuls dazu hergibt. Du stößt dich, ob du willst oder nicht, beim Werfen an der Erde ab, so wie beim Laufen. Den Impuls, den dir die Erde für den Wurf geliehen hat, den kriegt sie wieder zurück, indem der Ball ausrollt.

1 + 1 = 2: Ein Märchen

Und 5 + 5 = 10, das ist doch ganz einfach, das weiß ja jeder! Siehst du, so sind wir: Wenn wir etwas können und uns daran gewöhnt haben, so kommt es uns ganz einfach vor, auch wenn es in Wirklichkeit sehr schwierig ist. Aber was wir noch nicht kennen, kommt uns schwierig vor, auch wenn es einfach ist. 1 + 1 = 2 und 5 + 5 = 10, das ist ungeheuer schwierig.

Erinnerst du dich, wie mühselig du das kleine Einmaleins gelernt hast, und Addieren und Subtrahieren? Das war schwere Arbeit, und du hast Jahre gebraucht, obwohl du jeden Tag eine Stunde Schularbeiten gemacht hast. Es ist schwerer als Klavier spielen; bedenke, wie gut einer spielen kann, wenn er im Alter von sechs Jahren anfängt und jeden Tag eine Stunde übt, so wie du das mit dem Rechnen getan hast.

Es war einmal

«Aber damals war ich ja noch ganz klein und hab nichts gewusst, deshalb schien es schwierig. Aber in Wirklichkeit ist es leicht», wird nun mancher sagen, der es nicht anders wissen will. Aber das ist nun einmal nicht wahr: Die Zahlen, mit denen wir zählen, sie heißen «natürliche Zahlen», gibt es in Europa überhaupt erst seit dem Jahre 820 n. Chr., in etwa. Sie stammen von den Indern und wurden von den Arabern bei uns eingeführt, durch das Buch «Algabr walmukabalah» des großen Al-Kwarizmi. Es war eine interessante Zeit! Die Zeit Harun Al Raschids war es (Lehrer fragen), die Zeit, in der Sindbad der Seefahrer das erste Mal auf seine Reisen gegangen ist

(Oma fragen), die Zeit der schönen und gescheiten Scheherazade, indisch-arabisch auch sie.

Die Mauren herrschten damals in Spanien. Zusammen mit den natürlichen Zahlen und den Erzählungen der Scheherazade brachten sie nach Europa auch Reis, Zucker, Baumwolle, Spinat, Spargel, Seide, Kirschen, Orangen, Zitronen, Pfirsich, Erdbeeren und vieles mehr. Oder brachten diese Dinge nach Europa zurück: Den Spargel hatten auch schon die Römer gekannt, aber zusammen mit dem römischen Imperium war er dann wieder aus Europa verschwunden. So reich wie zu jener Zeit war Spanien nie vorher und nie nachher.

Ein paar hundert Jahre lang wurden Geschichten und Gedichte geschrieben, wurde philosophiert, komponiert und geforscht, und es wurden Schlösser gebaut, wie sie sonst nur im Märchen vorkommen.

Ein paar hundert Jahre lang und dann war es vorbei. Denn es gab auch Leute, die von all jenen Dingen nichts wissen wollten, die gegen das Nachdenken waren, weil sie es nicht beherrschen konnten, die alles Schöne mit Missgunst verfolgten, weil es nicht das Ihre war.

Wenn einer denken wollte, dichten und bauen, so hatte er es schwer: Du darfst dir die damaligen Dichter nicht als verzärtelte Weichlinge und Tagträumer vorstellen und die Scheherazade nicht als niedliches Mädchen, das nette Geschichten zum Besten gab. In Wahrheit hat sie doch erzählt, um ihr Leben zu retten und das der anderen. Nein, das waren damals harte Burschen und große Leute, keine Spinner. Auch die Generale, Wesire und Kalifen selbst haben durchaus zur Feder gegriffen und waren sich dazu nicht zu schade.

Und doch haben sich die dichtenden Kalifen auf Dauer nicht durchsetzen können. Als sich die Menschen erst einmal an die Paläste, Bibliotheken und Bücher gewöhnt hatten, sie selbstverständlich fanden, da gewannen diejenigen wieder Oberwasser, die das alles nicht interessiert hat.

Bereits zur Zeit des großen Philosophen Averroes waren

diese Leute stark genug, um Averroes zu vertreiben von seiner Universität und seinen Schülern. Und seine Bücher wurden verboten und verbrannt. Damals hat sich sogar jemand erblödet, ein Buch zu schreiben gegen Averroes, mit dem Titel «die Vernichtung der Philosophen». Das hat man dann auch geschafft, die arabische Philosophie zu vernichten, seit der Vertreibung des Averroes ging es nur noch bergab. Und als Philosophie und Literatur vertrieben waren, verschwanden auch Reichtum und Friede.

MCXI??

Und doch: Die «Interessiert-mich-nicht»-Leute haben damals zwar viel Leid über die Menschen gebracht, das in manch südlichem Land anhält noch heute. Aber ihr eigentliches Ziel haben sie völlig verfehlt: Die Gedichte und Geschichten haben sie nicht vernichten können. Die Bücher des Averroes, in ihrer Heimat von der Verbrennung bedroht, sind nach dem Norden gewandert. Zusammen mit Al-Kwarizmis Zahlen. Ihr Marsch in den Norden war mühselig und lang, und denk ja nicht, die natürlichen Zahlen seien überall mit offenen Armen empfangen worden, das nicht gerade! So schwere Bücher wie das Algabr walmukabalah wollten nur ganz wenige Menschen lesen. Außerdem konnte das fast niemand, lesen.

Geh in eine alte Kirche deiner Stadt, so siehst du es: Noch bis vor ganz kurzem hat man in Europa oft die römischen Zahlen bevorzugt, und du findest Jahreszahlen, die aussehen wie MCXI, und so was «Zahl» zu nennen, ist schon reichlich übertrieben, es sind eigentlich nur Abkürzungen von Wörtern. 100 heißt auf Lateinisch «centum» und so hat man eben C geschrieben für «Hundert». Mit so einem dummen Kauderwelsch kann kein Mensch rechnen, Rechenregeln für so einen Abkürzungssalat gibt es ja gar nicht.

Es ist kühl und still hier und all die Prälaten und Bischöfe blicken steinern von ihren Säulen auf dich herab, und die Könige und Fürsten liegen wichtig auf ihren Gruften und haben Staaten gebaut und Städte zerstört, eine Menge Leute umgebracht und waren die Größten ihrer Zeit. Aber rechnen konnten sie nicht, es war zu schwer für sie und wollte nicht in ihren Kopf. Falls du zu den sehr jungen Lesern gehörst, dürftest du da ruhig zurückgucken und sagen: «Dabei habt ihr ja nicht einmal richtig zählen können. Doch ich, das Kind, kann es.»

Sie werden nichts entgegnen, denn es ist ja nur Stein, in Wirklichkeit gibt es sie nicht mehr. Die Zahlen hingegen, die gibt es immer noch, sie sind nun deine und leben in dir. Vielleicht leben ebenso ihre Schöpfer noch weiter, in dir? Ich halte es für möglich. Denn eines der maurischen Märchenschlösser, es hat ja überlebt, du kannst es besuchen. In Granada steht es, nach der Alhambra musst du fragen.

Lass dich doch nieder in ihrem Garten, an einem der leise plätschernden Brunnen, im warmen Schatten, schließe die Augen ein wenig, nicht ganz, nur ein wenig. Ist es nur still genug, du nur das Wasser murmeln hörst, so werden sich bald die Wesire und Dichter auf ihren arabischen Teppichen im Kreise um dich versammeln, ich halt es für möglich, Mokka trinken, aus dem Al-Kwarizmi vorlesen und ihre Lieder vortragen. Und eine junge Frau ist bei ihnen, die nicht nur schön ist, sondern sichtlich auch mutig und klug, geachtet von den Fürsten. Und nur ganz unwissende Menschen könnten dir vorwerfen, du seist kindisch und sähst Gespenster, denn du siehst es ja nur so oder genauso, wie es auch in Wirklichkeit war.

Zählen, wie?

Und wenn du es immer noch nicht glauben willst, sondern nun sagst: «Herr Graßmann, du redest ja wie ein Märchenonkel aus 1001 Nacht, ich bin aber ein modernes Kind und glaub nicht an Märchen», dann gehen wir eben zu den Mathematikern, vielleicht glaubst du ja denen.

Die natürlichen Zahlen sind eine Menge von Elementen,

wirst du zu hören bekommen, und zu jedem Element gibt es ein Nachfolgeelement; und das Nullelement gehört zwar auch zur Menge, ist aber selbst kein Nachfolgeelement; Elemente mit gleichen Nachfolgern sind gleich; und enthält eine Teilmenge M der natürlichen Zahlen das Element 0 und mit jeder natürlichen Zahl auch deren Nachfolger, so ist M gleich der Menge der natürlichen Zahlen. Das ist noch das absolute Minimum, was man sagen kann, da ist noch fast gar nichts gesagt und noch nicht einmal die Addition erklärt. Die müssen wir erst noch einführen, indem wir festlegen: n' sei der Nachfolger von n und dann gilt $n + 0 = n$ und $n + m' = (n + m)'$. Dies nennt man die Axiome von Peano.

Andere Mathematiker werden dir davon erzählen, dass es sich bei den natürlichen Zahlen um eine algebraische (Algabr walmukabalah!) Struktur handelt, mit einer Verknüpfung, wir nennen sie «+», eine Struktur, welche sich durch die Existenz eines neutralen Elementes auszeichnet. Und weil das Verknüpfungsgesetz dieser algebraischen Struktur ein assoziatives ist, so gehören die natürlichen Zahlen zu einer Art von Mengen, welche man hinsichtlich dieser Eigenschaften als so genannte Halbgruppen bezeichnet. Leider nur zu den Halbgruppen, nicht zu den Gruppen, tut mir Leid. Denn nicht jede Gleichung $x + a = b$ besitzt eine Lösung.

Zu einer richtigen Gruppe werden die natürlichen Zahlen erst, wenn man sie erweitert um die negativen Zahlen, das ergibt die ganzen Zahlen. Die sind nun immerhin eine Gruppe, und man kann mit ihnen immer die Gleichung $x + a = b$ lösen, aber sie reichen nicht in allen Fällen zur Lösung der Gleichung $a \cdot x = b$. Weswegen man die ganzen Zahlen erweitert zum so genannten Körper der rationalen Zahlen. Sind die Zahlen also einfach? Nein, das sind sie gewiss nicht.

Und dabei ist das nur der Anfang: Indem die Mathematiker lauter ganz einfache und scheinbar belanglose Kleinigkeiten aneinander fügen, findest du dich sehr schnell in äußerst seltsame Gedankengänge verwickelt und schließlich in schwierige. Zu den seltsamen, aber noch nicht gerade schwierigen Gedankengängen gehört die Frage, wie viele Elemente denn die Menge der natürlichen Zahlen habe. Unendlich viele natürlich, denn jedes Element hat ein Nachfolgeelement. Aber obschon es unendlich viele natürliche Zahlen gibt, so kann man sie doch abzählen, denn das ist ja, was man mit diesen Zahlen macht, zählen. Und natürlich gibt es auch unendlich

viele rationale Zahlen, das sind die Brüche, $\frac{2}{3}$ zum Beispiel. Offensichtlich gibt es viel mehr rationale Zahlen als natürliche Zahlen, gibt es unendlich viel mehr rationale Zahlen als natürliche Zahlen, aber trotzdem reichen die natürlichen Zahlen aus, um selbst die rationalen Zahlen abzuzählen, denn jede rationale Zahl besteht ja aus zwei natürlichen Zahlen. Es gibt also abzählbar unendlich viele rationale Zahlen und ebenso abzählbar unendlich viele natürliche Zahlen. Halb so wild, mag da einer denken, man kann ja alles irgendwie abzählen, das verwirrt mich nicht. Das wäre aber ganz falsch gedacht, denn die reellen Zahlen (die ergeben sich, wenn man die Wurzeln hinzunimmt) sind zwar auch unendlich viele, aber man kann sie nicht mehr abzählen, dazu sind es zu viele. Um wie gewaltig viel sie zu viele sind zum Abzählen, sieht man schon daran, dass selbst zwischen 0 und 1 zu viele reelle Zahlen sind, um sie noch zählen zu können.

Die exakte Wissenschaft

Erwarte ich, dass du alles verstanden hast? Nein, das ist nicht unbedingt nötig, jedenfalls nicht sofort. Es ist zwar alles wahr und richtig, ich hab es aber nicht zum Mitschreiben vorgetragen, wie in einer Unterrichtsstunde, sondern so wie im Märchen. Darf man das?

Ein Unterschied zwischen dem Märchen und der Mathematik ist, dass sich jedes Kind Sindbad den Seefahrer anders vorstellt, ein großes Kind anders als ein kleines Kind, ein Junge anders als ein Mädchen. Wohingegen, so glauben viele Leute, es in der Mathematik diese Freiheit nicht gäbe, die Mathematik sei für jeden Menschenkopf die gleiche, glauben sie. Das ist aber nur teilweise richtig, zum Beispiel ist es richtig für die Schulmathematik, die geht immer auf. Das liegt aber an der Schule. Bei den großen Mathematikern selbst, da geht es viel weniger auf. Noch nicht einmal bei den Zahlen, von denen wir hier reden, wo es doch etwas Einfacheres als die Zahlen in der Mathematik kaum zu geben scheint!

Der große Kronecker, der viel über Zahlen geforscht hat und der die Meinung vertrat: «Die ganzen Zahlen hat der liebe Gott gemacht, alles andere ist Menschenwerk», hat ein Leben lang die wirkliche Unendlichkeit der Zahlenmengen seines Kollegen Cantor angegriffen, fand dessen Gedanken ganz falsch und hat dessen Werk so wild abgelehnt, dass deswegen der arme Cantor nie seine Professur in Berlin bekommen hat. Dabei war Cantor wohl der Größere von beiden, und was wir oben über die Zahlen geschrieben haben, geht auf ihn zurück. Und ich frage mich, ob Cantor, der sich unerschütterlich gegen Kronecker verteidigte, ein so großer Mathematiker war, obwohl oder vielleicht eher, weil er gemeint hat: «Ohne ein Quäntchen Metaphysik lässt sich, meiner Überzeugung nach, keine exakte Wissenschaft begründen.» Und kaum waren die Gedanken Cantors ausgedacht, da wurden sie auch schon angegriffen von anderen Mathematikern und verteidigt gegen diese Angriffe von wieder anderen, die dem Cantorschen Gedankengebäude zu Hilfe kamen mit dem Schlachtruf: «Aus dem von Cantor geschaffenen Paradies soll uns keiner vertreiben.» So ist uns Heutigen ein großer Teil seiner Gedanken immer noch gültig, aber nicht alles *.

* Nach H. Meschkowsky, «Wandlungen des mathematischen Denkens», München 1969.

Es gibt also den Unterschied zwischen Märchen und Mathematik, aber es gibt ihn hauptsächlich an der Schule, und sehr weit her ist es mit ihm nicht. Gemeinsamkeiten zwischen Mathematik und Märchen gibt es hingegen schon, und wer von diesen Gemeinsamkeiten weiß, der versteht auch, warum die Epoche der Scheherazade auch die des Al Kwarizmi ist, es war kein Zufall.

Märchen sind ja nicht nur große Dichtung für kleine Kinder, sondern sind genau genommen nichts anderes als das Schaffen einer Wirklichkeit, die in der wirklichen Welt nicht vorzukommen scheint, aber eben doch zur Wirklichkeit wird, indem du sie denkst. Jedes Mal, wenn ein Kind die Geschichte von Sindbad dem Seefahrer hört, geht Sindbad von neuem auf Reisen, tut es aufs Neue zum ersten Mal. Es ist das mit großen Augen und offenen Ohren lauschende Kind, das Sindbad zum Leben erweckt. Und es ist deshalb das Märchen, von dem das Kind lernt, dass die Wirklichkeit im Kopf gemacht wird!

Geh nun aber und frag die Leute, die nie von unendlich abzählbaren Gruppen und unabzählbaren Körpern gehört haben wollen, frage sie, ob dergleichen in der Wirklichkeit vorkomme. «Nein», werden sie sagen, «nie gesehen, geh wieder spielen.» Aber indem es gedacht wird, wird es wirklich.

Und selbst ein Kind kann es: Schlag irgendwo nach, wie viele Atome oder Teilchen es gibt im Universum, es ist irgendeine gähnlangweilig große, aber endliche Zahl. Da brauchst du nur ein Blatt Papier, um irgendeine Zahl hinzuschreiben, die noch tausendmal größer ist als jene Zahl. Es ist einfach. Allerdings, so viele Dinge, wie sie deine Zahl bezeichnet, gibt es nicht auf der Welt. Du hast eine Zahl geschrieben, der in der wirklichen Welt nichts mehr entspricht. Hättest du sie nicht gedacht, gäbe es die Zahl dann auch? Gibt es die Zahl also wirklich? Ich finde, es ist so, wie zu fragen: Hat Sindbad der Seefahrer wirklich gelebt?

(Bedenke übrigens: Mit den römischen Ziffern hättest du diese Zahl niemals schreiben können. Alles Papier der Welt würde nicht reichen. Und selbst wenn es reichte, so würdest du nie fertig, in deinem ganzen Leben könntest du nur einen kleinen Teil jener gigantischen Zahl ausschreiben. Du hättest diese Zahl nicht einmal denken können, denn wie soll man eine Zahl denken, wenn man sie nicht schreiben kann?)

Prinzipiell unbeweisbar

Und es kommt, recht betrachtet, noch schlimmer, denn selbst wenn manche Leute verstehen, welch zwielichtige Rolle die Mathematik einnimmt, zwischen der so genannten realen Welt und der reinen Geisteswelt, so trösten sie sich doch mit dem Aberglauben, die Mathematik sei doch wenigstens in sich selbst abgeschlossen und frei von Fragen oder Zweideutigkeiten, sobald erst einmal die Herren Mathematiker ihren Hickhack beigelegt haben. Dazu aus meinen Mathematikbüchern, geschrieben lange nach Kronecker und lange nach Cantor: «Das Axiomensystem von Peano charakterisiert die natürlichen Zahlen … eindeutig. Da es allerdings nicht mit den Ausdrucksmitteln der Prädikatenlogik der ersten Stufe formuliert ist, gibt es keine Verfahren mehr, um alle wahren Aussagen über natürliche Zahlen daraus herzuleiten. Es ist denkbar, dass einige der bis heute unbewiesenen Vermutungen der Zahlentheorie zwar wahr, aber prinzipiell unbeweisbar sind.»

«Gibt es kein Verfahren mehr», «denkbar», «prinzipiell unbeweisbar», da haben wir die Bescherung: Selbst die größten Mathematiker haben ganz hart zu kämpfen mit den Zahlen und werden ihrer doch kaum Herr. Dass du mit diesen verflixt komplizierten Zahlen überhaupt umgehen kannst, es ist eigentlich kaum zu glauben. Und doch ist es so. Warum sollst du dich dann fürchten vor den Funktionen, den Wellen oder den Integralen? Und wenn du dich vor der Mathematik nicht zu fürchten brauchst, warum dann vor der Physik?

Nun ist aber die Physik die allergrundlegendste und allgemeinste Wissenschaft überhaupt, abgesehen von der Mathematik. Alle anderen Wissenschaften bauen auf ihr auf. Folglich, wenn du dich vor der Physik nicht zu fürchten brauchst, wovor sollte dir dann bange sein? Ein Physikbuch gelesen und wenigstens so einigermaßen verstanden zu haben, kann dir deshalb sehr helfen. Von der Scheherazade zu wissen und ihren Freunden, das kann sehr wichtig sein.

Denn oft werden die Leute Dinge sagen, die du nicht verstehen kannst. Vielleicht, weil sie nicht gut erklären können. Vielleicht, weil sie es selbst nicht verstanden haben. Vielleicht, weil es falsch ist, was sie sagen. Man kann nicht verstehen, was nicht stimmt. Oft werden dir Menschen Dinge sagen, die nicht stimmen, weil sie etwas von dir wollen, und dann kannst du froh sein, wenn es nur dein Geld ist, was sie wollen. Immer dann brauchst du den Mut, zu fragen, ob es denn wirklich an dir liegt, wenn du nichts verstehst, oder ob es vielleicht andere Gründe hat.

Und oft werden Menschen dich bereden, so langweilig und traurig zu werden, wie sie selbst sind, und sie werden dir einreden, es sei alles aussichtslos, und man könne eh nichts tun. Selbst deine Märchenbücher werden sie dir ausreden wollen! Und wie leicht folgt man dann denen, weil man sich alleine fühlt und auch deswegen, weil da, wo man lebt, tatsächlich alles öde und aussichtslos ist. Und es scheint, jene elenden Menschen hätten Recht. Weißt du aber von Scheherazade und ihren Freunden und weißt du, dass Märchen abzuschaffen genauso unsinnig ist, als es wäre, die Mathematik selbst verbieten zu wollen – ja, dann fürchtest du dich weniger, denn du bist nicht allein.

Atome und andere Teilchen

Die Atome sind wieder etwas zum unterm Baum sitzen und nachdenken. Schon die alten Griechen wussten von den Atomen und die hatten weder Computer noch Mikroskope. Sie hatten lediglich Schatten spendende Bäume. Der bekannteste griechische Atomphysiker war Demokrit, er lebte vor 2400 Jahren. Wie Demokrit auf die Atome gekommen ist, wurde nicht überliefert. Eigentlich schade, andererseits halb so schlimm, denn wie bei «$v = \frac{l}{t}$» ist es bei den Atomen auch wieder, es gibt nicht nur eine, sondern viele verschiedene Möglichkeiten, um über sie nachzudenken.

Das Maß der Welt

Zum Beispiel könntest du dich fragen: Kennen wir wirklich die gesamte Welt? Sind tatsächlich schon alle Kontinente entdeckt? Sicher, Kolumbus hat Amerika entdeckt, und dann hat jemand Australien gefunden und Neuseeland, und heute scheinen alle Kontinente und großen Inseln bekannt zu sein. Aber kennst du die Geschichte von Gullivers Reisen? Der auf eine unbekannte Insel verschlagen wurde, auf der alles so war wie überall sonst in der Welt, nur viel kleiner? Gulliver ist erfunden, aber könnte es nicht irgendwo im fernen Meer wirklich so eine Insel geben?

Es ist schon wahr, heute hat jedes Schiff Radar, Tag und Nacht fliegen Satelliten um die Erde, die fotografieren alles. So eine unentdeckte Insel wäre sicher klein. Aber warum denn nicht? Ein kleiner Felsen, zehn Zentimeter mal zehn Zentimeter, mitten im Meer, den hätten auch das beste Radar und der modernste Satellit bestimmt noch nicht bemerkt. Und selbst wenn sie ihn gesehen hätten, wer wollte sich schon die Mühe geben, zu dem Felsen hinzufahren, um ihn zu untersuchen?

Kann sich auf so einem kleinen Felsen, gesondert vom Rest der Welt, Leben entwickelt haben, so wie auf dem Rest der Erdkugel, nur viel viel kleiner? Wenn man mit einer Lupe diesen Felsen genauer untersuchte, so sähe man vielleicht Wälder mit Elefanten, Eisenbahnen mit Leuten drin? Einen ganzen Kontinent, wie Amerika, nur eben kleiner? Mit Miniwäldern, Minielefanten, Mini-und-so-weiter.

Eventuell würdest du auf diesem Minikontinent auch ein Meer finden, mit einem kleinen Felsen drin, und dann könntest du einen der Minibewohner bitten, sich den Felsen mit einer Minilupe anzusehen. Und vielleicht fände sich da wiederum ein Kontinent. Ein Miniminikontinent. Mit einem Meer, in dem sich wiederum ein kleiner Felsen findet. Und so weiter.

Ich find es interessant. Eine winzige Insel, die noch niemand mit der Lupe untersucht hat, die kann es wirklich geben, ganz bestimmt. Allerdings kann es so eine Insel ebenso gut auch nicht geben. Wir wissen es nicht, ob es so eine Insel wirklich gibt. Deswegen kann man aus unserem schönen Gedanken keine Schlussfolgerung ziehen. Schade. Müssen wir wohl auf noch bessere Satelliten warten.

Moment mal! Da haben wir nun einen so schönen Gedanken gefunden, wollen wir da schon das Handtuch werfen? Die alten Griechen haben es auch ohne Satelliten, Computer und Radar geschafft, interessante Dinge zu denken. Wenn wir unseren Gedanken ein wenig abändern, vielleicht ginge es dann? Braucht es denn wirklich eine Miniinsel für unsere Überlegungen?

Zwar ist unklar, ob es Miniinseln wirklich gibt, aber sehr große und sehr kleine Tiere, die gibt es. Walfische und Amöben. Amöben kann man nur unter dem Mikroskop sehen, so klein sind sie, und sie schauen seltsam aus, wie von einer anderen Welt. Wieso sieht man, wenn man durchs Mikroskop schaut, immer nur so seltsame Viecher? Warum schwimmt nie ein ganz normaler Miniwalfisch unter die Linse? Ein richtiger Walfisch, nur eben hunderttausendmal kleiner als sonst? So groß wie eine Amöbe. Oder wenn schon kein Walfisch, vielleicht wenigstens ein Minikarpfen.

Wie aufregend! Da haben wir nun etwas an unserer Gedankenangel dran, es zappelt, sozusagen, mal sehen, was es ist. Denn das wissen wir nun doch: Solche Miniwalfische gibt es ganz bestimmt nicht und auch keine Minikarpfen. Denn es gibt eine Menge Biologen und Mediziner, die sehr viel Zeit damit verbringen, durchs Mikroskop nach unbekannten Lebewesen zu suchen. Wenn die irgendwann einen Minikarpfen gesehen hätten, so hätte es sicher in der Zeitung gestanden.

Es gibt viele verschiedene Arten von Karpfen und von Walen. Es gibt Wale, welche Plankton fressen, und solche, welche Tintenfische fressen, und es gibt graue Wale und schwarze Wale und weiße Wale, aber die Wale sind immer so in etwa gleich groß, zwischen fünf und fünfzig Meter, einen hunderttausendmal kleineren Miniwal hat nie jemand gesehen. Und das Gleiche gilt für alle anderen Tierarten. Wieso eigentlich?

Nehmen wir an, es gäbe Atome. Unteilbare kleinste Teilchen, aus denen alles aufgebaut ist. Dann versteht man, warum Miniwale unmöglich sind: Ein Walfisch besteht aus vielen verschiedenen Teilen, Augen, Flossen, Zähnen, Ohren und so weiter. Wenn er zum Beispiel aus tausend verschiedenen Teilen bestünde, so bräuchte man allermindestens tausend Atome, um ihn aufzubauen. Mit einem oder wenigen unteilbaren Teilchen kann man nicht etwas bauen, das tausend verschiedene Teile hat. In dem Fall könnte ein Wal also nicht kleiner sein als tausend Atome.

Wenn es Atome gibt, so kann man Dinge nicht beliebig vergrößern oder verkleinern, es gibt einen Maßstab für alles. Die

Welt schaut anders aus, hat andere Eigenschaften, je nachdem, in welcher Größenordnung ich sie betrachte. Falls du kein Mikroskop besitzt, so kannst du es auch anders beobachten: Geh zum nächsten Teich und sieh den Wasserläufern zu – kleinen Tierchen, die auf dem Wasser sitzen und auf dem Wasser laufen, als wäre es eine Straße. Es ist die so genannte Oberflächenspannung des Wassers, die das möglich macht. Es gibt Stoffe, die saugen Wasser auf, das Papier eines Löschblattes etwa. Andere Stoffe weisen das Wasser ab, zum Beispiel das Wachs einer Kerze oder der Lack eines neuen Autos. Anstatt sich über die Lackfläche flach zu verbreiten, bildet das Wasser kleine Tropfen, kleine Kugeln. Diese Tropfen werden von der Oberflächenspannung des Wassers zusammengehalten, vom Lack abgestoßen. (Die Oberflächenspannung des Wassers ist auch wieder eine Folge der Teilchenstruktur der Materie: Die Teilchen des Wassers ziehen sich gegenseitig mit einer ganz bestimmten Kraft an. Kommt Wasser in Kontakt mit einem anderen Stoff, so gibt es zwei Möglichkeiten. Die Kraft zwischen einem Teilchen des anderen Stoffes und einem Wasserteilchen kann entweder größer oder aber kleiner sein als die Kraft zwischen zwei Wasserteilchen. Ist sie größer, so versucht sich das Wasser über jenem Material auszubreiten. Ist sie kleiner, so versucht das Wasser, jenes Material möglichst wenig zu berühren, das Material ist dann wasserabweisend.)

Nun ist es egal, ob wir sagen: «Das Wasser stößt sich von der Lackfläche ab», oder: «Die Lackfläche stößt das Wasser ab.» Jeder Wasser abweisende Gegenstand und das Wasser stoßen sich mit einer bestimmten Kraft voneinander ab. Ist die Gewichtskraft des Gegenstandes kleiner als diese abstoßende Kraft, so bleibt der Wasser abweisende Gegenstand halt auf der Wasseroberfläche liegen. Anstatt unterzugehen. Ein Wasser abweisender Wasserläufer geht deshalb nicht unter. Wir gehen hingegen im Wasser unter, auch wenn wir uns Wasser abweisende Stiefel anziehen, wegen unseres großen Gewichts.

Deshalb sieht für den Wasserläufer das Wasser ganz anders aus als für uns, wie eine Straße, und er wird nicht nass, wir aber schon. Einfach nur deswegen, weil er so klein und leicht ist.

Die Welt aus Teilchen

Vielleicht hast du schon einmal gesehen, wie wir alten Leute früher Musik gehört haben. Mit schwarzen Schallplatten anstatt mit CDs. Eine Schallplatte ist spiralförmig bedeckt von einer haarfeinen Rille, in der sich winzige Unebenheiten befinden. Die spitze Nadel des Tonarms wird von diesen winzigen Unebenheiten ausgelenkt, während sie die Rille entlangfährt. Die Nadel zittert sehr schnell hin und her, so schnell wie die Membran eines Lautsprechers, aber nur um ganz wenig, zu wenig, um es mit dem Auge zu sehen. Man kann es aber elektronisch verstärken, und das ergibt dann die Musik.

So ähnlich, nur feiner, funktionieren die Geräte, mit denen man heutzutage Atome sichtbar machen kann. Man bewegt über ein Material eine sehr feine Spitze, die jedes einzelne Atom spürt. Was diese Spitze spürt, wird verstärkt und dann auf einem Bildschirm dargestellt. Der Erfinder des Verfahrens hat einen Nobelpreis dafür bekommen. So feine Spitzen herzustellen und zu steuern ist heikel, aber die zugrunde liegende Idee ist sehr einfach. Du siehst also, auch heutzutage kann einer mit einer ganz einfachen Idee einen großen Fortschritt erzielen.

Die Atome werden seit etwa 100 Jahren allgemein ernst genommen. Dabei gibt es erst seit ein paar Jahren jene «Atomplattenspieler», mit deren Hilfe wir die Atome auf einem Fernsehbildschirm betrachten können. Was hat die Leute schon vorher überzeugt? Die Eleganz und Einfachheit der Atomtheorie waren es. Vieles konnte mit Hilfe der Atomtheorie ganz einfach und elegant erklärt werden. Wohingegen die Gegner der Atomtheorie mit scheußlich komplizierten Formeln umgegangen sind und trotzdem mit ihrem Latein schnell am Ende waren.

Unsichtbare Atome messen

Unter dem Mikroskop kann man zum Beispiel Folgendes sehen: Legt man winzige Gegenstände, kleine Körnchen, ins Wasser, so schwimmen sie nicht einfach ruhig im Wasser, wie man das erwarten würde. Sondern sie bewegen sich, zittern und wackeln, als ob sie kleine Tierchen wären. Sind aber keine Tierchen, sondern bloß toter Stoff. Dieses Zittern, nach seinem Entdecker heißt es «Brown'sche Bewegung», woher kommt das nur?

Es sieht genauso aus, als ob irgendjemand die kleinen Gegenstände ständig herumschubsen würde. Ist da jemand? Offensichtlich schon, nämlich die Atome. Im gefrorenen Wasser, dem Eis, da bewegen sich die Atome nicht, sondern sind an ihrem Platz festgefroren. Im flüssigen Wasser bewegen sie sich ungeordnet durcheinander. Dabei stoßen sie immer wieder mit unserem Körnchen zusammen, ohne böse Absicht, rein zufällig. Das Körnchen wird also ständig von allen Seiten hin und her geschubst, und das ist, was wir im Mikroskop sehen. Die Atome selbst sehen wir nicht, sie sind für ein normales Mikroskop zu klein.

Nun konnten die Forscher genau beobachten, wie stark sich das Körnchen bewegt, und damit lässt sich dann ausrechnen (Impuls- und Energieerhaltung), wie groß und wie schwer die Atome sind. Das hat die Leute schon beeindruckt, denn gäbe es keine Atome, wie sollte man das Zittern dann erklären?

Ein Atom ist so in etwa ein Zehntel von einer Millionstel Millimeter groß. Es hängt von der Atomsorte ab. Es gibt über 100 verschiedene Atomsorten. Und da ist man schon in der Chemie. Die Chemie handelt davon, wie sich die Atome miteinander verbinden. Zum Beispiel ergeben zwei Wasserstoffatome und ein Sauerstoffatom ein Wasserteilchen – Teilchen, die aus mehreren Atomen bestehen, nennt man Molekül –, also ein Wassermolekül. Umgekehrt kann man das Wassermolekül mit Hilfe eines Tricks wieder auseinander nehmen. Den Trick verrat ich nicht, damit für die Chemiker was zum Erklären übrig bleibt. Und was passiert wohl, wenn wir das Wassermolekül zerlegen? Natürlich, dann bekommen wir wieder zwei Wasserstoffatome und ein Sauerstoffatom.

Stoffe, die man nicht aus anderen Stoffen bilden kann und die sich auch nicht mehr in andere Stoffe zerlegen lassen, die nennt man in der Chemie elementare Stoffe oder Elemente. Sauerstoff und Wasserstoff zum Beispiel sind Elemente. Elemente bestehen aus lauter gleichartigen Atomen. Alle anderen, nicht-elementaren Stoffe bestehen aus Molekülen.

Sogar Lebewesen bestehen aus Molekülen. Wenn Wasser, Erde und Luft aus Molekülen bestehen, so muss das Gras, das von Erde, Wasser und Luft lebt und wächst, ja wohl auch aus Molekülen bestehen. Dann muss auch die Kuh aus Molekülen bestehen, denn sie wächst ja, indem sie Gras frisst.

Alles Lebendige auf unserer Erde besteht aus den so genannten Nukleinsäuren und den Aminosäuren. (Das sind keine gefährlichen Chemikalien, sondern den Namen «Säure» tragen diese Moleküle deshalb, weil sie ein bestimmtes Bauschema haben.) Das Leben gibt sich mit nur 4 verschiedenen Sorten von Nukleinsäuren und 20 verschiedenen Aminosäuren zufrieden. Es ist seltsam: Walfische, Amöben, Blumen, Kühe, du – alles ganz verschieden, aber immer dieselben 4 Nuklein- und 20 Aminosäuren.

Du kannst dir wohl denken, wie gern ich darüber mehr reden und schreiben würde. Wie diese Moleküle die einzelnen Zellen der Lebewesen aufbauen. Wie sich die Gene aufbauen, die den Bauplan eines jeden Lebewesens enthalten. Jedes Lebewesen schleppt seinen Bauplan mit sich herum, niedergelegt in einer Geheimschrift, die aber nicht Buchstaben benutzt, sondern Atome.

Ich hab allerdings keine Lust, mehr als unbedingt nötig über diese Dinge zu erzählen, wenn sie auch noch so interessant sind. Weil ich die Chemie hasse. In meiner Studienzeit mussten alle Studenten ein so genanntes Chemiepraktikum absolvieren, das darin bestand, täglich zwölf Stunden lang Formeln auswendig zu lernen, einen ganzen Sommer lang. In gewissen Abständen wurde das Auswendiggelernte geprüft, einen ganzen Sommer lang. Ich habe nichts, aber auch gar nichts, von alldem behalten, erstens war es nur auswendig gelernt, zu verstehen gab es nichts, und zweitens war es lauter vollständigst irrelevantes Zeug, ich versichere es an Eides statt. Vermutlich gab es dieses perverse Praktikum nur, damit der Dienst habende Professor ein paar Assistentenstellen rechtfertigen konnte. Dass man solche Leute für ihre Verbrechen nicht zur Rechenschaft zieht, sie nicht mal entlässt, das werde ich nie verstehen. Jedenfalls aber will ich von der Chemie seitdem nichts mehr wissen, auch wenn es da eigentlich eine Menge Interessantes zu bedenken gäbe.

Was heißt schon «elementar»?

Als ich mein erstes Buch geschrieben hatte, bin ich von Buchhandlungen eingeladen worden, um daraus vorzulesen. Die Leute kommen und hören zu und stellen Fragen oder kritisieren. Es ist sehr interessant, aber auch sehr anstrengend, weil man so viel reist und immer in Hotels wohnt. In Hamburg hat ein junger Mann die einfachste und schwierigste Frage gestellt, die ich je gehört habe: «Wann ist ein Teilchen elementar?» Ich bin jetzt noch ganz stolz darauf, damals zugegeben zu haben, keine Antwort zu wissen. Wir sind darauf gekommen, als wir über ein bestimmtes Teilchen geredet haben, welches die Physiker als elementar betrachten, das so genannte Top-Quark. Es lässt sich nur künstlich im Labor erzeugen, ist sehr kurzlebig, zerfällt gleich wieder in andere Teilchen. Der junge Mann fand das seltsam, ein Teilchen als elementar zu bezeichnen, wenn es doch zerfällt. Nach Demokrit sollte ein elementares Teilchen doch unveränderlich sein.

Die Tricks und Schliche, um sich vor einer ehrlichen Antwort zu drücken, kenn ich natürlich auch. Am einfachsten lassen sich solche Fragen durch lange Formeln abwürgen. Oder man erwidert: «Diese Teilchen sind punktförmig und ein punktförmiges Teilchen ist elementar», oder aber: «Wenn ein Teilchen keine Struktur hat, so ist es elementar.» Aber wieso eigentlich punktförmig? Demokrit jedenfalls hat nicht von Punkten gesprochen. Und ob ein Teilchen eine Struktur hat, ist prinzipiell nicht durch Experimente zu entscheiden.

In dieser Hinsicht sind Atome nicht elementar: Unter Anwendung brutalster Kraft lassen sich Atome zertrümmern. Sie sind also nicht unwandelbar und so gesehen nicht elementar. (Wenn auch in unserer Welt, auf der Erde, derart große Kräfte praktisch nicht vorkommen. Es braucht ein sehr gut ausgerüstetes Physiklabor oder eine Atombombe, um Atome zu zerstören.)

In dieser Hinsicht sind Atome elementar: Es gibt kein halbes Atom einer bestimmten Sorte. Es ist unmöglich, ein Sauerstoffatom in zwei kleine Sauerstoffatome aufzuteilen. In allen Reaktionen unserer Welt nehmen Atome immer als Ganzes teil. Wenn ich von einem Meer, einem See, einer Pfütze ein klein wenig Wasser wegnehme, so ist es immer noch ein Meer, ein See, eine Pfütze. Von einem Atom hingegen kann ich nicht ein wenig wegnehmen. Es sei denn, ich zerstörte es, aber dann ist es ja kein Atom mehr.

Letzteres ist der entscheidende Punkt, wie wir später sehen

werden. Scheinbar kannst du von einem Stück Butter ein beliebig kleines Stückchen abschneiden. Es scheint aber nur so, in Wirklichkeit kann niemand weniger abschneiden, als einem Buttermolekül entspricht. Es gibt ein kleinstes Stückchen Butter. Es geht zwar noch kleiner, aber dann ist es keine Butter mehr.

Das ist, scheint mir, worauf es in der Physik ankommt: Ein

Atom oder sonst ein «elementares Teilchen» kann existieren oder auch nicht existieren, aber wenn es existiert, so immer nur als ganze Portion, nie als halbe.

Elektronen, Protonen, Neutronen

Das Atom besteht aus einem winzigen Kern mit einer vergleichsweise großen Hülle aus Elektronen außen rum. Der Kern besteht aus Protonen und Neutronen.

Die meisten Teilchen haben eine Eigenschaft, die man «elektrische Ladung» nennt. Es gibt zwei verschiedene Sorten elektrischer Ladung, «positiv» und «negativ» genannt. (Genauso könnte man aber sagen «grün» und «rot».) Positive und negative Ladungen ziehen sich an, so als ob eine Feder zwischen ihnen gespannt wäre. Gleichartige Ladungen hingegen stoßen sich ab. Aus der Ferne betrachtet heben sich eine positive und eine negative Ladung auf.

Das Proton ist positiv geladen, das Elektron negativ. Deshalb müssen in einem Atom genauso viele Protonen wie Elektronen sein. Dann ist das Atom elektrisch neutral (aus der Ferne gesehen). Die Neutronen haben keine elektrische Ladung, sie sind neutral, daher ihr Name. Die Neutronen dienen dazu, die positiv geladenen Protonen im Kern zusammenzuhalten. Denn zwischen Protonen und Neutronen wirkt eine sehr starke anziehende Kraft von allerdings kurzer Reichweite.

Wie viele Protonen und Elektronen ein Atom hat, das bestimmt seine Identität. Ein Wasserstoffatom hat ein Proton und ein Elektron. Ein Heliumatom enthält je zwei Protonen und Elektronen und immer so weiter: Jedes Mal, wenn ich noch ein Proton und ein Elektron hinzufüge, so habe ich eine neue Atomart. Es ergibt sich die Ordnung der Atome, wie sie im Periodensystem der Elemente aufgezeichnet ist. Das hängt meist im Chemiesaal.

Allerdings geht das nicht ins Beliebige immer so weiter, es gibt nur etwa 100 verschiedene Atomarten. Denn mehr als 100 Protonen lassen sich durch die Neutronen nicht mehr zusammenhalten, weil ja die bindende Kraft zwischen Proton und Neutron nur über eine relativ kurze Entfernung wirkt, verglichen mit der längeren Reichweite der abstoßenden Kraft zwischen den positiven Protonen.

Aus der Ferne betrachtet, sind die Atome zwar elektrisch neutral, aus der Nähe betrachtet, merkt man aber, dass die positiven und negativen Ladungen an verschiedenen Stellen sitzen. Deswegen können Atome sich mittels der elektrischen Anziehung zusammenlagern, «eine chemische Verbindung eingehen», können sich zu Molekülen zusammenlagern und die wieder zu größeren Strukturen, und am Schluss ist es ein Hase und hüpft davon.

Die ganze Welt können wir aus diesen 100 verschiedenen Atomsorten aufbauen, so hatten wir vorhin gesagt. Und jede dieser Atomsorten besteht aus nur drei verschiedenen Teilchen, aus Elektronen, Protonen und Neutronen. Die ganze Welt, wirklich alles, aus nur drei verschiedenen Teilchen.

Elektronen und Quarks

Die Elektronen in kleinere Einheiten zu zerlegen, das hat man bisher nicht geschafft. In den Protonen und Neutronen hingegen, da ist was drin. Die so genannten Quark-Teilchen. Man findet zwei verschiedene Sorten von Quarks, das so genannte u-Quark und das so genannte d-Quark. Sie unterscheiden sich durch ihre elektrische Ladung und durch ihre Masse. Das Proton besteht aus zwei u- und einem d-Quark. Das Neutron aus einem u- und zwei d-Quarks.

Eigentlich könnte ein Physiker mit diesen drei Teilchen hoch zufrieden sein, sie sind auf den ersten Blick außerordentlich elementar. Bis heute ist es nicht gelungen, eines dieser Teilchen auseinander zu brechen in kleinere Einheiten, und bis heute ist es nicht gelungen, irgendeine körperliche Ausdehnung nach-

zuweisen für diese Teilchen.

Nur leider, so richtig unveränderlich und im Sinne Demokrits elementar sind sie doch nicht. Zum Beispiel lässt sich ein u-Quark in ein d-Quark umwandeln und umgekehrt, und zwar mit Hilfe eines Elektrons und eines weiteren Teilchens, es heißt Neutrino. Derartige Prozesse sind sogar hochwichtig, sie sorgen zum Beispiel für das Scheinen der Sonne.

Jedes Mal, wenn das geschieht, wenn sich ein u- in ein d-Quark verwandelt, so verwandelt sich ein Elektron in ein Neutrino. Deshalb gibt man dem Elektron und dem Neutrino auch einen gemeinsamen Namen, so wie man beide u- und d- als Quark bezeichnet. Elektron und Neutrino heißen Lepton. Die Abkürzung für «Neutrino» ist «ν».

Für unsere Welt, so wie wir sie aus der Anschauung kennen, reicht das. Man kann sie aus Quarks (u, d) und Leptonen (el, ν) vollständig aufbauen. Alles, die ganze Welt.

Es gibt aber noch weitere Teilchen, die elementar sind in dem Sinne, dass sie, so weit wir wissen, nicht aus kleineren Teilchen zusammengesetzt sind. Diese «weiteren Teilchen», es ist ein bisschen unheimlich, sind Kopien der Teilchen, die unsere Welt aufbauen. Es gibt zwei Kopien des u-Quarks, des d-Quarks und des Elektrons, und der einzige Unterschied zwischen Original und Kopie ist die Masse. Die Kopien sind schwerer. Vom Neutrino gibt es ebenfalls zwei Kopien, wobei über die Neutrinomassen allerdings sehr wenig bekannt ist.

Man sagt dazu manchmal auch, die Teilchen kämen in drei verschiedenen «Familien» vor. Nur Teilchen der ersten Familie bilden die stabilen Bausteine der Welt.

Die beiden Geschwister des Elektrons sind das «Muon» (μ) und das «Tau» (τ). Und entsprechend gibt es zum Neutrino des Elektrons (ν_{el}) das Muon-Neutrino (ν_{μ}) und das Tau-Neutrino (ν_{τ}). Die beiden Geschwister des u-Quarks sind das c- und t-Quark, zum d-Quark gehören s- und b-Quark. Wie gefallen dir die Namen der Quarks? Ich finde sie blöde.

Du findest diese Teilchen oft in der folgenden Tabellenform aufgelistet:

Familie:	1	2	3
Leptonen:	$\begin{pmatrix} \nu_{el} \\ el \end{pmatrix}$	$\begin{pmatrix} \nu_{\mu} \\ \mu \end{pmatrix}$	$\begin{pmatrix} \nu_{\tau} \\ \tau \end{pmatrix}$
Quarks:	$\begin{pmatrix} u \\ d \end{pmatrix}$	$\begin{pmatrix} c \\ s \end{pmatrix}$	$\begin{pmatrix} t \\ b \end{pmatrix}$

Die Tabelle mit diesen «am meisten elementaren» Teilchen ist viel einfacher als das Periodensystem der Elemente. Aber trotzdem viel umfassender. Denn das Periodensystem hat mit der Frage zu tun: «Was kommen für Stoffe vor auf unserer Welt?», aber unsere Tabelle der Teilchen zielt auf die umfassendere Frage: «Was kann es überhaupt geben, was kann in der Wirklichkeit existieren?»

Es hat jedenfalls mit dieser Frage zu tun, zielt auf diese Frage ab – aber beantwortet sie leider nicht. Warum es nun genau diese Teilchen gibt, mit genau diesen Eigenschaften, das wissen wir nicht. Ich selbst habe fünfzehn Jahre lang in der Teilchenphysik gearbeitet, weil ich wissen wollte, was es mit diesen Teilchen auf sich hat. Weiß es aber bis heute nicht. Niemand weiß es. Es gibt sie halt.

Es gäbe noch so viel zu erzählen über die Teilchen. Wie man sie herstellt und nachweist. Wie das mit den Antiteilchen ist, sie sind auf den ersten Blick das einfache und genaue Gegenteil der Teilchen. Und dass es die drei Versionen der Teilchen geben muss, damit es zu geringen Modifikationen kommt im ansonsten genau gegenteiligen Verhalten von Teilchen und Antiteilchen. Denn heute wissen wir, dass die so genannten Antiteilchen nicht wirklich das genaue Gegenteil der Teilchen sind, sondern doch etwas leicht anderes. Was wichtig ist für unsere Welt, denn die Teilchen sind am Beginn der Welt entstanden, zusammen mit den Antiteilchen; wären Teilchen und Antiteilchen das genaue Gegenteil voneinander, so müsste es heute noch genauso viel Teilchen geben wie Antiteilchen, was aber nicht der Fall zu sein scheint.

Nur leider, wenn ich auch noch so sehr in die Einzelheiten gehe, so wird dadurch doch nichts erklärt und besser verständlich. Sondern immerzu müsste ich aufs Neue sagen: «So und so ist es, wir haben es sicher beobachtet, aber es hätte auch anders sein können. Warum es nun genau so ist, wissen wir nicht.» Dieses Buch soll aber die Physik erklären, sodass man es gut versteht. An den Teilchen gibt es nichts zu verstehen. Deshalb behandle ich die Teilchen nur kurz.

Eins lass mich noch anfügen: Manche Leute versuchen, die Probleme, die wir heute mit den Teilchen haben, zu verstecken, indem sie behaupten, die Physik könne und solle gar nicht erklären, sondern nur beschreiben. Das ist falsch. Die Physik erklärt, sie ist eine erklärende Wissenschaft. Am eindrucksvollsten beweist das die Thermodynamik, wir werden sie später behandeln. Wenn wir über die Teilchen so wenig wissen, so liegt das an uns, nicht an der Physik.

Die Kräfte

Immerhin, wenn wir heute auch nichts vom Woher und Warum der Teilchen wissen, so ist doch unsere obige Liste aller existierenden Teilchen sehr einfach. Das ist schon mal ein Erfolg, denn es ist ein starker Hinweis darauf, dass es hinter diesen Teilchen noch ein fundamentales, einfaches, ordnendes Prinzip gibt, von dem wir noch nichts wissen, das wir aber einmal hoffentlich werden verstehen können.

Und ebenso wie die Liste der Teilchen sind auch die zwischen den Teilchen wirkenden Kräfte sehr einfach. Vier Kräfte gibt es insgesamt in der Natur. Die elektrische, die schwache, die starke und die Gravitationskraft. Es hat immer wieder Versuche gegeben, eventuelle weitere Kräfte ausfindig zu machen. Bisher ohne Erfolg, eine fünfte Kraft hat bisher niemand nachweisen können.

Von der elektrischen Kraft, die zwischen elektrischen Ladungen wirkt, haben wir schon gehört. Sie scheint im Alltag keine Rolle zu spielen, weil es im Alltag selten geladene Gegenstände gibt. In Wirklichkeit ist es gerade die elektrische Kraft, welche die Kräfte zwischen den Atomen und Molekülen bewirkt. (Oft sagt man statt «elektrischer Kraft» etwas präziser «elektromagnetische Kraft», weil der Magnetismus nur eine Nebenerscheinung der elektrischen Kraft ist, das nehmen wir später durch.)

Dann gibt es die Gravitationskraft. Sie wirkt zwischen allen Körpern, die eine Masse besitzen. Sie sorgt dafür, dass die Erde zusammenhält und dass wir nicht von der Erdkugel runterpurzeln. Es ist die einzige Kraft, die wir anschaulich aus dem Alltag kennen. Anders als bei der elektrischen Kraft gibt es keine zwei verschiedenen Sorten von Masse, sondern nur eine. Gravitationskräfte summieren sich deshalb immer, sie heben sich nie auf. Deshalb spüren wir die Gravitationskraft im Alltag am meisten, mehr als die elektrische Kraft, obwohl die elektrische Kraft eines Elektrons oder Protons ungeheuerlich viel stärker ist als seine Gravitationskraft.

Von der starken und der schwachen Kraft spüren wir im Alltag nichts, es sind Kräfte sehr kurzer Reichweite. Sie sind aber ebenso wichtig wie die Gravitationskraft und die elektrische Kraft. In der Sonne werden ständig Atomkerne umgeformt, das geht mit Hilfe der schwachen Kraft. Und bei dieser Umformung wird sehr viel Energie frei, das liegt an der starken Kraft. Ohne schwache oder starke Kraft würde die Sonne nicht leuchten, es gäbe uns nicht. Die schwache Kraft kann auf Elektronen wirken oder auch auf Quarks. Die starke Kraft wirkt nur zwischen Quarks. Sie findet sich deshalb nur im Atomkern, eigentlich nur innerhalb des Protons und des Neutrons. Ein geringer Teil der starken Kraft zwischen den Quarks eines Kernteilchens strahlt aber über das Kernteilchen hinaus und kann dann auf die Quarks eines benachbarten Kernteilchens einwirken. Das ist die so genannte Kernkraft, welche die Protonen und Neutronen zusammenhält.

Photonen, Gluonen, W's, Z's, vielleicht Gravitonen?

Für jede dieser Kräfte gibt es «Feldteilchen». Das ist wie mit den materiellen Körpern. Die sind aus kleinsten elementaren Einheiten zusammengebaut, die wir «Teilchen» nennen, Materieteilchen. Kräfte werden über so genannte Felder übertragen, wir werden das in einem eigenen Kapitel besprechen, und auch diese Felder sind bei genauerer Betrachtung aus elementaren Portionen aufgebaut. Aus «Feldteilchen» eben.

Für die elektrische Kraft gibt es das Photon, die Gluonen für die starke Kraft, die W- und Z-Teilchen für die schwache Kraft und vermutlich die Gravitonen für die Gravitationskraft. Vermutlich, denn nachgewiesen hat man die Gravitonen bisher nicht.

Elektron, Proton und Neutron (genauer gesagt: Elektron, u-Quark und d-Quark) sind Teilchen, welche die Identität eines Körpers festlegen. Ein Atom dieser und jener Art enthält eben die und jene Zahl an Elektronen, Protonen und Neutronen beziehungsweise u- und d-Quarks. Die Feldteilchen hingegen haben mit der Identität eines Körpers nicht unmittelbar zu tun. Davon abgesehen, dass sie manchmal nur für eine kurze Zeit existieren, sind die Feldteilchen aber durchaus real und wirklich. Man kann ihre Masse bestimmen, ihre Ladung und andere Eigenschaften. Genauso wie für die Materieteilchen.

Drei dieser vier Kräfte lassen sich durch einen einheitlichen Formalismus beschreiben, das so genannte Standardmodell. Nur die Gravitation ist nicht Teil dieses Standardmodells. Mit den Formeln des Standardmodells lassen sich alle Reaktionen zwischen allen Teilchen beschreiben. Teilweise mit einer unvorstellbar hohen Genauigkeit. Immer da, wo Gluonen im Spiel sind, ist die Genauigkeit der Vorhersagen nicht so besonders, aber immerhin lassen sich dann Angaben machen über das ungefähre Ausmaß der Ungenauigkeit, und man versteht innerhalb des Mechanismus, woher die Ungenauigkeit rührt. Solange wir von der Gravitation absehen, beschreibt das Standardmodell alle Beziehungen zwischen den Teilchen vollständig.

Beschreibt, beschreibt, beschreibt. Alles. Erklärt: nichts. Und dieses Buch soll ja erklären. Es soll die Physik erklären. Aber an den Teilchen ist nichts zu erklären! Warum gibt es zwei Kopien? Warum haben die jeweils dieses und jenes Gewicht? Warum gibt es vier Kräfte und nicht zwei oder hundert, und warum sind die Kräfte so, wie sie sind?

Damit du es immerhin weißt und mitreden kannst, deshalb hab ich diese Dinge kurz zusammengeschrieben, aber zu verstehen ist es eigentlich nicht. Ich erwarte aber, dass wir es eines Tages verstehen werden. Da bin ich ganz sicher, im letzten Kapitel dieses Buches werd ich erklären, warum.

Es wird noch ziemlich lange dauern, ehe wir es verstehen, befürchte ich. Es braucht eine grundlegend neue Idee, finde ich, es braucht den genialen Einfall. Der nur von einer einzelnen Person kommen kann, einem Genie, jemandem, der Zeit hat, ganz ungestört einige Jahre lang nachzudenken. Einem zweiten Einstein.

Aber woher soll der kommen? Einstein selbst hat einmal gesagt, das Beste für einen jungen Physiker sei, als Leuchtturmwärter zu arbeiten. Weil man da ungestört ist und in Ruhe eigene Gedanken entwickeln kann. In der Tat hat Einstein die Grundlagen für seine späteren Arbeiten in den Jahren geschaffen, als er in wissenschaftlicher Hinsicht arbeitslos war. Newton hat Grundlegendes geschaffen, als seine Universität für lange Zeit wegen einer Pestepidemie geschlossen war und er zu Hause saß. Es gibt heute kaum noch Pestepidemien und

die Leuchttürme arbeiten vollautomatisch. Die meisten Jungforscher müssen heute Woche für Woche für ihren Chef Arbeiten erledigen, zu denen der keine Lust hat, an eigene Forschung ist kaum zu denken. Aus diesem System ausbrechen können sie nicht, denn sonst bekommen sie nicht ihren kurzfristigen Arbeitsvertrag verlängert.

Ich selbst habe meinen Studenten immer die Möglichkeit gegeben, eigene Gedanken zu entwickeln, und mit einer Ausnahme haben sie diese Möglichkeit genutzt, haben es gerne getan und mit Erfolg. Ihre wissenschaftlichen Erfolge haben aber niemanden interessiert, Karriere haben sie erst dann gemacht, als sie es aufgaben, neue Ideen zu entwickeln, als sie sich darauf beschränkt haben, anderen Leuten Gefälligkeiten zu erweisen und Besprechungen zu organisieren.

Ob es einen zweiten Einstein heute überhaupt noch geben kann, weiß ich deshalb nicht. Möglicherweise lassen die Organisationsweise der heutigen Forschung und die Gleichgültigkeit unserer Gesellschaft einen zweiten Einstein gar nicht mehr zu. Über derartig wichtige Fragen scheint niemand öffentlich nachzudenken, es scheint niemanden zu interessieren, aber gerade deshalb bin ich umso mehr besorgt.

Möglicherweise ist das Rätsel der Teilchen innerhalb unserer Kultur bereits nicht mehr lösbar, möglicherweise wird der nächste große Schritt vorwärts erst in hundert Jahren gemacht werden oder in tausend, vielleicht in einem anderen Erdteil, von Menschen mit einer anderen, neuen Kultur. Ärgerlich, aber kein Grund zur Verzweiflung, denn vieles in der Physik kann man durchaus verstehen, dahin lass uns zurückkehren, sollen die blöden Teilchen doch ihre Geheimnisse hüten, bis sie schwarz werden.

Rummmms

(Anmerkung des Verlags: Das war der Herr Graßmann, wie er wütend die Tür hinter sich zugeschmissen hat. Wir bitten den geehrten Leser um Geduld und Verständnis, es geht gleich weiter.)

Vektor ahoi

In den ersten Schulklassen lernen die Kinder den Umgang mit den natürlichen Zahlen und es ist sehr schwer. Leider tun die Erwachsenen so, als seien die natürlichen Zahlen ganz einfach. Weshalb viele Kinder fälschlich glauben, sie selbst seien wohl nicht so gescheit und könnten das wohl nicht, diese Mathematik. Und dann haben sie den Rest ihres Lebens Angst vor ihr und trauen sich nichts zu und verstehen am Ende wirklich nichts. Es liegt aber nicht immer an der Mathematik, sondern an der Angst. «Angst fressen Seele auf», sagen die Indianer.

In Wahrheit sind die natürlichen Zahlen schwierig, auch wenn man das im Nachhinein nicht mehr wissen will. Wer sie, wenn auch in jahrelanger Plackerei, gemeistert hat, der muss sich so schnell vor nichts fürchten.

Zahlen erfinden

Die natürlichen Zahlen wurden, du erinnerst dich, vor etwas mehr als tausend Jahren von den Indern und Arabern erfunden, nachdem man hunderttausend Jahre lang nur mit den Fingern hat zählen können, selbst die gescheitesten Leute wussten es nicht besser. Und die Bedeutung dieser Zahlen für die Physik liegt darin, dass man mit ihnen eben «zählen», das heißt messen kann, «wie viel Stück von etwas da ist». Das ist schon mal was, aber wenn man wissen will, wie viel Masse von etwas da ist oder wie viel Geschwindigkeit etwas hat, da funktionieren die natürlichen Zahlen nicht mehr, irgendwie geht es nicht. Wenn ich genau zehn Kilo Äpfel habe, so schreibe ich «10» und alles ist in Ordnung. Aber nun isst du einen Apfel, und nun sind es weniger als zehn Kilo, aber immer noch mehr als neun Kilo, was tun?

Ganz einfach: Wenn die alten Zahlen nicht mehr reichen, so erfinden wir uns eben neue. So, wie wir sie brauchen. Da sind wir rotzfrech, was die Inder können, das können wir doch wohl auch. Der Trick an den natürlichen Zahlen ist doch, dass man einfach eine Stelle anfügt, um zu sagen «zehnmal so viel». Also, zwei ist «2», zehnmal so viel ist «20», zehnmal so viel ist «200» und so weiter. Wir erfinden ein Komma und hängen hinter das Komma Stellen, die angeben, wenn man «zehnmal kleiner» meint. Zwei ist «2», zehnmal kleiner ist «0,2» und so weiter. Diese Zahlen nennen wir die rationalen Zahlen. 9,72 Kilo Äpfel sind übrig.

Mit den rationalen Zahlen kannst du eine Menge Dinge tun, die du mit den natürlichen Zahlen nicht tun kannst. Aber alles können auch die rationalen Zahlen nicht. Du kannst zum Beispiel keine Richtung mit ihnen angeben.

Simsalabim, abrakadabra! Erfinden wir uns die Vektoren! Da genieren wir uns nicht, wenn wir Vektoren brauchen, so erfinden wir uns Vektoren, was soll schon dabei sein? Dabei müssen wir sie zum Glück nicht einmal selber erfinden, ist schon geschehen, das spart uns Arbeit.

Die Vektoren wurden nicht von den Indern erfunden, sondern von den Deutschen, der Herr Graßmann war das, im Jahre 1844, in Berlin. Denk aber nicht, es sei vor 150 Jahren anders zugegangen als vor 1200 Jahren! So wie vorher die natürlichen Zahlen hatten es auch die Vektoren schwer und wurden nicht gerade mit offenen Armen aufgenommen. Der arme Herr Graßmann mit seinen Vektoren wurde genauso ignoriert wie der Herr Mayer mit seiner Energie. Vielleicht deswegen, weil auch der Herr Graßmann eigentlich kein Physiker und Mathematiker war. Er war Gymnasiallehrer und hatte sich die Mathematik selbst beigebracht. Immerhin ist es ihm besser ergangen als dem Herrn Mayer, das Irrenhaus blieb ihm erspart.

In meinem Lexikon steht zum Gymnasiallehrer Graßmann: «Nach Arbeiten unter anderem zur Theorie der algebraischen Kurven» – algabr walmukabalah! – «sowie zur Optik und Farblehre ... gab Graßmann in seinem fundamentalen Werk ... als erster eine systematische Darstellung der Lehre vom n-dimensionalen euklidischen Raum, mit der er die Grundlagen der Vektor- und Tensorrechnung legte. Enttäuscht über die ausbleibende Anerkennung, wandte er sich ab 1849 indologischen und indogermanistischen Studien zu. Er betrieb intensive Sanskritstudien, entdeckte 1863 die Hauchdissimilation im Altindischen und Griechischen, verfasste das Wörterbuch zum Rigweda und gab eine zweibändige Übersetzung des Rigweda heraus.» Auch sonst ist es mit den Vektoren wieder so wie bei den natürlichen Zahlen: Erst muss man sagen, was das genau ist, ein Vektor, und dann, wie man damit rechnet. Zum Beispiel, wie man Vektoren zusammenzählt.

Rechenregeln

Es ist ganz einfach: Ein Vektor ist ein Pfeil, denn er soll ja eine Richtung anzeigen. Das tut man mit einem Pfeil, wie sonst? Du kannst den Vektor als Pfeil auf ein Blatt Papier zeichnen. Und um Vektoren zu addieren, setzt man sie einfach zusammen, den Anfang des einen Vektors an das Ende des anderen. Statt «Vektor a» schreibe ich als Abkürzung $\vec{a}$, und wenn man zwei Vektoren $\vec{a}$ und $\vec{b}$ addiert und das Ergebnis $\vec{c}$ nennt (du kannst es aber auch $\overrightarrow{Egon}$ nennen oder sonst wie), so ist das so wie in der Figur gezeigt:

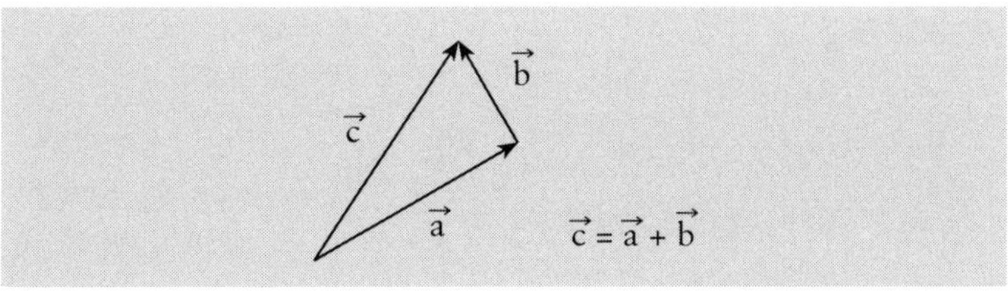

Das ist nicht etwa eine Eselsbrücke für die Kleinen, die es sonst nicht kapieren, sondern es ist mathematisch vollständig korrekt: Ein Pfeil ist ein mathematischer Vektor. Es ist ganz und gar richtig so.

Pfeile zu zeichnen ist nicht nur korrekt, sondern auch mühsam, besonders wenn man viele Vektoren addieren will und kein Lineal zur Hand hat. Zum Glück gibt es noch eine andere

Weise, mit Vektoren zu rechnen, ohne Lineal: Ich kann ja einen Vektor beschreiben, indem ich zum Beispiel sage: «Geh zwei Zentimeter nach rechts und drei nach oben.»

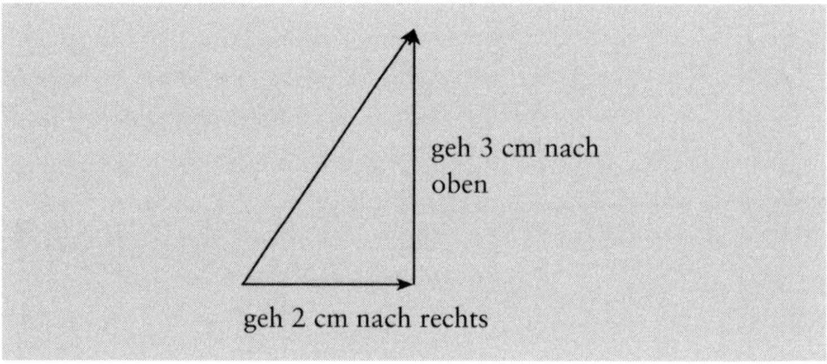

Diese Beschreibung genügt eigentlich auch, da brauch ich den Vektor nicht extra mit dem Lineal hinzumalen. Ich notiere mir nur zwei Zahlen: (2,3) – das bedeutet «2 nach rechts, 3 nach oben».

Ein Vektor lässt sich also auch schreiben als Zahlenpaar. Ich nenne die beiden Zahlen seine «Komponenten». Wenn man zwei Vektoren addieren will, so addiert man einfach ihre Komponenten, zum Beispiel $(2,3) + (4,5) = (6,8)$, oder allgemein $(a,b) + (c,d) = (a + c, b + d)$. Wenn du es nicht glaubst, so kannst du es mit einem Lineal nachprüfen.

Du kannst einen Vektor auch mit einer Zahl multiplizieren, das läuft darauf hinaus, den Vektor im Maßstab zu vergrößern. Also $5 \cdot (2,3) = (10,15)$, ein Vektor mit derselben Richtung, aber fünfmal so lang.

Schwieriger ist es, wenn man zwei Vektoren miteinander multipliziert. Da sind zwei verschiedene Regeln denkbar, wie man das machen kann. Wir nehmen nur die leichtere durch: $(a,b) \cdot (c,d) = a \cdot b + c \cdot d$. Das ist eine Zahl. Diese Art der Multiplikation macht also aus zwei Vektoren eine Zahl.

Im Kapitel über Kraft und Raum und auch sonst überall habe ich immer nur normale Zahlen benutzt, auch da, wo man eigentlich Vektoren benutzen könnte. Wir hatten etwa gesagt: «$E = F \cdot l$: Wenn eine Kraft F einen Körper längs eines Weges l verschiebt, so führt sie ihm die Energie E zu.» Zeigt die Kraft in Richtung des Weges, so wird Energie zugeführt, hatten wir gesagt, zeigt sie in die Gegenrichtung, so verliert der Körper Energie. Aber wenn die Kraft nun nicht genau längs des Weges wirkt, oder entgegengesetzt, sondern in irgendeine Richtung?

Da nehmen wir halt Vektoren $\vec{F}$ und $\vec{l}$ anstatt der Zahlen F und l. Dann lautet unsere Formel: $E = \vec{F} \cdot \vec{l}$.

Wenn du es in Komponenten schreibst, die du x und y nennst: $E = (F_x,F_y) \cdot (l_x,l_y) = F_x \cdot l_x + F_y \cdot l_y$. In Worten: Die Energie ist die Kraftkomponente in x-Richtung mal die Verschiebung in x-Richtung plus das Gleiche für die y-Richtung.

Aber Vektoren sind nicht nur nützliche Idioten, die einem Rechenarbeit abnehmen, sondern in vielen Fällen kapiert man erst mit Hilfe der Vektoren, wie etwas funktioniert, auch ohne zu rechnen.

Gegen den Wind!

Kennst du die Geschichte von Christoph Columbus? Früher, zur Zeit des Columbus, konnten die Segelschiffe eigentlich nur mit dem Wind fahren. Der Wind kommt von hinten, bläst ins Segel und treibt das Schiff vor sich her. Columbus ist auf einer weit südlichen Route, nahe am Äquator, nach Amerika gesegelt. Dort gibt es die so genannten Passatwinde, die monatelang stark und gleichmäßig in immer dieselbe Richtung wehen: von Afrika nach Amerika. Die haben den Columbus relativ schnell nach Amerika geblasen. Da hat der Columbus großes Glück gehabt, ohne die Passatwinde wäre er wahrscheinlich verdurstet. Dann ist er weiter nach Norden gesegelt (immer wenn der Wind aus dem Süden kam, ist er gesegelt, ansonsten hat er gewartet), bis er auf ein Windsystem gestoßen ist, das nach Osten weht, das hat ihn nach Europa zurückgebracht.

Viele andere Seefahrer hatten dieses Glück nicht. Stell dir vor, du liegst mit deinem Segelschiff an einer exotischen Küste, ein Glas Kokosnussmilch in der Hand, es ist alles wie in den Werbefotografien, blaues Wasser, weißer Strand, die Palmen wiegen sich im Wind, im kühlen Wind, der so erquickend vom Meer her gesäuselt kommt, und vom Land her gerudert kommen die Menschenfresser in ihren Kanus, und sie sind hungrig, und wenn der Wind nicht im letzten Moment dreht, so kommst du nicht mehr weg, aber der säuselt immerzu weiter vom Meer her und die Palmen wiegen sich und so weiter, und jetzt schauen wir lieber nicht mehr hin.

Oder du bist nach einer langen Reise schon fast am Hafen, alles Wasser an Bord ist aufgebraucht, und da dreht der Wind und kommt von vorne und kommt Tag für Tag von vorne, und du treibst zurück und hast doch kein Wasser mehr. Und wenn dein Schiff Wochen später ganz alleine an einem anderen Hafen vorbeitreibt, so denken sich die Leute ihren Teil und murmeln was von «Vampiren» und «fliegenden Holländern», ist allein deine Schuld, hättest halt Vektorrechnung treiben müssen, als noch Zeit war.

Im Laufe der Jahrhunderte sind viele Menschen und viele Schiffe ganz grausig zugrunde gegangen, weil man gar nicht oder nur schlecht gegen den Wind segeln konnte.

Wenn man nur Schiff und Wind berücksichtigt, so kann sich ein Schiff tatsächlich nur mit dem Wind bewegen. Wegen der Impulserhaltung. Aber die Funktion eines modernen Segelschiffes beruht darauf, dass es den vom Wind aufgenommenen Impuls auf eine ganz bestimmte, raffinierte Weise an das Wasser abgibt. Es stößt sich beim Segeln gewissermaßen seitlich vom Wasser ab, so wie ein Schlittschuhläufer. So kann es auch gegen den Wind segeln. Ohne Vektoren kann man das kaum verstehen, oder verstehst du es vielleicht? Aber mit Vektoren wird es übersichtlicher.

Was mich Johanna gelehrt hat

In der Zeichnung siehst du ein Segelschiff. Der Wind kommt von schräg vorne, mit der Geschwindigkeit $\overrightarrow{v1}$. Eine bestimmte Menge Luft, sie habe die Masse m 1, trägt folglich den Impuls $\overrightarrow{p1} = m1 \cdot \overrightarrow{v1}$. Das Segel lenkt die Luft ab, es übt also eine Kraft auf die Luft aus und ändert ihren Impuls. Diese Impulsänderung ist als gestrichelter Pfeil gezeigt, $\overrightarrow{\Delta p}$. Die Luft fließt mit dem Impuls $\overrightarrow{p2}$ weiter. ($\overrightarrow{p2}$ ist also die Summe aus $\overrightarrow{p1}$ und der Impulsänderung.) Weil sich der Gesamtimpuls der Welt nicht ändern darf, bewirkt die Impulsänderung der Luft einen gleich großen, aber entgegengesetzt gerichteten Impulsübertrag auf das Segel $\overrightarrow{pS}$.

Würde das Schiff im leeren Raum schweben, so wie ein Raumschiff, so müsste es nun in die Richtung von $\overrightarrow{pS}$ beschleunigen, weil ja nach Newton zu jeder Impulsänderung eine beschleunigende Kraft gehört. Aber das Schiff schwimmt ja im Wasser, wenn es erst einmal Fahrt aufgenommen hat, so beschleunigt es nicht mehr, sondern bewegt sich mit gleich bleibender Geschwindigkeit. Deshalb, weil es den aufgenommenen Impuls ständig ans Wasser weitergibt – indem sich das Schiff durch das Wasser bewegt, reißt es beständig Wasser mit sich, beschleunigt das umgebende Wasser also.

Man darf Vektoren ganz beliebig aufteilen in verschiedene Komponenten. Den Impuls $\overrightarrow{pS}$, den das Schiff ans Wasser abgibt, dürfen wir, dann ist es einfacher, aufteilen in einen Vektor, der in die Längsrichtung des Schiffes zeigt, und einen quer dazu. Das sieht man auch in der Zeichnung.

Von vorne betrachtet ist der Wasserwiderstand des Schiffes

sehr gering, denn es ist stromlinienförmig gebaut. Nur wenig Wasser wird deshalb von der Vorwärtsbewegung des Schiffes mitgerissen. Also nur Wasser einer relativ geringen Masse.

Von der Seite ist das Schiff breit wie ein Scheunentor und hat eine sperrige Form. Damit es so richtig sperrig ist, hat ein modernes Segelschiff sogar noch extra einen großen Kiel unter den Rumpf montiert, einzig und allein, damit es von der Seite

möglichst sperrig ist. Deshalb wird durch eine Seitwärtsbewegung des Schiffes eine große Menge Wasser weggeschoben, eine sehr große Masse Wasser.

Damit die Impulserhaltung klappt, muss das nach vorwärts mitgerissene Wasser geringer Masse halt eine große Geschwindigkeit bekommen, dann wird der Impuls m · v groß, obwohl m klein ist. Das Schiff muss sich also selbst schnell nach vorne bewegen. Zur Seite hingegen muss es sich nur ganz langsam bewegen, weil die weggeschobene Wassermasse so groß ist, da wird das Produkt aus Masse und Geschwindigkeit des seitlich weggeschobenen Wassers bereits bei einer sehr kleinen Wassergeschwindigkeit groß genug. Deshalb bewegt sich das Segelschiff hauptsächlich in die Vorwärtsrichtung und treibt dabei nur ganz langsam seitwärts ab. Fährt also gegen den Wind.

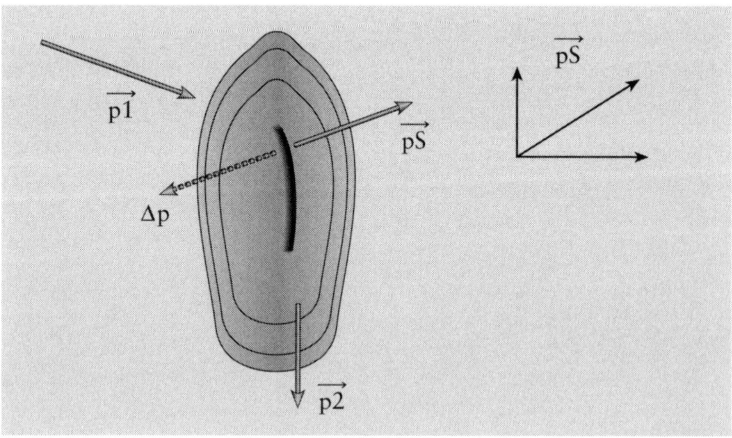

Für viele Jahrhunderte haben die Menschen kaum gegen den Wind segeln können. Obwohl es sehr wichtig gewesen wäre, es hätte viele Menschenleben gerettet und viel Geld gespart. Aber sie haben es einfach nicht gekonnt. Erst im 18. Jahrhundert ging es einigermaßen und erst im 19. hat man die Technik richtig beherrscht. Obwohl es zu der Zeit gar nicht mehr wichtig war, die Epoche der Segelschiffe war da schon vorbei. Man hat jede Menge Zeit gehabt, um das Segeln gegen den Wind zu erfinden, und jede Menge Zeit, um die Vektoren zu erfinden, und siehe da: Man erfindet das eine zu der Zeit, wo auch das andere verstanden wird. Noch dazu zu einer Zeit, als das Segeln gegen den Wind schon gar nicht mehr wichtig war. Ich frage mich, ob das Zufall ist.

Es gibt verschiedene Stufen des Verstehens. Ich finde, man kann den Impulserhaltungssatz und die Vektoren am allerbesten und so richtig gut verstehen, wenn man segeln gelernt hat. Ich selbst habe das Segeln am Chicago South Beach gelernt, von einem Lehrer, dessen Name mir nicht mehr einfällt, er war Musikstudent und saß immer vorne im Bug und schmetterte Arien über das Wasser, wenn wir gegen den Wind preschten, und von der sanften und wundervoll klugen Johanna, die Kulturwissenschaften studierte und der Meinung war, alle Männer seien Verbrecher, mit Ausnahme derjenigen, die Impuls- und Vektorrechnung verstehen. Und am Ende des Segelkurses haben wir ein sehr würdiges Abendessen am Strand organisiert, im weißen Sand, unter den windbewegten Bäumen, und es war fast alles so, wie es eigentlich sein soll. Nur der Sonnenuntergang war ein wenig übertrieben.

Jedenfalls find ich, man sollte vielleicht nachprüfen, ob es im Jahr 1844 in Berlin schon Segelschulen gab? Und vielleicht finden sich da noch Teilnehmerlisten?

Relativitätstheorie oder Albert im Glück

Horch! Mein Geliebter! sieh da, er kommt.
Er springt über die Berge, / hüpft über die Hügel.
Der Gazelle gleicht mein Geliebter, / dem jungen Hirsch. Ja draußen steht er / an der Wand unseres Hauses; Er blickt durch die Fenster, / späht durch die Gitter.
Der Geliebte spricht zu mir: /
Steh auf meine Freundin, / meine Schöne, so komm doch
Meine Taube im Felsennest, / versteckt an der Steilwand, dein Gesicht lass mich sehen, / deine Stimme hören! Denn süß ist deine Stimme, / lieblich dein Gesicht.
Der Geliebte ist mein, und ich bin sein, /
Leg mich wie ein Siegel auf dein Herz, / wie ein Siegel an deinen Arm!
Stark wie der Tod ist die Liebe, / die Leidenschaft ist hart wie die Unterwelt.
Ihre Gluten sind Feuergluten, / gewaltige Flammen.
Auch mächtige Wasser können die Liebe nicht löschen; / auch Ströme schwemmen sie nicht weg. Böte einer für die Liebe den ganzen Reichtum seines Hauses, / nur verachten würde man ihn.

König Salomon hat das geschrieben oder einer der großen Dichter und Sänger an seinem Hofe, so genau weiß es niemand mehr, denn es ist schon 3000 Jahre her. Damals kannten die Menschen weder Eisen noch Papier, auch keine Fahrräder und kein Telefon, weder Zahnärzte gab es noch elektrisches Licht. Und von dem Wenigen, das es gab, ist fast nichts übrig, nur ein paar Steinquader in der staubigen Erde und ein paar zerbrochene Tonkrüge im Museum, mit Zettelchen dran wie «Wad al Harrum, ca. 1000 v. Chr., verm. alt-chaldäischer Einfluss». Und Texte wie dieser: «Horch! ...»

Ob du den Text (es ist ein Auszug aus einem längeren Lied)

wohl schon verstehen kannst? Ich habe versucht, mir vorzustellen, ob ich es verstanden hätte, als ich noch jung war, aber es gelingt mir nicht, es ist zu lange her. Jedenfalls sind selbst manche Erwachsene noch nicht in der Lage, so ein schwieriges Lied zu verstehen: Ich habe erlebt, wie es auf einer Hochzeit vorgetragen wurde und wie erwachsene Menschen gekichert und gegackst haben wie die Hühner und das voll komisch fanden. «Der Herbert ein Steinbock! Hahaha!» – «Die Emma eine Taube, huhuuu!» Und haben den Text nicht verstanden in ihrer Einfalt, es war zu schwer für sie, denn der Text handelt ja von der wichtigsten und schwierigsten Sache im Leben, der Liebe, und manche Erwachsenen wissen nicht, was das ist, es ist ihnen zu hoch, und verwechseln gelegentlich die Liebe mit einer Sache, die sie Sexualität nennen. Das ist noch dümmer, als wenn einer stolz darauf ist, nichts von der Physik zu verstehen.

Warum schreib ich den Text dann hin, wenn ich nicht sicher bin, ob du ihn schon verstehen kannst? Weil es unwichtig ist, ob du den Text jetzt sofort und vollständig verstehst, das hat Zeit, im Moment brauch ich den Text nur, um etwas zu erklären.

Das Gedicht handelt von der Liebe, so viel ist klar, das wird in den letzten Zeilen gesagt. Aber warum spricht der König Salomon von Steinböcken und Tauben? Deswegen, weil es die Liebe zwar gibt, sie ist das Wichtigste überhaupt im Leben, aber trotzdem kann niemand erklären, was das eigentlich sei, die Liebe. Noch nie hat es jemand geschafft, es so zu sagen, dass alles gesagt ist und weitere Kommentare überflüssig sind, weswegen auch weiterhin Bücher geschrieben und Filme gedreht werden, die von der Liebe handeln. Und immer wieder neu zu sagen versuchen, was noch nie zu benennen gelang. Dabei scheint mir, diejenigen haben es am besten geschrieben, die gar nicht erst versuchen, unsere Alltagssprache zu benutzen, die nicht sagen: «Liebe ist, wenn …», sondern die Liebe umschreiben. Die vielleicht von einem Blick sprechen, zwischen einem Mann und einer Frau, oder etwa vom Glas Wasser, welches das Mädchen dem Ritter reicht, ein klein wenig verschüttend. Salomon hat das noch weiter getrieben, Menschen kommen in seinem Gedicht nur so am Rande vor, Salomon spricht von der Liebe selbst. Die also noch über den Menschen steht und über dem Leben des einzelnen Menschen, darauf muss Salomon ja auch unbedingt verweisen, denn dass die Liebe über den sterblichen Menschen steht, ist ja die Voraussetzung für seine Behauptung, die Liebe sei mächtig wie der Tod.

Salomon beschreibt die Liebe und beweist, dass es die Liebe gibt, einfach indem er mit einem vollkommen schönen und vollständig einfachen Gedicht das Gefühl der Liebe in Erinnerung bringt. Auch für Menschen, die vielleicht nie richtig lieben durften, sondern nur ein wenig. Selbst die erkennen wieder, was sie doch eigentlich gar nicht erfahren haben und deshalb nicht kennen können. Und gerade eben, dass sie es trotzdem erkennen, ist der Beweis dafür, dass es die Liebe gibt.

Manche Menschen, Salomon nennt sie «verächtlich», haben ja die Unverschämtheit, so zu tun, als gäbe es nur, was sie mit ihren Patschhänden anfingern können, und als gäbe es sonst nichts auf der Welt, worüber zu reden lohnte.

Wir aber wissen, wie falsch das ist, und lassen uns nicht irre machen. Es gibt Dinge, die sind wirklich und sind außerordentlich wichtig, man kann sich die Welt gar nicht ohne sie denken, und trotzdem kann keiner sagen, was es mit ihnen präzise auf sich hat.

Das ist, was ich mit dem Gedicht erklären wollte, warum ich es hingeschrieben habe.

3000 Jahre vergebliche Mühe

Mit Raum und Zeit ist es ja ähnlich: Auf den ersten Blick scheinen Raum und Zeit sehr wichtig zu sein, man kann sich die Welt gar nicht ohne sie denken. Auf den zweiten Blick kommen einem aber doch schwere Zweifel, denn auch mit viel gutem Willen: Was gäb's schon zu sagen über Raum und Zeit? Na ja, die gibt's halt. Oder vielleicht doch nicht? Denn über eine Sache, die es gibt, kann ich ja immer auch etwas sagen, aber was soll ich schon sagen über Raum und Zeit? Viele kluge Philosophen haben immer wieder versucht, etwas über Raum und Zeit zu sagen, seit mindestens 3000 Jahren. Nach meiner Meinung ist dabei nur leeres Geplauder herausgekommen. Das ist natürlich nur meine persönliche Meinung, jemand anders mag das anders sehen.

So viel ist jedenfalls sicher: Hätte ich vor hundert Jahren gelebt, so hätte ich beim besten Willen nicht gewusst, was ich sagen sollte über Raum und Zeit. Wie schön, heute zu leben und deshalb von der Relativitätstheorie des Herrn Albert Einstein zu wissen!

Zu einfach, um falsch zu sein

Das mit der Relativitätstheorie ist so gekommen: Schon ein paar Jahre vor Einstein hat ein sehr kluger Mann namens Maxwell sich Gedanken gemacht über die Elektrizität und den Magnetismus und dabei vier außerordentlich einfache und sehr schöne Gleichungen gefunden, die alles erfassen, was irgendwie mit Elektrizität zu tun hat. So elegante Gleichungen hat selten einer gesehen, und immer, wenn man die Gleichungen durch ein Experiment überprüfte, so hat alles genau gestimmt.

Nur eins war dumm: In den Gleichungen kommen natürlich Raum und Zeit vor, und wenn man mit Raum und Zeit so umgeht, wie wir das im Kapitel «$v = \frac{l}{t}$» getan haben, so brechen die Gleichungen krachend zusammen und werden ganz unsinnig. Das hat die Physiker, nicht nur den Herrn Einstein, schwer schockiert. Der Herr Einstein war aber kindlicher und naiver als alle anderen und hat etwas scheinbar ganz Kindisches gesagt: «Die Maxwell-Gleichungen müssen stimmen, sie sind ja so schön, folglich stimmt etwas nicht mit Raum und Zeit.» So ein Kindskopf! Was soll schon nicht stimmen mit Raum und Zeit? Haben sich die Leute wohl gedacht. Aber er hatte Recht, der Herr Einstein, und wichtiger noch, es ist ihm auch gelungen, das zu beweisen.

Zurück unter den Apfelbaum

Um es recht zu verstehen, brauchen wir nur ein wenig weiterzuspinnen, worüber wir ganz am Anfang geplaudert haben, über die Formel $v = \frac{l}{t}$. Wenn man unter dem Baum im Schatten sitzt und so nachdenkt, könnte einem etwas durch den Kopf gehen, das ich mich anfangs gar nicht zu erwähnen getraut habe, weil es so idiotisch einfach klingt und ganz unwichtig, aber jetzt lässt es sich nicht mehr aufschieben, darüber zu reden.

Ein Satz wie: «Das Schiff fährt mit einer Geschwindigkeit von 10 km/h», ist unvollständig und sogar unsinnig. Es könnte ja gemeint sein, dass das Schiff sich mit 10 km/h durchs Wasser bewegt, aber es könnte auch sein, dass jemand vom Flussufer zuschaut, wie das Schiff den Fluss hinaufdampft und sich mit 10 km/h am Ufer vorbeibewegt. Falls der Fluss mit 5 km/h fließt, so würde sich das Schiff in dem Fall mit 15 km/h durchs Wasser bewegen.

Auch bei Autos ist das so und bei Zügen und überhaupt immer: Geschwindigkeit ist nicht die Eigenschaft einer Sache selbst, sondern Geschwindigkeit ist immer ein Vergleich zweier Sachen. «Die Geschwindigkeit einer Sache» gibt es nicht, sondern nur die «Geschwindigkeit einer Sache in Bezug auf eine andere». In unserem Alltag ist das jedenfalls so. Trotzdem lassen wir in der Alltagssprache das «in Bezug auf» meist weg, aber nicht etwa, weil man ohne es auskommt, sondern weil meist aus dem Zusammenhang verständlich ist, wie es gemeint ist.

Dass die Geschwindigkeit immer eine relative Geschwindigkeit zwischen zwei Sachen ist, haben wir am Anfang also nicht gesagt, weil es halt so offensichtlich zu sein scheint. Wäre es denn anders auch nur denkbar? Wäre denkbar, dass die Geschwindigkeit einer Sache nur von der Sache selbst abhängt, von nichts anderem? Dass zum Beispiel ein Schiff sich mit 10 km/h durchs Wasser bewegt – und der Fluss mit 5 km/h zu Tal fließt – und das Schiff trotzdem mit 10 km/h auch am Ufer vorbeizieht? Das scheint ganz undenkbar zu sein, schlichtweg

verrückt. Es ist, als würde man sagen 10 + 5 = 10.

10 + 5 = 10, es ist verrückt.

Und doch gibt es so etwas: das Licht. Das Licht ist immer gleich schnell, egal, von wo aus gesehen. Für das Licht ist es so, seine Geschwindigkeit ist seine eigene Eigenschaft, es ist ganz unnötig zu sagen, wer von wo aus diese Geschwindigkeit misst, er findet immer den gleichen Wert. Der Wert der Lichtgeschwindigkeit hat deshalb einen eigenen Namen, c.

Auf den ersten Blick klingt es schon seltsam, über die Geschwindigkeit des Lichtes zu sprechen. Hat das Licht denn überhaupt eine Geschwindigkeit? Wenn ich eine Lampe anschalte, so wird es sofort überall im Zimmer hell, Licht scheint unendlich schnell zu sein. Aber halt, «Unendliches» scheint es doch nicht zu geben in der Physik? Messen wir halt nach.

Die Lichtgeschwindigkeit

Um die Geschwindigkeit des Lichts zu messen, brauchst du entweder einen Computer für zehntausend und Elektronik für hunderttausend Mark. Und einen Doktortitel. Oder zwei Spiegel und eine Fahrradnabe. Dann geht es auch, mit ein wenig Bastelarbeit.

Licht wird von einem Spiegel immer nur in einem bestimmten Winkel reflektiert: Wenn ich mich im Spiegel anschauen will, so muss ich mich vor den Spiegel stellen, nicht neben den Spiegel. Wenn ich mich rechts neben den Spiegel stelle und in den Spiegel gucke, so sehe ich im Spiegel, was sich links vom Spiegel befindet. Und so weiter, das ist klar, jeder, der weiß, was ein Spiegel ist, kennt das. Jetzt montieren wir einen Spiegel auf eine Achse, die sich dreht (Fahrradnabe), dann stellen wir eine Lampe auf, deine Nachttischlampe tut's auch, und stellen einen Schirm auf, so einen wie für den Diaprojektor, und zuletzt brauchen wir noch einen zweiten Spiegel, der sich nicht dreht. Wir stellen alles so auf, wie es in der Figur gezeigt ist. Wir messen die Entfernung zwischen den Spiegeln (Metermaß) und wir messen, wie schnell sich der Drehspiegel dreht (Uhr).

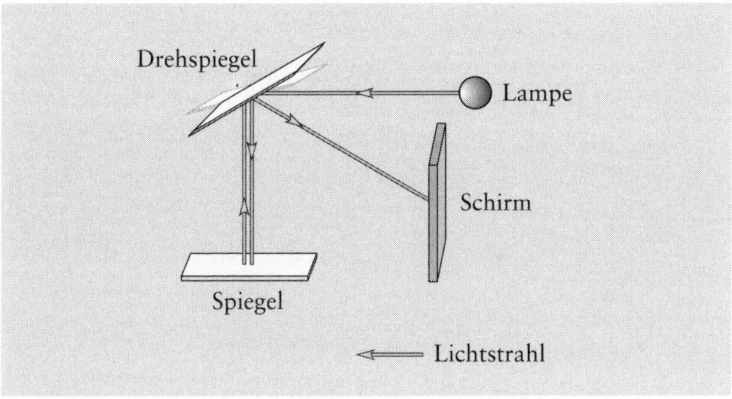

Der Drehspiegel dreht sich also nun, und die Lampe ist angeschaltet. Der Drehspiegel reflektiert das Licht, das von der Lampe kommt. In welche Richtung er es reflektiert, hängt davon ab, in welchem Winkel der Drehspiegel gerade steht. Nur bei einem ganz bestimmten Winkel reflektiert er das Licht in die Richtung des festen Spiegels. Der feste Spiegel wirft das Licht unverzüglich zurück, aber wenn es wieder am Drehspiegel ankommt, so hat der sich schon ein Stückchen weitergedreht. Er wirft das Licht also nicht zurück auf die Lampe, sondern ein wenig nebenhin, auf den Schirm. Man sieht also, um wie viel sich der Spiegel weitergedreht hat, während das Licht zwischen den Spiegeln hin- und herflog. Und wenn man weiß, wie schnell sich der Spiegel dreht, so kennt man die Zeit, die das Licht zum Hin- und Herfliegen gebraucht hat. (An der Stelle sagt Sherlock Holmes immer: «Ich kombiniere.»)

Man kennt also die Entfernung, die das Licht in einer bestimmten Zeit zurückgelegt hat, und somit seine Geschwindigkeit.

Nun kann ich natürlich die Nachttischlampe bewegen, oder ich kann statt der Nachttischlampe einen Stern als Lichtquelle nehmen, einen, der schnell von der Erde wegfliegt. Es ist aber ganz egal, was man macht, immer misst man die gleiche Lichtgeschwindigkeit c = 300 000 km/sec (eigentlich sind es 299 792,50 km/sec, aber wer kann sich das merken?).

Egal, mit welcher Geschwindigkeit sich die Lichtquelle relativ zu mir bewegt, das Licht, das sie aussendet, fliegt immer mit der gleichen Geschwindigkeit c an mir vorbei. 10 + 5 = 10, sozusagen. Es ist hochgradig verrückt, wie kann das sein?

Da lachen die Leute!

Es ist extrem einfach, einfacher geht's nicht, nur braucht man enorm viel Mut, um es auszusprechen. Denn es kann schon passieren, dass die Leute wieder mal kichern und gacksen wie die Hühner und jemanden voll komisch finden, der so witzige Sachen sagt. Als Einstein damals erklärt hat, wie es ist, da haben die Leute auch gelacht. Hundert Physiker haben zusammen ein Buch veröffentlicht, in dem sie schrieben, wie dumm der Einstein ist und dass das alles blödes Zeug sei, was er sagt *.

* In der modernen Elementarteilchenphysik ist das wieder in Mode gekommen, hundert und mehr Leute auf eine Veröffentlichungsliste zu set-

Zuerst hat der Einstein sich keine Sorgen gemacht und gesagt: «Wenn ich Unrecht hätte, so brauchte es nur einen, um mich zu widerlegen, nicht hundert.» Aber ein paar Jahre später musste er aus Deutschland fliehen, die hundert schlauen Physiker haben ihn nämlich aus der Forschung ausgeschlossen, und er wäre sicher erschlagen worden, wenn er nicht rechtzeitig ausgerissen wäre. Die Leute haben behauptet, sie wollten ihn deshalb umbringen, weil er ein Jude sei, aber das ergibt wenig Sinn. Es ist in etwa so logisch, als wollte man jemanden umbringen, weil er Sommersprossen hat. Das kann man zwar vorschieben, es ist aber ganz unsinnig, und sicher steckt noch etwas anderes dahinter. In der Tat mussten zusammen mit Einstein auch viele Menschen aus Deutschland fliehen, die gar keine Juden waren, die aber trotzdem totgeschlagen worden wären, nur weil sie klug waren und Dinge gesagt haben, über welche dumme Menschen so schrecklich lachen müssen.

Wie also kann das sein: Ich messe für die Geschwindigkeit des Lichts 300 000 km/sec, und jemand, der mit 100 000 km/sec an mir vorbeifliegt, der misst auch 300 000 km/sec. Für das gleiche Licht, für ein und dieselbe Sache. Wie kann das sein? Nun, Geschwindigkeit ist $v = \frac{l}{t}$, der Weg, den etwas zurücklegt, geteilt durch die Zeit, die es dazu braucht. Wenn jemand, obwohl er mit hoher Geschwindigkeit an mir vorbeifliegt, trotzdem für das Licht die gleiche Geschwindigkeit beobachtet wie ich selbst, so muss sich für diesen Schnellflieger der Raum geändert haben oder die Zeit oder beides.

Nehmen wir unser Experiment mit den Spiegeln. Wenn ich messe, «die Spiegel sind einen Kilometer voneinander entfernt», so muss es dem, der schnell an mir vorbeifliegt, so vorkommen, als seien sie eben nicht einen Kilometer voneinander

zen. Nicht weil jeder von ihnen etwas beigetragen hat, sondern weil jeder, rein juristisch gesehen, das Recht gehabt hätte, die Veröffentlichung zu verhindern.

entfernt. Wenn er im Vorbeiflug auf meine Uhr schaut, mit der ich die Drehungen des Spiegels messe, so muss es ihm so vorkommen, als gehe sie falsch, zu schnell oder zu langsam. Denn nur dann kann er für die Geschwindigkeit den gleichen Wert $\frac{l}{t}$ messen wie ich, obwohl er doch selbst ganz schnell an mir vorbeirast.

Das ist genau, was Einstein gesagt hat: Wenn man sich bewegt, so ändern sich Raum und Zeit. Das merkt man aber nur, wenn man sich sehr schnell bewegt. Indirekt merkt man es, wenn man die Geschwindigkeit des Lichtes misst.

Eine ganz einfache Uhr

Damit wir den Durchblick nicht verlieren, bauen wir uns am besten eine Lichtuhr. Es muss ja eigentlich egal sein, mit welcher Uhr ich die Zeit messe, mit meiner oder der vom Hubert oder mit der Uhr am Kirchturm, es sollte keinen Unterschied machen, warum also nicht eine Lichtuhr nehmen? Die besteht aus zwei Spiegeln, zwischen denen läuft ein Lichtblitz hin und her. Wenn er am oberen Spiegel reflektiert wird, so macht es «tick», wird er vom unteren Spiegel zurückgeworfen, so macht es «tack». Bei einer modernen Quartzuhr zählen wir die Schwingungen eines Quartzkristalls, bei einer gemütlichen Pendeluhr messen wir die Zeit der Pendelschwingungen. Bei unserer Lichtuhr zählen wir, wie oft der Lichtblitz hin- und hergewandert ist. Die Lichtuhr ist in der Figur gezeigt.

So, und jetzt schicken wir einen Astronauten mit der Lichtuhr auf Reise. Nun muss der Lichtblitz eine längere Strecke zurücklegen, um von einem Spiegel zum anderen zu kommen. Das sieht man an der Figur. Weil aber seine Fluggeschwindigkeit c gleich bleibt, so braucht er länger. Die Uhr tickt langsamer.

Allerdings nur von uns aus gesehen, die wir uns nicht mitbewegen. Der Astronaut merkt das Langsamgehen nicht. Weil ja auch alle anderen Uhren an Bord langsamer gehen, denn es

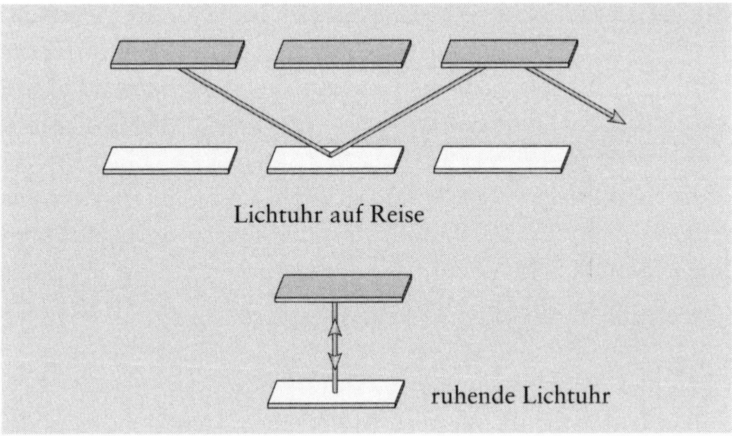

soll ja egal sein, mit welcher Uhr man die Zeit misst. Wenn er die Lichtuhr mit den anderen Borduhren vergleicht, merkt er deshalb nicht, dass die Lichtuhr langsamer geht.

Falls er keine anderen Uhren an Bord hat, so kann er seinen Puls zählen, das ist auch so wie eine Uhr, nur weniger präzise. Ist die Zeit etwas, das unabhängig davon vergeht, mit welcher Uhr ich messe, so muss auch die «Pulsuhr» des Astronauten nachgehen. Der Astronaut lebt langsamer, er wird langsamer älter. Fliegt der Astronaut zu einem entfernten Stern und kehrt dann wieder zu uns zurück, so wird er, im Vergleich zu uns, weniger gealtert sein. Wenn er mit genügend hoher Geschwindigkeit fliegt, so sind wir bei seiner Rückkehr 30 Jahre älter geworden und haben schon graue Haare und Falten, aber der Astronaut ist nur ein Jahr älter und schaut in etwa so aus wie bei seiner Abreise.

Ich erzähl hier keine Science-Fiction, sondern es ist wirklich so. Nur fliegen die heutigen Raketen nicht schnell genug, um einen Astronauten so frisch zu halten. Wenn wir aber Elementarteilchen nehmen anstatt Astronauten, so geht es, Elementarteilchen können wir fast auf Lichtgeschwindigkeit beschleunigen, denn sie sind sehr leicht. Manche Elementarteilchen leben nicht ewig, sondern haben eine bestimmte Lebensdauer, so wie der Mensch. Ein Mensch wird im Mittel 70 oder 80 Jahre alt, und so kann man auch von den Elementarteilchen angeben, wie alt sie im Mittel werden. Bewegen sich Elementarteilchen mit sehr hoher Geschwindigkeit, so leben sie tatsächlich länger. Von uns aus gesehen.

Wenn du willst, kannst du mit Hilfe unserer Lichtuhr auch nachrechnen, um wie viel die Zeit langsamer wird. Falls du

noch nicht 16 Jahre alt bist, ist es aber besser, du wartest noch ein wenig mit dem Nachrechnen.

hier geht die Rechnerei los

«Zeit ist Weg durch Geschwindigkeit.» Wir brauchen nur zu wissen, wie groß die Entfernung ist zwischen den Spiegeln und wie groß die Geschwindigkeit, mit der sich das Licht von einem Spiegel zum andern bewegt, so haben wir die Zeit, die es dazu benötigt. Wenn die Uhr ruht, so braucht das Licht die Zeit $t = \frac{l}{c}$. l ist der Abstand zwischen den Spiegeln, c die Lichtgeschwindigkeit.

Wenn die Uhr sich mit der Geschwindigkeit v bewegt, so muss das Licht mit der Bewegung mithalten. Das ist in der nächsten Figur gezeigt (wie im Kapitel über Vektoren ist $\vec{u}$ der Vektor, u sein Betrag). Einen Teil seiner Geschwindigkeit c muss das Licht nun aufwenden, um der Bewegung der Uhr zu folgen. Nur die Restgeschwindigkeit u bleibt, um auf einen Spiegel zu- oder wegzuwandern. Nur mit der Geschwindigkeitskomponente u bewegt sich das Licht zwischen den Spiegeln hin und her. Jetzt braucht das Licht eine andere Zeit, t', um von einem Spiegel zum anderen zu kommen. $t' = \frac{l}{u}$.

t nennen wir also die Zeit, die das Licht in der ruhenden Uhr braucht, um von einem Spiegel zum andern zu kommen. t' ist die Zeit, die es braucht, wenn sich die Uhr an uns vorbeibewegt.

$\frac{t'}{t}$ gibt folglich an, um wie viel langsamer die bewegte Uhr

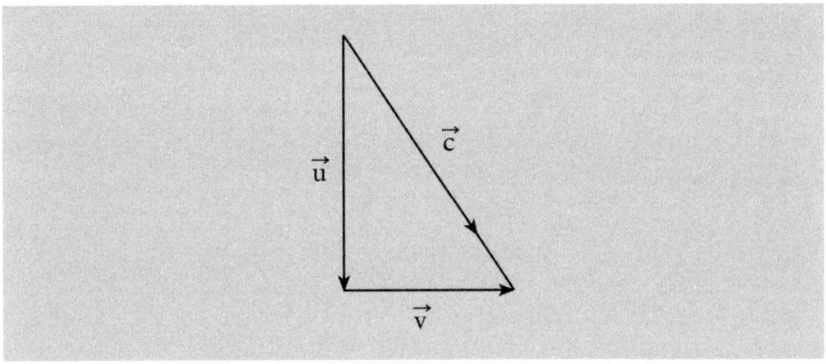

tickt. Wir setzen ein, was wir oben geschrieben haben, und bekommen:

$$\frac{t'}{t} = \frac{\left(\frac{1}{u}\right)}{\left(\frac{1}{c}\right)} = \frac{c}{u}$$

Die Formel enthält bereits alles, was es zu sagen gibt. Je größer v, desto kleiner u, desto langsamer also vergeht die Zeit für den Astronauten: Wenn die Uhr bei uns ruhend eine Sekunde braucht, um einmal zu ticken, so braucht sie sehr viele (unserer) Sekunden für jedes Ticken, wenn sie mit hoher Geschwindigkeit an uns vorbeirast; u kann beliebig klein werden, $\frac{t'}{t}$ also beliebig groß. Das bedeutet, die Zeit bleibt für den Astronauten «fast stehen», wenn er sich nur schnell genug bewegt.

Allerdings ist unsere Formel $\frac{t'}{t} = \frac{c}{u}$ etwas umständlich, weil statt der Geschwindigkeit v nur die Geschwindigkeit u vorkommt. Wenn wir die Geschwindigkeit v des Astronauten kennen, müssen wir erst umständlich u ausrechnen, um sagen zu können, wie groß $\frac{t'}{t}$ ist. Lass uns die Formel etwas umformen, sodass die Geschwindigkeit v vorkommt anstatt u. Lass uns deshalb u durch v ausdrücken. Wenn du die Figur scharf ansiehst, so stellst du fest, dass die Vektoren $\vec{c}$, $\vec{u}$ und $\vec{v}$ ein Dreieck bilden, mit einem rechten Winkel. Da hilft der Satz des Pythagoras:

$c^2 = u^2 + v^2$, $u = \sqrt{(c^2 - v^2)} = c\sqrt{1 - \frac{v^2}{c^2}}$. Also

$$\frac{t'}{t} = \frac{c}{u} = \frac{1}{\sqrt{\left(1 - \frac{v^2}{c^2}\right)}}$$

Das ist reines Bruchrechnen und Wurzelziehen, keinerlei Physik mehr. Die Physik war vorher. (Falls du weitergelesen hast, obwohl du noch nicht 16 bist: Wurzelziehen ist das Gegenteil von Quadrieren. $2^2 = 4$ und $\sqrt{4} = 2$. $\sqrt{9} = 3$, $\sqrt{x^2} = x$.)

Den Ausdruck $\frac{1}{\sqrt{\left(1-\frac{v^2}{c^2}\right)}}$ kürzt man ab mit dem Buchstaben γ. Ist v sehr klein, verglichen mit c, so ist γ fast genau gleich 1. Erst wenn v groß genug wird, verglichen mit c, erst dann wird auch γ groß. Beispiel: Der Astronaut fliegt mit der Uhr halb so schnell wie das Licht, also $v = 0{,}5 \cdot c$. Dann wird $\gamma = \sqrt{\left(1-\frac{1}{4}\right)} = 0{,}87$. Man muss sich also sehr schnell bewegen, damit man die Zeitdehnung bemerkt.

hier hört die Rechnerei wieder auf

Wenn man weiß, wie sich die Zeit verändert bei hohen Geschwindigkeiten, so kann man ausrechnen, wie sich der Raum verändert, damit c gleich bleibt. Die Bewegung verkürzt Längen im selben Maß, in dem sie die Zeit verlangsamt.

Längen werden nur in Bewegungsrichtung verändert. Quer zur Bewegungsrichtung ändert sich nichts. Wenn also eine lange Rakete an uns vorbeifliegt, Spitze voraus, so scheint sie uns aufgrund ihrer Bewegung kürzer, als wenn sie sich nicht bewegen würde, aber ihr Durchmesser ist gleich.

Von uns aus gesehen, ist die vorbeifliegende Rakete also kürzer geworden. Das verleitet zum Fehlschluss, wir seien länger geworden, von der Rakete aus gesehen. Das kann aber nicht sein. Denn würden wir sagen: «Lieber Herr Astronaut, Sie fliegen aber sehr schnell an uns vorbei, kein Wunder, dass bei Ihnen alles kurz geworden ist», so würde der Astronaut eventuell zurückfunken: «Ihr habt aber Nerven! Ich flieg keineswegs schnell, wie denn auch, meine Rakete ist ja völlig veraltet, eine X-17B aus dem Jahr 1999, damit kann man beim besten Willen nicht schnell fliegen! Ihr seid die, die schnell sind. Ihr rast da auf eurem Planeten wie die Irren durchs Weltall, ein Glück, dass ich euch noch ausweichen konnte. Ihr hättet mich sonst über den Haufen gerannt.»

So, da haben wir den Salat. Fliegt der Astronaut nun an uns vorbei oder wir an ihm? Wer ist schnell, wir oder der Astronaut? Man kann es nicht unterscheiden. Der Astronaut fliegt zwar schnell an uns vorbei. Aber genauso fliegen auch wir schnell am Astronauten vorbei. Das ist alles, was man sagen kann. Ebenso wie wir feststellen, dass in der vorbeifliegenden Rakete alles kürzer geworden ist, ganz genauso wird der Astronaut feststellen, dass bei uns, die wir an ihm vorbeifliegen, alles kürzer geworden ist. Vom Astronauten aus gesehen.

Dass wir diese Dinge heutzutage überhaupt verstehen, ist reines Glück.

Dreifaches Glück

Als Albert Einstein mit dem Studium fertig war, hat er keine Anstellung an der Universität bekommen. Es gab eigentlich genug Stellen, die anderen vier Studenten, die mit ihm im August 1900 Prüfung gemacht und bestanden hatten, haben jeder eine Stelle bekommen. Einstein war auch kein schlechter Student. Sein Professor warf ihm aber vor, unabhängig zu sein: «Sie sind ein gescheiter Junge, Einstein, ein ganz gescheiter Junge. Aber Sie haben einen großen Fehler: Sie lassen sich nichts sagen!» Weber hat der Mann geheißen. Was dieser Schandweber zwischen Anstellung und Pension gemacht hat, ist nicht bekannt, was er dem Einstein hätte sagen wollen, nicht überliefert. Was die vier jungen Leute, die sich offensichtlich etwas sagen ließen, getan haben im Leben: Es ist vergessen.

Zwei Jahre lang hat der arbeitslose Einstein damals erfolglos Bewerbungen geschrieben. Da hatte Einstein zum ersten Mal Glück. Der Vater seines Freundes Marcel Grossmann hat ihm 1902 eine Stelle am Patentamt verschafft, Beziehungen. Da konnte der junge Einstein wenigstens heiraten.

Dann hatte Einstein nochmal Glück, es stellte sich heraus, dass ihm die Arbeit am Patentamt für den Abend noch genug Energie und Zeit übrig ließ, um auch über Physik nachzudenken. Das war ein großes Glück, ich denke, heute wäre so etwas nicht mehr möglich. Heutzutage ist die Arbeit der Menschen

sehr effizient organisiert, sie müssen an ihrer Arbeitsstelle sehr intensiv das tun, was ihnen vorgeschrieben wird. Die meisten Leute haben abends nur noch die Kraft, sich vor den Fernseher zu schleppen. Ich habe irgendwo einmal gelesen, es sei in der Zeit vor dem Ersten Weltkrieg für Ingenieure ganz normal gewesen, überhaupt nur vormittags zu arbeiten. Nachmittags hat man sich getroffen, um Musik zu machen oder zu reden oder nachzudenken.

So konnte Einstein im Jahr 1905 sechs Arbeiten veröffentlichen, von denen eine später mit dem Nobelpreis belohnt wurde (über Quantentheorie), aber auch zwei der anderen Arbeiten (die ersten Arbeiten über Relativitätstheorie) hätten jede für sich einen Nobelpreis verdient.

Das dritte Mal hatte er Glück, als er sich 1907 darum bewarb, Privatdozent zu werden. Also Professor ohne Gehalt. Seine Bewerbung wurde abgelehnt, denn er hatte keine Habilitationsschrift. Man ließ ihn aber seine Habilitation in ein paar Monaten zusammenschreiben, das ging parallel zur Arbeit im Patentamt. Das war Glück, heutzutage braucht man mindestens vier Jahre für die Habilitation, und an irgendeine andere Arbeit, etwa an einem Patentamt, ist auch nicht im Traum zu denken. (Dafür genügt es heute, die Arbeit anderer Leute zusammenzufassen, man muss ausdrücklich keine eigene kreative Leistung erbringen für die Habilitation.) Ab 1909 war Einstein dann Professor. Er ließ sich aber auch weiterhin nichts sagen.

Mayer, Noether, Newton, Einstein, Gregory: Ich selbst habe von ihren bizarren Geschichten erst in Folge meiner Arbeit an diesem Buch erfahren. Ich habe es vorher selbst nicht gewusst, aber nun frage ich mich: Wenn es einen Einstein gab, der nur deshalb Physik schaffen konnte, weil er dreimal Glück hatte, wie viele Einsteins muss es dann gegeben haben, die nur zweimal Glück hatten, nur einmal Glück, gar kein Glück hatten? Aber genauso begabt waren? Könnte es sein, dass jede Generation aufs Neue eine große Zahl von Einsteins, Hemingways, Picassos hervorbringt, die Gesellschaft aber nur einen kleinen Bruchteil von denen überleben lässt, wenn überhaupt?

Bin ich dabei, ein Plädoyer für die Elitenförderung zu halten? Nicht im Geringsten. Außerdem ist mir das Schicksal der Einsteins auch ziemlich egal, denn es betrifft mich ja nicht, ich bin kein Einstein. Nein, ich rede nicht von den Eliten. Sondern von uns.

Denn es wären nicht nur die erwürgten Einsteins zu betrauern. Sondern wir alle. In jedem Menschen ist ein klein wenig von dem, was einen Einstein, Picasso, Hemingway ausmacht. Vielleicht nur wenig, aber gleichwohl wichtig, es handelt sich bei diesem Wenigen ja um den Unterschied zwischen uns und dem Vieh. Ist eine Gesellschaft denkbar, die nur ihre Hand voll Einsteins erdrosselt, dieses gewisse Etwas aber in allen anderen Mitgliedern der Gesellschaft schont?

Nie ist es gleichzeitig

Stell dir zwei Kirchtürme vor, die weit voneinander entfernt sind. Jeden Abend um Punkt fünf Uhr läuten die Glocken, Feierabend. Nehmen wir an, unser Astronaut, der nichts von Relativitätstheorie versteht, fliege gerade am ersten Kirchturm vorbei, wenn es fünf Uhr ist und die Glocken läuten. «Was macht ihr da?», fragt er. «Wir läuten jeden Tag um fünf Uhr die Glocken, jetzt ist es fünf Uhr», rufen wir zurück. Na, denkt sich der Astronaut, schöne Sitte, also fünf Uhr ist es bei denen gerade. Eine Stunde später fliegt er am zweiten Kirchturm vorbei (der eigentlich sechs Uhr anzeigen müsste, aber das sieht man nicht, weil die Uhrzeiger gerade in Reparatur sind). Ob die wohl auch um fünf Uhr läuten? «Läutet ihr auch manchmal die Glocken?», ruft der Astronaut im Vorbeiflug.

«Ja», brüllen die Leute zurück, «vor einer Stunde haben wir geläutet.» – «Ah», wird sich der Astronaut da denken, «die läuten ihre Glocken also nicht um fünf Uhr, sondern schon um halb fünf.» Denn für den Astronauten ist nicht eine Stunde vergangen, sondern, sagen wir mal, nur eine halbe.

In den Schulbüchern ist das sehr genau beschrieben und vorgerechnet, aber so halbwegs einsehen kann man es auch mit unserem kleinen Beispiel mit den Kirchtürmen: Zwei Ereignisse, die für uns gleichzeitig sind (Glockenläuten um fünf Uhr), sind nicht gleichzeitig für den Astronauten. Genauer gesagt: Zwei an verschiedenen Orten für uns gleichzeitig stattfindende Ereignisse sind nicht gleichzeitig für den Astronauten.

Vorhin haben wir uns ein wenig gewundert, warum auch vom Astronauten gesehen alles bei uns kürzer geworden ist anstatt länger. Wenn du vom Problem mit der Gleichzeitigkeit weißt, kannst du es besser verstehen: Eine ruhende Rakete zu messen ist einfach, eine vorbeifliegende Rakete zu messen, das ist schwieriger, da muss man ganz schön fix sein. Bei einer ruhenden Rakete mach ich's so: Ich lege neben die Rakete ein Metermaß. Dann mach ich einen Kreidestrich am Metermaß da hin, wo die Rakete anfängt. Und dann geh ich zur Spitze der Rakete, wo sie aufhört, und mach auch da einen Kreidestrich. Schließlich lese ich auf dem Metermaß ab, wie weit die Kreidestriche voneinander entfernt sind. Einfach.

Wenn die Rakete vorbeirast, wird's schwierig: Ich kann nicht einen Kreidestrich machen, wo die Rakete anfängt, und dann gemütlich losspazieren, bis ich ans Ende der Rakete komme. Denn in der Zwischenzeit ist die Rakete ja weitergeflogen. Sondern ich muss gleichzeitig einen Kreidestrich machen, da, wo das Ende der vorbeifliegenden Rakete ist, und da, wo ihr Anfang ist.

Das tun wir also, du stehst weiter vorne, ich weiter hinten, und in dem Moment, wenn die Rakete vorbeifliegt, mach ich einen Kreidestrich, wo sie aufhört, und du, wo sie anfängt. Die Astronauten, die uns aus dem Fenster der Rakete zugeschaut haben, werden sich kaputtlachen: «Leute, messt nochmal, so wird das nichts. Ihr habt ja nicht gleichzeitig gemessen. Erst habt ihr einen Kreidestrich auf euer Metermaß gemacht, da, wo unsere Rakete anfängt, und erst später einen da, wo sie aufhört, da bekommt ihr ja eine viel zu kurze und ganz falsche Länge heraus.» Lassen wir halt die Schlaumeier nochmal an uns vorbeifliegen, sollen sie's doch besser machen. Denn so eine Rakete wie die Astronauten haben wir auch, eine X-17B. Nur ist unsere geparkt. Sollen die Astronauten also messen, wie lang die ist. Was geschieht? Nun, die Astronauten werden denselben Fehler machen wie wir vorher. Von uns aus gesehen, macht erst der eine und danach der andere Astronaut einen Kreidestrich auf sein Metermaß. Da kann man nichts machen. Wenn es für uns gleichzeitig ist, so ist es für die Astronauten eben gerade nicht gleichzeitig und umgekehrt.

Deshalb ist von uns aus gesehen die vorbeifliegende Rakete kürzer geworden. Von ihnen aus gesehen aber ist unsere Rakete kürzer geworden.

Keiner kann schneller

Wenn die Lichtuhr immer schneller wird, so braucht der Blitz, der hin- und herläuft, immer länger, um von einem Spiegel zum anderen zu kommen. Je schneller die Lichtuhr wird, umso langsamer vergeht die Zeit. Genau Lichtgeschwindigkeit erreichen kann die Uhr nicht, denn sonst fröre die Zeit sozusagen ein, der Blitz käme nicht mehr von einem Spiegel zum anderen.

Das geht in den Formeln, die wir oben hingeschrieben haben, nicht, und es ist auch nicht vorstellbar, denn wie soll man sich die Zeit vorstellen, wenn sie stehen bliebe? Eine Zeit, die nicht vergeht, ist ja wohl keine Zeit. Nur das Licht selbst kann Lichtgeschwindigkeit erreichen, kein materieller Körper kann das. Niemand kann das Licht überholen.

Die allerschwierigste Formel: E = m!

Jetzt kommt der ganz große Clou! Für den brauchen wir nichts Neues lernen, sondern müssen nur zusammenklauben, was wir schon wissen. Erinnerst du dich an unsere Diskussion über Energie und Impuls? An $m \cdot v = F \cdot t$ zum Beispiel? Theoretisch gesehen, kann ich jeden beliebigen Körper anschieben, solange ich will, t, und mit einer Kraft, F, so stark, wie ich will, und damit kann ich seinen Impuls $m \cdot v$ so groß machen, wie ich will. Nun kann aber v nicht beliebig anwachsen, schneller als 300 000 km/sec geht ja nicht.

Was nun? Es geht nicht anders, es muss so sein, dass mit zunehmender Geschwindigkeit auch die Masse eines Körpers anwächst. Nur dann kann das Produkt $m \cdot v$ insgesamt immer größer werden, obwohl v selbst nicht mehr anwächst. Und das stimmt tatsächlich. Ich rechne es mal lieber nicht vor, aber es ist so, dass ein Körper, wenn man ihn anschiebt, zuerst immer schneller wird. So wie man das vom Fahrradfahren kennt. Wenn sich der Körper dann immer mehr der Lichtgeschwindigkeit annähert, so wird seine Geschwindigkeitszunahme immer geringer, stattdessen nimmt seine Masse zu. Energie ist Masse, $E = m$. Wenn ein Körper ruht, so hat er also trotzdem Energie, nur ist die in Form seiner Masse sozusagen eingefroren.

Allerdings misst man Energie zum Beispiel in Kilowattstunden, Masse in Kilogramm. Das ist nicht das Gleiche, da braucht man einen Umrechnungsfaktor. Damit man Masse in Energie umrechnen kann, so wie man Mark in Lire umgerechnet hat, früher. Also etwas, das sagt, wie viel Kilowattstunden ein Kilogramm Masse denn hat. Wenn man es durchrechnet, findet man, dieser Umrechnungsfaktor ist einfach das Quadrat der Lichtgeschwindigkeit, c^2. Also $E = m \cdot c^2$. Nun sind aber die Einheiten ziemlich zufällig gewählt, irgendwann vor langer Zeit, lange vor der Relativitätstheorie, hat halt jemand gesagt, «dies ist ein Meter» und «dies ist ein Kilogramm». Und in jenen altertümlichen Einheiten hat dann halt zum Beispiel die Lichtgeschwindigkeit den Wert 300 000 km/h. Hätte man die Einheiten anders gewählt, so könnte die Lichtgeschwindigkeit, zum Beispiel, gleich eins sein (damit ändern natürlich auch die Einheiten für Energie oder Masse ihre willkürlichen Werte). Dann bleibt von der Formel in der Tat nur übrig $E = m$. Das mit dem c^2 ist nur ein ziemlich irrelevantes Einheitenumrechnen. Demnächst wird es keine Mark mehr geben und keine Lira, sondern nur noch Euro. Was die Politiker können, können wir auch: $E = m$!

Damit sind wir aber noch keineswegs am Ende: Mit zunehmender Geschwindigkeit verformen sich Raum und Zeit (Uhr geht langsamer, Maßstab wird kürzer) und nimmt die Masse zu. Nun ist es in der Physik aber klüger zu sagen: «Die Verformung von Raum und Zeit geht einher mit einer Zunahme der Masse», anstatt zu sagen: «Der Raum verformt sich, weil ...» Denn es ist ja nicht so, dass der Raum bei der Masse anruft und sagt: «Nimm mal zu.» Sondern das eine geht ganz automatisch einher mit dem anderen. Dann kann man den Gedanken auch umdrehen: Werden von einer Massenzunahme nicht auch Raum und Zeit verformt? Natürlich, werden sie. Wenn du in eine Schuhschachtel immer mehr Materie hineinstopfst, so werden sich Raum und Zeit um die Schachtel herum verformen. Damit du einen messbaren Effekt bekommst, musst du allerdings ziemlich viel in die Schachtel hineinpressen, deine

Kraft reicht dafür nicht aus. Sterne haben mehr Kraft. Sie können sich unter der Kraft ihres eigenen Gewichtes tatsächlich auf die Größe einer Schuhschachtel zusammenpressen. Die Zeit in der Umgebung so eines Schuhschachtelsterns läuft dann langsamer, beliebig langsam.

Du kannst dir sicher vorstellen, wie man noch eine Menge Seiten vollschreiben könnte, über die seltsamen Eigenschaften von Raum und Zeit und wie sie zusammenhängen mit der Masse, der Energie, der Geschwindigkeit. Aber ich habe das Gefühl, dass man trotz aller Beschreibung doch nicht an den Punkt kommt, wo klar wird, was Raum und Zeit eigentlich sind.

Es ist wie mit dem Text des Königs Salomon, die Relativitätstheorie ist ein wenig so wie jener Text: Wir schaffen es einfach nicht, so richtig zu sagen, was das ist, der Raum, und was das ist, die Zeit. «Raum ist, wenn …», «Zeit ist, wenn …», das klappt irgendwie nicht. Aber dank der Relativitätstheorie wissen wir immerhin, dass unsere Unfähigkeit zu sagen, was das nun genau sei, nicht bedeutet, dass es da halt nichts weiter gäbe, über das zu reden sich lohnte.

Es gibt aber auch einen Unterschied: Wir werden unser Verständnis von Raum und Zeit hoffentlich noch weiter verbessern können. Das Gedicht des Königs Salomon zu verbessern, das werden wir wohl nie fertig bringen.

Felder und mondartige Dinge

In der Landwirtschaft ist ein Feld ein genau bezeichneter Ort in der Landschaft. Die Grenzsteine sagen, wo sich das Feld befindet, und wer die verschiebt, der kommt ins Gefängnis. Um das Feld zu beschreiben, sagt man außerdem, was darauf wächst. «Beim Grenzstein Nummer 5849/m hat der Bauer Mayer ein Weizenfeld», so sagt man.

Schon in der Landwirtschaft ist der Begriff «Feld» ziemlich abstrakt. Ein Feld ist ja keine Sache, sondern es ist etwas anderes, ein Begriff eben. Ein Apfel, ein Sack Mehl, ein Getreidehalm, das sind Dinge, ich kann sie anfassen. Ein Weizenfeld kann ich nicht anfassen. Die einzelnen Halme kann ich schon anfassen, aber eben nicht das Feld selbst. Das Feld ist nicht identisch mit den Halmen, es ist etwas anderes. Wenn im Herbst die Halme gemäht werden, ist das Feld immer noch da. «Der Bauer Mayer hat ein Feld», das kann man auch im Winter sagen, wenn gar nichts wächst. Dabei ist ein Feld nicht einfach nur eine Idee oder Vorstellung, Felder gibt es wirklich. Man kann sie kaufen oder umgraben oder fotografieren.

Wie sollten die Physiker da widerstehen können, bei so einem einfach-schwierigen Begriff? Deshalb haben sie ihn kurzerhand in die Physik verpflanzt, und so haben heute nicht nur Bauern ihre Felder, sondern auch Physiker. Wie beim Feld vom Herrn Mayer ist es schwer, direkt zu sagen, was das nun sei, ein physikalisches Feld, am besten umschreibt man es: «Ein Feld ist, wenn ich jedem Punkt des Raumes eine Eigenschaft zuordnen kann.»

Als Beispiel könnte ich tatsächlich das Feld vom Herrn

Mayer nehmen und für jeden Punkt des Feldes messen, wie hoch er überm Meeresspiegel liegt. Das wäre dann das «Höhenfeld» vom Acker des Herrn Mayer. Warum nicht? Oder ich kann messen, wie schnell das Wasser in einem Fluss fließt, an den verschiedenen Stellen des Flusses. Das ist dann das «Geschwindigkeitsfeld» des Flusses.

Das Höhenfeld vom Acker des Herrn Mayer besteht aus Zahlen (an dem und dem Punkt ist die Höhe 547 Zentimeter), das Geschwindigkeitsfeld des Flusses hingegen aus Vektoren. Falls du das Kapitel über Vektoren nicht gelesen hast: Ein Vektor ist nicht einfach nur eine Zahl, sondern gibt auch eine Richtung an, es ist ein «Pfeil».

Ein Fluss

An und für sich könnte man sich ganz verrückte und durchgedrehte Sachen einfallen lassen und die «Feld» nennen, das wäre erlaubt. Aber die Felder, die in der Physik eine Rolle spielen, sind meist recht einfach. Zum Beispiel lassen sich alle Vektorfelder der Physik mit Hilfe von Feldlinien darstellen. Die Vorstellung von einem Feld ist vielleicht ein wenig schwierig, aber Feldlinien, das ist einfach.

Als Beispiel nehmen wir das Geschwindigkeitsfeld eines Flusses. Das ist ein Vektorfeld, haben wir gesagt, denn jeder Punkt hat einen Zahlenwert (wie groß die Geschwindigkeit des Wassers an der Stelle ist) und außerdem eine Richtung (in welche Richtung das Wasser an der Stelle fließt). Nun stehst du mit einigen Freunden auf einer Brücke, da, wo das nebenstehende Bild anfängt; alle zwei Meter steht einer von euch und lässt umweltfreundliche Tinte ins Wasser tropfen, das gleichmäßig unter euch hindurchfließt. Indem das Wasser weiterfließt, ergeben sich Tintenlinien, die wir als Physiker aber lieber «Feldlinien» nennen.

Einmal ist klar: Die Feldlinien führen in die gleiche Richtung, in die das Wasser fließt, wo das Wasser nach rechts ab-

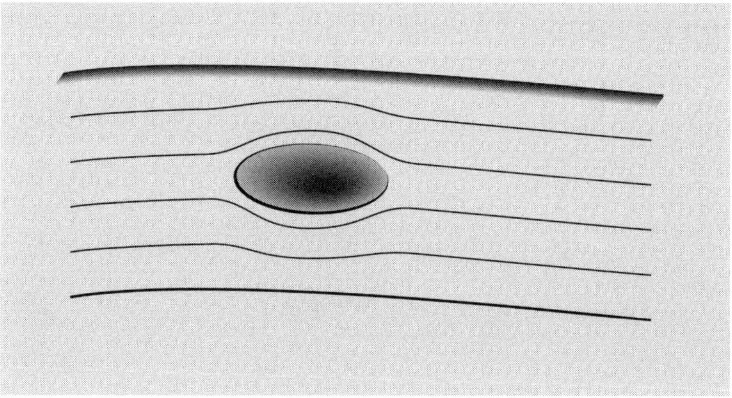

biegt, da biegt auch die Feldlinie ab. Und des Weiteren kann man auch einsehen, dass die Feldlinien darüber Auskunft geben, wie schnell das Wasser fließt, das siehst du im Bild: Da gibt es eine Insel, der Fluss hat weniger Platz an der Engstelle, das Wasser muss hier schneller fließen, sonst gibt es einen Stau. Und an der Stelle rücken auch die Feldlinien enger zusammen. Weil halt auch für die Feldlinien weniger Platz ist.

Wie schnell nun eigentlich der Fluss an irgendeiner Stelle fließt, ob mit 2 km/h oder mit 5 km/h, das kannst du von den Feldlinien alleine nicht ablesen, du kannst nur sagen, dass der Fluss seine Geschwindigkeit erhöht, wo die Linien enger zusammenrücken. Wenn der Abstand zweier Linien doppelt so klein wird, so wird an der Stelle die Geschwindigkeit doppelt so groß. Dabei ist es egal, wie viele Linien insgesamt sichtbar sind, es hängt davon ab, wie viele deiner Freunde gerade mit dir auf der Brücke stehen. Wenn dein Bekanntenkreis groß und gutmütig genug ist, so kannst du genauso gut alle 20 Zentimeter jemanden hinstellen anstatt alle zwei Meter.

So wie man das für das Geschwindigkeitsfeld eines Flusses macht, so kann man es mit anderen Vektorenfeldern tun. Feldlinien erfinden hilft, die Form des Feldes zu sehen: Wo die Linien zusammenrücken, da wird das Feld stärker, und die Richtung der Linien gibt die Richtung des Feldes an.

Es gibt eine Menge interessanter Gedanken, die man viel einfacher denken kann, wenn man das Denkinstrument «Feld» hat. Ich geb nur ein Beispiel: Wir haben darüber gesprochen, wie ein Körper mit Masse von der Erde angezogen wird. Im Kapitel über Elektrizität lesen wir, wie sich elektrische Ladungen anziehen oder abstoßen. So recht vorstellen, wie das funktioniert, kann man sich das eigentlich nicht. Denn die Körper berühren sich ja nicht und zwischen ihnen ist ja kein Seil, keine Feder, keine Stange. Das ist das so genannte Problem der Fernwirkung: Was ist es, das die Körper anzieht oder abstößt? Sie haben nichts miteinander zu tun, wissen nicht voneinander, und doch ziehen sie sich an. Wie kann man sich das vorstellen?

Da hilft der Feldbegriff. Wir nehmen an, es gäbe ein Feld, das die Anziehung zwischen den Massen bewirkt:

1) Jede Masse erzeugt im Raum ein Feld, lass es uns «Schwerkraftfeld» nennen.

2) Wenn sich eine Masse an einer Stelle befindet, wo ein Schwerkraftfeld existiert, so wirkt auf sie, aufgrund dieses Schwerefeldes, eine Kraft. Diese Kraft nennen wir Gewichtskraft oder einfach Gewicht.

Es ist nicht ganz einfach, sich das vorzustellen, das geb ich zu. Aber es ist doch ein toller Fortschritt: Bis zur Zeit Newtons konnten die Leute überhaupt nicht umgehen mit dem Begriff des Gewichtes und hatten gar nichts Sinnvolles im Kopf zu dem Thema. Es war zu schwer, und sie waren noch nicht einmal in der Lage, ganz ehrlich zuzugeben: «Wir wissen es nicht; seit wir mit einem Jahr das Laufen gelernt haben und dabei immer umfielen, da haben wir nichts Neues dazugelernt zum Thema Gewicht.» Stattdessen haben sie einen Unsinn zusammengebrabbelt, dass man sich im Nachhinein wundert, und noch dazu haben ausgerechnet die Leute am meisten Unsinn gebrabbelt, die sich für am klügsten gehalten haben.

Bei den alten Griechen gab es Gelehrte, die haben sich vorgestellt, es gäbe für jedes Ding einen natürlichen Platz, und wenn etwas fällt oder fliegt, so ist es einfach auf der Suche nach seinem natürlichen Platz. Es gäbe «eher erdartige» Stoffe, die wollen zur Erde, und eher «feuerartige» Stoffe, die wollen nach oben, um sich dort um die Erde herum anzuordnen. Und wie ist das mit dem Mond? Nun, der besteht dann wohl aus mondartigen Stoffen, die haben sich eben am Mond angesammelt.

Natürlich ist das völliger Blödsinn, die heiße Luft eines Feuers geht nur deshalb nach oben, weil sie leichter ist als die kalte Luft. Das sieht man sehr schön an den großen Heißluftballons, mit denen die Leute über Land fliegen: Die Ballons sind mit heißer Luft gefüllt, die ist leichter als kalte Luft, die Ballons schwimmen sozusagen in der kälteren Luft, so wie ein Stück Holz im Wasser. Dabei wird der Ballon genauso angezogen von der Erde, wie auch das Holz angezogen wird. Beide haben ein Gewicht, und eigentlich wollen sie nach unten, so wie alles andere auch. Können nur nicht, sie werden von ihrer Umgebung nach oben gezwungen.

Nun soll man aber den alten Griechen nicht ihre Unwissenheit vorwerfen, denn immerhin haben sie sich Gedanken gemacht, wenn auch falsche. Nach den alten Griechen hat man das über 1000 Jahre lang nicht einmal mehr versucht! Erst Galilei hat es besser gekonnt als die alten Griechen, und erst Newton hat die Sache so halbwegs in den Griff gekriegt.

Man muss nur wissen, dass die Kugel rund ist

«Jede Masse erzeugt ein Feld. Jede Masse, die sich in einem Feld befindet, erfährt eine Kraft», hatten wir gesagt. Klingt ziemlich vage. Allgemeiner geht's wieder mal nicht. Und trotzdem reicht es, um alle Einzelheiten daraus herzuleiten. Wenn man die vage Idee vom Feld und seinen Feldlinien zur Verfügung hat und ein klein wenig Grips à la Sherlock Holmes, so kann man bereits genau sagen, wie das Schwerefeld der Erde im Einzelnen aussehen muss. Wir zeichnen die Erdkugel mit ihrem Mittelpunkt:

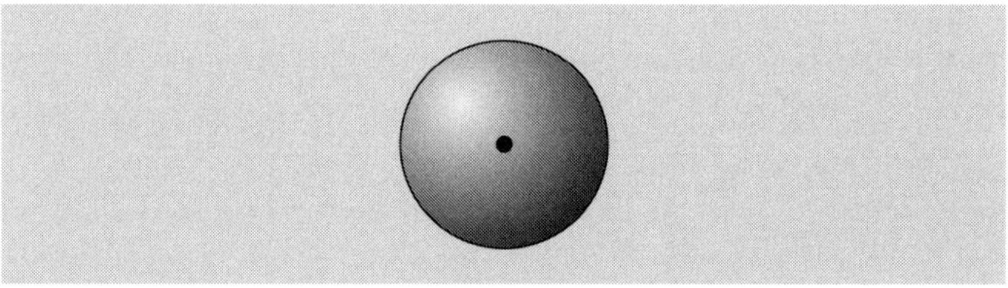

Wenn wir die Kugel um ihren Mittelpunkt hin und her drehen, so ändert sich gar nichts an der Figur. Man sagt, die Figur sei rotationssymmetrisch um den Mittelpunkt. Folglich muss auch das von der Erde erzeugte Feld rotationssymmetrisch sein.

Außerdem müssen die Feldlinien überall auf die Erde hinzeigen. Weil ja jede Masse zur Erde hingezogen wird. Wir brauchen also Feldlinien, die überall gleichmäßig auf die Erde zulaufen. Und die überall den gleichen Abstand voneinander haben. Das ist in der Figur «Erdfeld» gezeigt.

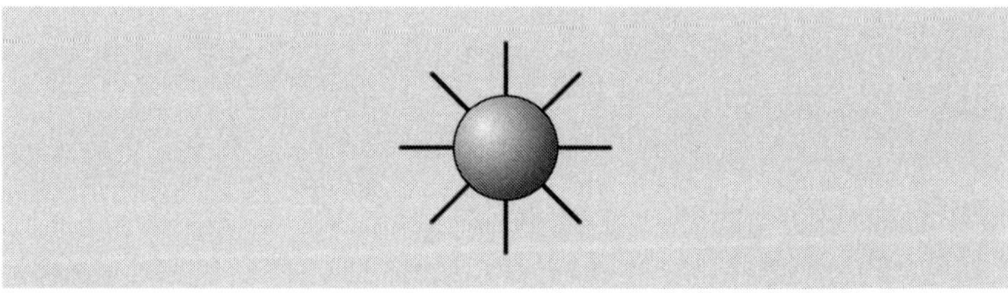

Erdfeld

Wir haben ganz zufälligerweise acht Feldlinien eingezeichnet, wir könnten genauso gut 80 oder 800 Linien malen. Und es kommt auch nicht drauf an, wo genau die Linien anfangen, so genau sie eingezeichnet sind, sie sind ja nur symbolisch. Es kommt nur darauf an, dass die Linien das Feld richtig veranschaulichen: Wenn wir die ganze Angelegenheit um den Mittelpunkt drehen, so ändert sich nichts. Das ist in der Figur «gedrehtes Erdfeld» gezeichnet.

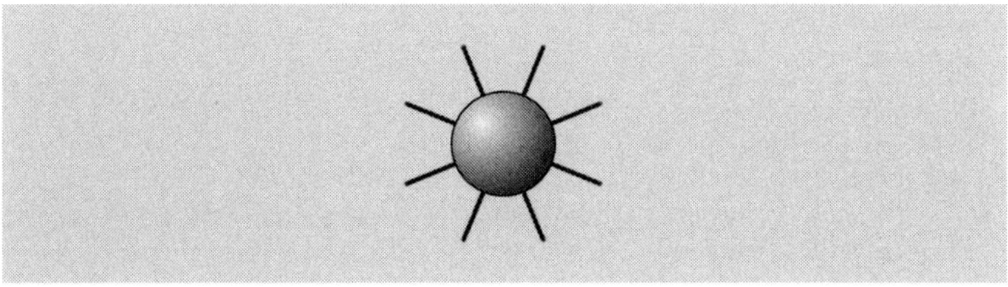

gedrehtes Erdfeld

Die Feldlinien veranschaulichen nun, was sowieso jeder weiß: dass ein jeder Körper überall auf der Erde das gleiche Gewicht hat (die Feldliniendichte ist überall auf der Erdoberfläche gleich). Dass die Gewichtskraft immer zur Erde hinzeigt (Feldlinien stehen senkrecht zur Erdoberfläche).

Und obwohl diese Bildchen wirklich kindisch einfach sind, so genügen sie, um die Formel für die Gravitationskraft haargenau auszurechnen. Jedenfalls den Teil der Formel, der die Eigenschaften dieser Kraft beschreibt. Weil die absolute Anzahl der Linien zufällig ist, können wir den tatsächlichen Betrag der Kraft von unserem Bildchen nicht ableiten. (Da müssen wir keine Minderwertigkeitskomplexe kriegen, es gibt niemanden sonst, der den absoluten Betrag der Gravitationskraft herleiten kann.)

Wir hatten gesagt, die Stärke des Feldes, also die Stärke der Gewichtskraft, hinge davon ab, wie dicht die Feldlinien liegen. Wo genau auf der Erde wir uns befinden, das ist egal, das sieht man am Bild, die Position auf der Erdoberfläche muss deshalb nicht in der Formel vorkommen. Aber wenn wir uns von der Erde entfernen, so nimmt die Dichte der Feldlinien ab. Das muss also vorkommen in der Formel, wie weit wir uns entfernen.

Wir nennen den Abstand vom Erdmittelpunkt r. Du kannst

nun nachmessen: Je größer r wird, umso größer wird der Abstand der Feldlinien. Der Abstand der Feldlinien nimmt im gleichen Maß zu, mit dem r wächst. Die Stärke des Feldes nimmt also ab, im gleichen Maß, mit dem r wächst. Die Feldstärke ändert sich folglich nach der Gesetzmäßigkeit $\frac{1}{r}$: doppelt so großes r, halb so große Feldstärke, dreimal so großes r, dreimal so kleine Feldstärke und so weiter.

144 Anstatt ein Lineal anzulegen, kannst du auch ein wenig systematischer vorgehen: Ziehe einen Kreis um die Erde mit dem Abstand r. Egal, wie groß r ist, immer gehen alle Feldlinien durch den Kreisumfang. Die Größe des Kreisumfangs ist bekanntlich (Matheunterricht oder Formelsammlung) $2\pi r$, wird also im selben Maß größer, wie r größer wird. Und weil sich eben immer die gleiche Anzahl von Feldlinien auf diesen Kreis verteilt, so wächst eben auch der Abstand zwischen den Feldlinien gleichmäßig mit r an. Was wiederum bedeutet, dass die Kraft mit $\frac{1}{r}$ abnimmt.

Nun ist aber unser Beispiel zweidimensional, wir haben sozusagen nur einen Querschnitt der Erde gezeichnet. In Wirklichkeit leben wir aber in drei Dimensionen. Die Erde ist eine Kugel, kein Kreis. Die Feldlinien gehen nicht nur nach links und rechts auseinander, sondern auch nach vorne und hinten.

Wo wir in unserem Gedankengang «Kreis» gesagt haben, müssen wir also «Kugel» setzen. Die Feldlinien verteilen sich auf der Oberfläche einer Kugel anstatt auf dem Umfang eines Kreises. Auch nicht weiter tragisch, denn in dem Bruch, in dem wir die Formel für den Kreisumfang gefunden haben, da steht sicher auch die Formel für die Kugeloberfläche: $4\pi r^2$. Die Kugelfläche wächst an mit r^2 anstatt mit r. In unserer dreidimensionalen Welt muss also die Kraft abnehmen mit $\frac{1}{r^2}$.

Sich die Geschichte mit den Kreisen und Kugeln vorzustellen, ist beim ersten Mal nicht ganz einfach, aber der Rest ist Pippifax: Zwei gleich große Äpfel wiegen doppelt so viel wie einer, drei dreimal so viel und so weiter. Ich brauch nur ein bisschen Kleber oder einen Bindfaden, und schon wird aus zwei Äpfeln ein einziger Körper mit der Masse von zwei Äpfeln, und ich kann folgern: Je größer die Masse eines Körpers, m, umso größer sein Gewicht, doppelt so viel Masse, doppelt so großes Gewicht, dreimal so große Masse, dreimal so großes Gewicht und so weiter. Die Anziehungskraft muss also mit der Masse m ansteigen.

Und das gilt nicht nur für den Körper, der von der Erde angezogen wird, sondern es muss auch für die Erde selbst gelten.
Je größer die Masse der Erde, M, umso größer die Gewichtskraft. Deswegen, weil ich ja nicht unterscheiden kann, wer eigentlich wen anzieht, die Erde den Körper oder der Körper die Erde, «Kraft und Gegenkraft sind gleich».

Das Gleiche sieht man, wenn man sich traut, natürlich auch gleich bei den Feldlinien. Hat man erst einmal festgelegt, wie viele Feldlinien man bei einer gegebenen Masse einzeichnen will («acht» in unserem Fall), so kann man zum Beispiel unsere beiden Bilder «Erdfeld» und «gedrehtes Erdfeld» übereinander lagern, so haben wir eine Erde mit doppelter Masse und bekommen natürlich die doppelte Feldliniendichte (sechzehn Linien). Also die doppelte Kraft.

Somit haben wir die Struktur der Massenanziehungskraft bestimmt: Sie muss mit der Entfernung r zwischen den Massen abfallen wie $\frac{1}{r^2}$. Sie muss mit einer jeden der beiden Massen ansteigen, wir haben sie «m» und «M» genannt.

Damit liegt die Struktur fest. Aber noch nicht die absolute Größe der Kraft. Wenn ich zwei Kilo Kirschen auf die Waage lege, so schlägt deren Zeiger doppelt so stark aus, das besagt unsere Formel. Aber wie weit genau schlägt er aus? Das ist noch nicht gesagt. Anders herum gesehen: Auf der einen Seite der Gleichung steht «Kraft», auf der anderen stehen «Massen und Abstand», da muss man wieder umrechnen. Wir brauchen also noch eine Umrechnungskonstante, nennen wir sie g. Das mit m, M und $\frac{1}{r^2}$ kann man herleiten, wie du gesehen hast. Wie groß die Konstante g ist, muss man messen, berechnen kann man es nicht, bis heute jedenfalls.

Alles zusammen genommen: Gewichtskraft = $g \frac{Mm}{r^2}$

Das war hart, ich hoffe nur, dass du das Buch nicht zugeschlagen hast. Falls du ein Detail nicht verstanden hast, so ist es meine Schuld, und ich bitte dich, deswegen keine Trauer zu tragen. Es gibt Wichtigeres im Leben, als auf Anhieb die Formel für die Massenanziehung zu verstehen. Der Punkt, wo du den Faden verloren hast, ist sicher in irgendeinem anderen Buch besser erklärt, als ich es gekonnt habe, und – schwupp – schon hast du es verstanden. Wichtig ist was anderes: zu sehen, auf welcher Art von Gedankenwegen man derartige Probleme angeht; zu sehen, dass der größte Teil der Formel so ist, weil er einfach so sein muss, es geht nicht anders, reine Geometrie, dass es aber auch eine Komponente gibt, die man nicht herleiten kann, das g.

Zur Entspannung kaufen wir frische Kirschen auf dem Markt

Lass uns zur Erholung ein wenig Ulk treiben. Wir wiegen die Erde. Eigentlich tun wir das ja jeden Tag; wenn wir etwa ein Kilo Kirschen abwiegen, wiegen wir jedes Mal auch die Erde, denn ebenso, wie die Kirschen von oben auf die Waage drücken, drückt von unten die Erde (actio = reactio). Kirschen wiegen, ohne die Erde zu wiegen, geht nicht. Nur begnügt man sich normalerweise damit, zu sehen, wie viel Kilo Kirschen man oben auf der Waage liegen hat, und man rechnet nicht weiter, um herauszufinden, wie viel Kilo Erde unten dranhängen. Das war umgangssprachlich gedacht, ich verbessere mich: «Wie viel Kilo Kirschen von oben und wie viel Kilo Erde von unten auf die Waage drücken», muss es heißen.

Das Prinzip ist einfach: Wir nehmen zwei Tüten Kirschen und halten die so weit voneinander entfernt, wie normalerweise Erde und Kirschtüte beim Wiegen voneinander entfernt sind. Dann messen wir die Kraft, mit der sich die Kirschtüten anziehen (mit einer Feder) und vergleichen die mit der Kraft, mit der eine Kirschtüte von der Erde angezogen wird (das ist die Kraft, die man mit der Marktwaage misst). Wenn, sagen wir mal, zwischen den Kirschtüten nur ein Tausendstel der Kraft herrscht wie zwischen Kirschtüte und Erde, dann würde daraus folgen, dass die Erde tausendmal so viel Masse hat wie eine Tüte Kirschen. (Die Entfernung zwischen Erde und Kirschtüte musst du vom Erdmittelpunkt aus messen, nicht von der Erdoberfläche aus, denn das «r» in unserer Formel ist immer der Abstand zum Erdmittelpunkt.)

Allerdings, der Erdradius beträgt 6460 Kilometer, zwei Tüten in so großer Entfernung voneinander hochzuhalten und messen zu wollen, wie stark die sich anziehen, das wäre närrisch. Ich kann sie aber in einem Meter Entfernung halten und nachher die geringere Entfernung in der Rechnung berücksichtigen $\left(\frac{1}{r^2}\right)$.

Klingt verrückt, aber das hat jemand tatsächlich geschafft, wenn auch nicht mit Kirschen, sondern mit schweren Eisenkugeln und einer sehr genauen Waage. Der Herr Eötvös war das. Ergebnis: M(Erde) = 5 970 000 000 000 000 000 000 Tonnen.

Manche Erwachsene glauben, Physik bestehe darin, Formeln und Zahlen auswendig zu lernen. Falls du ihnen eine Freude machen willst: Es sind, wenn ich recht gezählt hab, 19 Nullen.

Philosophisches

Wir haben in unserer Formel die beiden Massen m und M berücksichtigt, den Abstand r der beiden Massen und eine Umrechnungskonstante g. Ich denke, damit ist alles berücksichtigt, solange wir in unserer Alltagswelt bleiben. Könnte mich aber irren, es gibt immer wieder Physiker, die nachmessen, ob die Formel wirklich stimmt, ob man nicht vielleicht doch was vergessen hat. Bisher ohne Erfolg.

Allerdings sind mit dem Ausdruck $\frac{1}{r^2}$ unendlich große Kräfte möglich. So wie in der Formel $v = \frac{1}{t}$ unendlich große Geschwindigkeiten möglich waren. Wenn ich zwei Massenpunkte einander unendlich annähere, so wird $\frac{1}{r^2}$ unendlich groß.

Für $v = \frac{1}{t}$ kenn ich die Lösung des Problems, sie heißt Relativitätstheorie. Die Lösung des $\frac{1}{r^2}$-Problems kenne ich nicht.

Elektrizität + Relativitätstheorie = Magnetismus

Die Grundlagen der Elektrizitätslehre sind schnell erklärt, wir müssen nur einiges von dem, was wir bereits gesagt haben, zusammenklauben. Man nehme die erstaunliche Tatsache, dass es zwei verschiedene Arten von elektrischer Ladung gibt, positive und negative Ladungen. Bei der Masse ist es anders, es gibt nur eine Art von Masse. Dann gibt man dazu, was wir über Felder gesagt haben, und würzt schließlich mit einer Prise Relativitätstheorie.

Die ganze Welt ist aus elektrisch geladenen Teilchen aufgebaut, so hatten wir gleich am Anfang gesagt. Die Kerne der Atome tragen eine «positive» elektrische Ladung, die Elektronen um den Kern sind «negativ». Verschiedenartige Ladungen ziehen sich an, gleichartige Ladungen stoßen sich ab. Aus einiger Entfernung gesehen, ist das Atom deshalb elektrisch neutral, weil es genauso viel positive wie negative Ladungen enthält. Zum Glück, denn die elektrische Kraft ist, mit der Massenanziehung verglichen, gewaltig stark.

Bis zu einem im Allgemeinen sehr geringen Grad lassen sich die Ladungen in einem Gegenstand voneinander trennen. Die alten Griechen wussten das schon. Man kann Bernstein mit einem Tuch reiben, dann zieht er kleine Gegenstände an, Papierschnipselchen etwa. Allerdings funktioniert das nur bei trockenem Wetter. Beim Reiben reißt man aus dem Bernstein elektrische Ladungen heraus. In den meisten anderen Gegenständen würden sofort Ersatzladungen nachfließen. Im Bernstein hingegen geht das nicht, man nennt ihn einen «elektrischen Isolator».

Wenn ein Papierschnitzelchen in die Nähe des geladenen Bernsteins kommt, so spürt es die Ladung des Bernsteins. Die elektrisch geladenen Teilchen innerhalb des Papierschnitzelchens verschieben sich ein klein wenig. Das Schnitzelchen ist also immer noch elektrisch neutral, aber seine Ladungen heben sich nicht mehr auf. Und so, wie wir das bei den neutralen Atomen besprochen haben, ziehen sich das neutrale Schnitzelchen und der Bernstein an. Mit dem Bernstein haben schon die Griechen experimentiert. Bernstein auf Griechisch heißt «Elektron».

So wie mit dem Bernstein funktioniert das auch bei manchen Kleidungsstücken, die sich auch aufladen können, und dann kriegst du unversehens einen Schlag, wenn du zum Beispiel Metall berührst (Metall leitet Elektronen sehr gut). Oder in einer Gewitterwolke, wo sich Regenwolken elektrisch aufgeladen haben, und dann blitzt es (ein Blitz ist ein Fluss von elektrischen Ladungen). Oder in einem Elektrizitätswerk.

Ein Elektrizitätswerk tut eigentlich auch nichts anderes als jemand, der am Bernstein reibt. Allerdings käme es zu teuer, wollte man im Elektrizitätswerk an einem riesigen Bernstein herumreiben. Man trennt die elektrischen Ladungen billiger mit Hilfe großer Maschinen, mit sogenannten Generatoren.

Elektrisches Feld = Gravitationsfeld, fast

Wie versteht man das, dass sich elektrische Ladungen anziehen? Oder abstoßen? Die Anziehung von Massen, die Gewichtskraft, hatten wir mit einem Feld erklärt. Bei der elektrischen Kraft machen wir es genauso. Haargenau so, nur sind Massen immer positiv, das «m» oder «M» in unseren Gleichungen hat immer einen positiven Wert. Ladungen hingegen können auch negativ sein. Statt «m» oder «M» schreiben wir «q» oder «Q», damit man sieht, es ist eine elektrische Ladung gemeint. Und diese elektrische Ladung kann halt positiv sein oder auch negativ.

Alle anderen Gedanken sind die gleichen wie bei der Massenanziehung. Das Feld einer punktförmigen Ladung ist rotationssymmetrisch, daraus ergibt sich unsere Zeichnung mit den Feldlinien, die alle gleichmäßig nach außen führen. Und daraus folgt das Abfallen der Kraft mit $\frac{1}{r^2}$. Und natürlich lässt sich auch der Ausdruck «m · M» nicht vermeiden, nur heißt es jetzt halt «q · Q», weil ich ja die Kraft einer Ladung Q auf eine andere Ladung q messe. Und statt der Umrechnungskonstante g nehmen wir auch einen anderen Namen, a.

$$\mathbf{F = a \cdot q \cdot \frac{Q}{r^2}}$$

Wie funktioniert ein Gartenschlauch?

Im Gegensatz zum Bernstein können sich in einem Metall Elektronen ziemlich frei bewegen. In einem Metalldraht können die Elektronen so fließen wie Wasser in einem Schlauch. Im Prinzip könnten wir Wasser, das unter Druck steht, mit einem Schlauch irgendwohin leiten und es dort Arbeit verrichten lassen. Wir könnten es auf die Räder einer Wassermühle leiten, zum Beispiel. Früher hat man das nicht gemacht, weil es keine guten Schläuche gegeben hat, es hat sich nicht rentiert. Heute, wo es gute Schläuche gibt, tut man es nicht, weil sich Ähnliches auch mit Elektronen tun lässt anstatt mit Wasser. Mit Elektronen kommt es billiger.

Statt in einem Schlauch transportiert man Elektronen in einem Metalldraht. Man braucht nur an die Maschine im Kraftwerk, die Ladungen voneinander trennt, einen Metalldraht anzuschließen, und zwar da, wo in der Maschine die Elektronen angehäuft sind. Wie das Wasser im Gartenschlauch, wenn man den Hahn aufdreht, so werden die Elektronen, weil sie sich ja sehr stark gegenseitig abstoßen, sofort beginnen, in den Draht abzufließen. Wobei sie die Elektronen, die schon im Draht waren, vor sich herschieben. Und so, wie man mit dem Wasserschlauch Arbeit verrichten kann, indem man zum Beispiel Wasser auf die Räder einer Wassermühle fließen lässt, so kann man auch die fließenden Elektronen in einer Maschine oder in einer Glühbirne Arbeit verrichten lassen. Man muss nur darauf achten, die Elektronen nach getaner Arbeit durch einen zweiten Draht zum Elektrizitätswerk zurückzuschicken, sonst lädt sich das allmählich positiv auf (weil ihm Elektronen fehlen).

Allerdings sagt man bei Elektronen nicht Druck, wie beim Wasser, sondern Spannung. Der Gartenschlauch muss unter «Druck» stehen, damit Wasser fließt. Der Draht muss unter «Spannung» stehen, damit Strom fließt.

Anschnallen bitte!

Ob die alten Griechen auch von einer anderen seltsamen Erscheinung wussten, dem Magnetismus, habe ich nicht herausgefunden. Angeblich kannten ihn die Chinesen, mit hoher Wahrscheinlichkeit kam er dann mit Scheherazades Freunden nach Europa, Scheherazade jedenfalls hat den Magnetismus gekannt: Ein Stückchen «magnetisches» Material richtet sich immer in die gleiche Richtung aus, wenn man es lässt. Lagert man ein Stückchen magnetisches Material drehbar, an einem Faden hängend oder auf einem Holzstückchen schwimmend, so kann man damit auf hoher See segeln, ohne sich zu verirren.

Nun ist aber die Wissenschaft vom Magnetismus ungeheuer schwer. Erst seit einem gewissen Gilbert, 1600, gibt es vernünftige Gedanken zum Thema. Und erst seit 1920, so in etwa, blickt man halbwegs durch. Oh, es ist so schwer! Da gibt es den Ferromagnetismus und den Paramagnetismus und den Diamagnetismus und die magnetische Suzeptibilität und die remanente Magnetisierung und die Abmagnetisierung. Und das H-Feld und das B-Feld und ein Dutzend Konstanten. Wie sagt man bei dir heutzutage? Zu meiner Zeit hätte man gesagt «null Bock». Null Bock also. Das ist alles Quark.

Menschen darf man nicht töten. Tiere eventuell schon, wenn man es nicht leichtfertig tut. Wer einen Menschen tötet, so als sei es ein Tier, wird dadurch selbst zum Tier. Aber Wortungetüme darf man schon umbringen. Das ist erlaubt, denke ich. Wir machen Französische Revolution: Her mit der Wort-Guillotine! Rauf mit der Abmagnetisierung! Weg mit dem überständigen Magnetismus-Plunder!

Das Wüten der Guillotine

Stell dir einen Draht vor und ein revolutionär gestimmtes Testelektron, das sitzt ganz gemütlich in der Nähe vom Draht, eventuell hat es eine Jakobinermütze auf. Der Draht besteht aus 1000 Atomkernen und aus 1000 Elektronen, also aus 1000 positiven und 1000 negativen Ladungen (die Zahlen sind erfunden, ein anständiger Draht enthält viel mehr Atome. Jeder Atomkern trägt nicht eine, sondern mehrere positive Ladungen, und bei weitem nicht alle negativen Ladungen bewegen sich, aber darauf kommt es jetzt nicht an).

«Hübsch sieht das aus», wird unser Testelektron sagen, «1000 positive und 1000 negative Ladungen, die heben sich auf, ich find sie weder anziehend noch abstoßend, sodass ich ganz entspannt hier sitzen bleiben kann. Sympathisches Experiment.»

Nun setzen wir unser Elektron, das sich freundlicherweise für den Test zur Verfügung gestellt hat, neben einen gleichartigen Draht, aber diesmal fließt ein Strom durch den Draht. Elektronen fließen durch den Draht, so wie Wasser im Schlauch. Nur deswegen, weil Elektronen durch den Draht fließen, ist der aber nicht geladen. Denn immer, wenn ein Elektron an einem Ende in den Draht hineinfließt, so kommt gleichzeitig am anderen Ende eines heraus. Wie beim Wasserschlauch. Es bleiben immer gleich viele Elektronen. «Hübsch ist das», wird unser freundliches Elektron sagen, «das ist wie im Königsschloss in Versailles, Wasserspiele, gefällt mir. Allerdings nicht sehr revolutionär. Und ein bisschen langweilig ohne Springbrunnen. Könnt ihr auch einen Springbrunnen montieren?»

Damit es sich nicht langweilt, bitten wir unser Testelektron, sich als Testflieger zu betätigen, für die Revolution. Es soll über den Draht entlangfliegen und per Funk berichten, was passiert. Es fliegt los.

«Mayday Mayday Mayday» (das ist der Notruf, wenn ein Pilot abstürzt), «Flugzeug will auf Draht hinunterfallen, hab volles Ruder, nur um Höhe zu halten, Motor raucht, stürze gleich ab. Wieso habt ihr mir keinen Fallschirm mitgegeben!», kreischt unser Testpilot ins Mikrofon. «Sofort wenden. Gleiche Route zurückfliegen!», geben wir Anweisung. «Pffhh, das war knapp», kommt es bald, «jetzt fliegt die Maschine wie 'ne Eins, als wöge sie gar nichts, ja als würde sie vom Draht unter uns sogar abgestoßen.»

Das war ja zu erwarten, dass es so kommen würde. Es ist nicht die Schuld des Testelektrons, dass es fast abgestürzt wäre. Es ist die Schuld des Herrn Einstein.

«Jedes Mal, wenn ein Elektron an der anderen Seite in den Draht hineinfließt, kommt gleichzeitig an der anderen Seite eines heraus», hatten wir gesagt. Gleichzeitig! Solange man gemütlich neben dem Draht sitzt, da hat man gut reden und kann das sagen, «gleichzeitig». Aber wenn das Testfliegerelektron den Draht entlangfliegt, da ist es natürlich Essig mit der schönen Gleichzeitigkeit. Das haben wir im Kapitel über Relativitätstheorie gesehen.

Und wenn für unseren Testflieger nicht gleichzeitig ein Elektron an der einen Seite in den Draht hinein- und ein Elektron an der anderen Seite hinausfließt, sondern ein wenig früher oder später, ja, dann ist für unseren Testflieger der Draht natürlich geladen.

Dabei bewegt sich unser Testfliegerelektron gar nicht mal so schnell, wir wollen so einen kleinen Testflieger nicht überfordern. Aber es sind halt sehr viele Elektronen, die im Draht stecken. Deshalb genügt es, wenn die Gleichzeitigkeit auch nur um ein winziges Bisschen gestört ist, wenn das Elektron an der einen Seite nur ein winzig kleines Bisschen früher in den Draht hineinfließt, als das andere Elektron an der anderen Seite herauskommt. Und schon sieht es für unser Elektron so aus, als seien im Draht nicht 1000 Elektronen auf dem Marsch, sondern 999 oder 1001. Je nachdem, in welche Richtung es sich bewegt.

Damit ist der Magnetismus abgeschafft. Du brauchst nur noch den Draht zu einem Kreis zu biegen, dann siehst du es.

Eine technische Anwendung der Speziellen Relativitätstheorie

In der Praxis ist das schwierig, ein Elektron mit Funkgerät neben einem Draht herfliegen zu lassen, es war nur ein Beispiel. Ein so genanntes Gedankenexperiment. Also ein Experiment, das in Gedanken sehr einfach ist, aber in der Wirklichkeit schwierig. Für ein wirkliches Experiment würde man einen zweiten Metalldraht spannen, parallel zum ersten, und das Testfliegerelektron durch diesen zweiten Metalldraht schicken. Oder 1000 Testfliegerelektronen durch den Draht schicken. Dann sieht man, dass sich die beiden Drähte anziehen oder abstoßen, je nachdem, ob die Elektronenströme in den Drähten entgegengesetzt zueinander fließen oder in die gleiche Richtung. Das zeigen wir in der Figur «Testfliegerdraht».

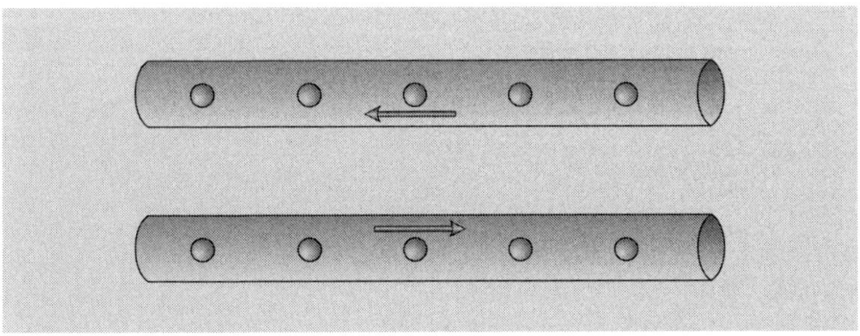

Testfliegerdraht

Kennst du das? Du nimmst ein Blatt Papier und faltest es zusammen und knickst es um und so und so, und dann wird ein Hut draus oder ein Schiff oder ein Vogel. Man muss nur geschickt das Papier hin und her biegen.

Aus einem Draht kann man zwar kein Schiff bauen, aber einen Magneten. Wir biegen die beiden Drähte zu einer Schlaufe. Offensichtlich können sie nicht aufhören, sich abzu-

stoßen oder sich anzuziehen, nur weil sie gebogen sind. Sie ziehen sich immer noch an, genau wie vorher.

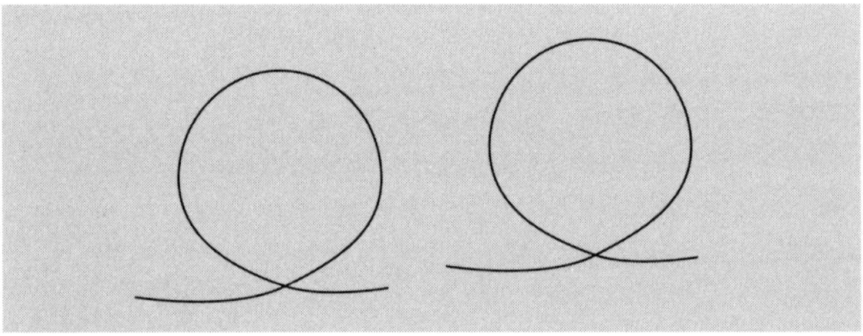

Gebogene Drähte

Nun biegen wir jeden Draht noch ein paar Mal im Kreis herum. Damit haben wir jetzt zwei Elektromagnete: Schalten wir den Strom an, so stoßen sie sich ab oder ziehen sich an, je nachdem, wie herum wir sie stellen.

Nun ist es im Prinzip egal, ob sich 1000 Elektronen im Kreis drehen oder eines, es bleibt immer noch ein Magnet, nur ist er halt sehr schwach mit einem Elektron. Und anstatt sich in großem Bogen im Kreis zu bewegen, kann sich das Elektron auch ganz einfach um seine eigene Achse drehen. So wie ein Kreisel. Und auch ein Atom kann das tun, mit seinen Elektronen außen herum, auch das Atom kann sich um seine eigene Achse drehen. In jedem Fall haben wir eine elektrische Ladung vor uns, die sich im Kreis dreht. Also einen Magneten. In einem magnetischen Material, zum Beispiel der Nadel eines Kompasses, sind diese Minimagneten alle in die gleiche Richtung ausgerichtet. Obwohl jeder einzelne Minimagnet sehr schwach ist, addieren sie sich doch und ergeben dann insgesamt ein recht starkes Feld. Der Vorteil von einem solchen Magneten ist, dass er funktioniert, ohne dass irgendjemand Strom durchschicken müsste, weil sich die Elektronen und Atome ganz automatisch immerzu drehen.

Scheherazade hatte doch Recht! – Mayday Mayday Mayday

Eigentlich gibt es also gar keine eigene magnetische Kraft, sondern Magnetismus ist lediglich «Elektrizität + Relativitätstheorie». Das hat man aber früher nicht gewusst, der Herr Einstein hat ja erst vor etwa 100 Jahren gelebt. Den Magnetismus hingegen kennen wir schon länger.

Bereits Scheherazade und ihre Freunde hatten eine Menge über den Magnetismus nachgedacht und schon ziemlich viel verstanden, auch wenn sie es nicht richtig formulieren konnten. Offensichtlich wussten sie: Wenn man zwei Magnetstückchen nebeneinander legt, so richten sie sich aneinander aus, eine bestimmte Stelle des einen zieht eine bestimmte Stelle des anderen an und stößt ebenso stark eine andere Stelle ab. Wenn man ein Stück Magnetstein ganz vorsichtig an einem Faden aufhängt oder auf einem Holzstückchen ins Wasser legt, sodass sich der Stein drehen kann, zeigt er immer in die gleiche Richtung. So als ob er von dort angezogen würde, so als ob dort irgendwo auch ein Magnet wäre. Sehr weit weg, sonst würde der kleine Magnet nicht immer in die gleiche Richtung zeigen, wenn man ihn umherträgt. Und offensichtlich hatten Scheherazades Freunde auch schon verstanden, dass das Feld eines Magneten mit zunehmender Entfernung schnell schwächer wird, so wie wir das im Kapitel über Felder genau erklärt haben. Sie haben es nicht so genau verstanden, sonst hätten sie es sicher für uns aufgeschrieben, aber sinngemäß verstanden haben sie es wohl schon.

Das siehst du an der Erzählung vom Magnetberg, die in den Geschichten von 1001 Nacht vorkommt. Man hat sich vorgestellt, weit draußen im Meer gäbe es einen Magnetberg. Denn Magnete orientieren sich aneinander, sie ziehen sich an, und alle Magnete zeigen immer in die gleiche Richtung, folglich muss dort ein riesiger Magnet sein, ein Berg von einem Magneten. Mit einer riesigen Magnetkraft, die man selbst noch auf ganz weite Entfernung ein wenig spürt.

Die Erzählung vom Magnetberg folgt dann ganz logisch: Nähert sich ein Schiff diesem Berg zu sehr, so wird es unwiderstehlich angezogen, denn fast jedes Schiff enthält auch Eisenteile, zum Beispiel die Nägel, von denen es zusammengehalten wird. Es wird immer näher an den Berg gezogen, bis schließlich die Nägel aus dem Schiff herausfliegen. Das Schiff fällt auseinander.

Eigentlich logisch. Nur befindet sich der Magnetberg nicht auf einer Insel im Meer, sondern in der Erde, sehr tief unter der Oberfläche. Das konnte Scheherazade natürlich nicht wissen. Es hat bis zum Jahr 1600 gedauert, bis es jenem Gilbert gelungen ist, mehr über den Magnetismus der Erde in Erfahrung zu bringen, und heute wissen wir: Keine Gefahr für die Schifffahrt, der Magnet liegt zu tief in der Erde. Nur weil sie den Erdmagnetismus nicht verstanden hatte, war Scheherazade aber nicht dumm. Jedenfalls nicht dümmer, als ich es bin. Denn der Erdmagnetismus kommt nicht von einem unterirdischen Magnetberg. Sondern von unvorstellbar gewaltigen Kreisströmen, die sich im flüssigen Erdinnern beständig erhalten.

Fast beständig. Mit meinem Schiffskompass kann ich die Richtung des Erdmagnetfeldes mit hoher Genauigkeit messen. Auf meinen Seekarten ist immer eingetragen, wann die Karte gedruckt wurde, wohin das Erdmagnetfeld gerade zeigt und um wie viel es sich gerade bewegt. Denn es eiert ein wenig. Und alle soundso viel zigtausend Jahre dreht es sich ganz plötzlich um. Unvorstellbar gewaltige, leicht eiernde Kreisströme, die ab und zu umkippen. Wie das genau funktioniert, weiß auch im Jahr 1999 noch keiner.

Allerdings, 350 Jahre nach Gilbert hat die Scheherazade doch im Wesentlichen Recht bekommen: Der Magnetberg zerstört zwar keine Schiffe, aber Flugzeuge zerstört er, und das ist ja genauso schlimm. Wenn ein Flugzeug in der Nähe des Erdmagnetpols vorbeifliegt, so funktioniert sein Kompass nicht mehr. Wenn der Kompass so konstruiert ist, dass er nicht nach unten zeigen kann, wie er eigentlich möchte, so zeigt er halt ganz zufällig irgendwohin. Aber egal, ob der Kompass nach unten zeigt oder irgendwohin, jedenfalls verliert der Pilot die Orientierung. Er verirrt sich, fliegt im Kreis herum. Leider wohnen in der Gegend wenig Leute, es gibt keine Flugplätze und keine Straßen, man kann nirgends landen und irgendwann ist die Benzinanzeige im roten Bereich. Den üblen Rest kannst du dir denken.

Das ist oft passiert. Hätten die Piloten vorher bei Scheherazade nachgelesen, so hätte es natürlich nicht passieren können.

Funktionen und Briefe an eine deutsche Prinzessin

Das Leben ist voll von Schwierigkeiten und Problemen. Es ist unmöglich, sie alle zu lösen, es sind zu viele. Deshalb führen nur die Menschen ein halbwegs glückliches und am Ende vielleicht gar ein sinnvolles Leben, die darüber nachgedacht haben, welche Probleme wichtig sind und welche nicht. Und die sich deshalb nur mit den wichtigen Problemen zu beschäftigen brauchen.

Von nötigen und unnötigen Sorgen

Irgendwann, zum Beispiel in der Schule, werden dir die Funktionen über den Weg laufen. Und möglicherweise werden sie dich eine Menge Zeit und Energie kosten. Nicht weil sie so schwierig sind. Sondern weil man sie sich schlecht vorstellen kann, und dann denkt man, man habe etwas nicht recht verstanden, weil man es sich ja nicht vorstellen kann.

Das ist eine ganz unnötige Sorge und ist Zeitverschwendung, es ist nicht deine Schuld, wenn du dir eine Funktion nicht vorstellen kannst. Meistens existiert von den Funktionen der Mathematik nichts weiter als die Annahme, es gäbe sie, auch wenn kein Mensch sie wirklich hinschreiben könnte und niemand auch nur die leiseste Absicht hat, das zu versuchen. «Wir nehmen an, es gäbe eine Funktion mit den folgenden Eigenschaften …» ist ein typischer Satz der Mathematikbücher, und wenn du dir etwas Konkretes unter so einer Funktion vorstellen willst, so kommt da nichts bei raus, und du verschwendest deine Zeit.

Versteh mich bitte nicht falsch, ich will keineswegs zu Eile und Oberflächlichkeit aufrufen! Vielleicht interessierst du dich gerade für die Anna (den Jürgen), nur so als Beispiel, aber leider interessiert sich die Anna (der Jürgen) nicht für dich. So etwas ist nicht nur sehr schlimm, denn das Leben ist nun grau und trist, wo es doch eigentlich so schön sein könnte. Sondern noch dazu ist diese Katastrophe dem Rest der Welt offensichtlich ganz egal, niemanden sonst bekümmert es, und du bist ganz alleine. In so einem Fall käme ich garantiert nicht auf die Idee zu sagen: «Das ist eine ganz unnötige Sorge und ist Zeitverschwendung.»

Hingegen wäre es ein dummer Fehler, über das Aussehen einer Funktion brüten zu wollen oder gar überlegen zu wollen, ob es sie wirklich gibt. Funktionen sind sehr einfach, du darfst dich nur nicht davon stören lassen, dass es sie eventuell gar nicht gibt. Dann kannst du ganz fidel mit ihnen rechnen.

Eine Funktion ist

eine Beschreibung, die angibt, wie eine Größe von einer anderen abhängt. Meistens schreiben die Leute «F(t)», diese Funktion gibt an, wie die Größe F von der Größe t abhängt. Natürlich kann ich auch irgendwelche anderen Buchstaben nehmen, es kommt nur darauf an, zu sagen, wie man es meint.

Lass uns zur Übung irgendeine Funktion F(t) erfinden, die man sich noch relativ gut vorstellen kann. Ich erfinde: «F ist der Weg, den du morgens zur Schule zurücklegst.» Warum auch nicht, da bist du schließlich Experte. Den Schulweg «F» kannst du zum Beispiel in Metern angeben. «t» ist die Zeit, die du schon unterwegs bist. Nach 20 Sekunden hast du 10 Meter zurückgelegt, also ist F(20 sec) = 10 Meter und so weiter. Einerseits kann es keiner bestreiten: Zu irgendeinem bestimmten Zeitpunkt hast du einen ganz bestimmten Weg zurückgelegt. Insofern gibt es diese Funktion F(t) ganz bestimmt. Weil ja zu jeder beliebigen Zeit t ein ganz bestimmter Wert F gehört.

Allerdings, niemand kann die Funktion F(t) wirklich angeben, niemand könnte sie jemals hinschreiben, schon unser Beispiel mit den 10 Metern war ja rein erfunden.

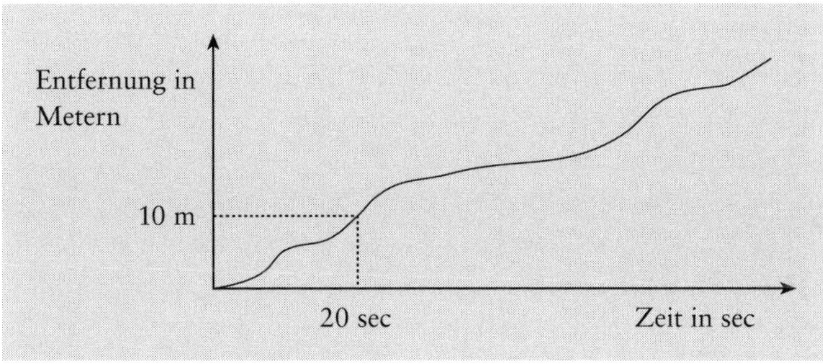

Erfundene Schulwegfunktion

Eine natürliche Zahl kann man immer hinschreiben. Du nennst mir die Zahl, die ich schreiben soll, und ich tu das. Das geht immer. Bei einer Funktion geht es nicht immer. Welchen Weg hast du zum Beispiel nach 125,34529 Sekunden zurückgelegt?

Das Einzige, was man bei der Schulwegfunktion machen könnte, wäre, möglichst viele Zahlenpaare zu messen und aufzuschreiben. Zum Beispiel alle zwei Sekunden messen, wie weit du schon gekommen bist. Das gäbe zwar eine lange Schlange von Zahlen, wäre aber trotzdem noch nicht die wirkliche Funktion, sondern nur eine Näherung.

Gedanken angeln

Das heißt nicht, konkrete Funktionen gäbe es gar nicht. Ich kann mir irgendeine ganz konkrete Funktion ausdenken, und schon gibt es sie. Zum Beispiel $F(t) = \alpha \cdot t^2$, mit einer Konstante α. Nun kann ich zu jedem beliebigen Wert von t den Wert von F angeben. Aber eigentlich ist das gar nicht, was die Mathematiker interessiert.

Sondern die Funktionen sind für die Mathematiker ein sehr wichtiges Denkinstrument. Darauf kommt es an. Es hilft ihnen, Gedanken zu ordnen. Es hilft ihnen, aus dem tiefen See des Denkbaren etwas herauszufischen. Sobald sie das Denkinstrument «Funktion» in die Hand, eigentlich besser in den Kopf, genommen haben, so machen sie damit die unglaublichsten Sachen. Sie verbinden ganz tollkühn die Annahme, es

gäbe eine Funktion, mit anderen Annahmen. Und ziehen dann Schlussfolgerungen, da staunt man nur noch.

Die enorme Ordnungsmacht, die sich aus dem hypothetischen und ganz unverfänglichen Gedanken ergibt, «es gebe eine Funktion», diese geistige Kraft lässt sich für die Physik nutzen. Wenn wir annehmen, ein Körper existiere zu einer bestimmten Zeit an einem bestimmten Ort, so darf ich wohl auch annehmen, die örtliche Position des Körpers sei eine Funktion, eine Funktion der Zeit. Wenn es weiterhin stimmt, dass ich diese Funktion im Prinzip hinmalen könnte, ohne den Stift abzusetzen, so lerne ich von der Mathematik, der Differentialrechnung: «Es genügt, den Ort und die Geschwindigkeit des Körpers nur zu einem einzigen Zeitpunkt zu kennen, sowie die Kräfte, die auf ihn wirken. Dann ergibt sich aufgrund des Newton-Gesetzes und der Gesetze der Differentialrechnung der Ort des Körpers zu allen anderen Zeiten, für die Vergangenheit wie auch für die Zukunft. Und ebenso kennt man die Geschwindigkeit des Körpers zu jeder beliebigen Zeit und natürlich auch die Beschleunigung.»

Die Welt als Uhrwerk

Als die Menschen das zum ersten Mal verstanden hatten, es war wohl in der Epoche von Leibniz und von Euler, da war die Aufregung groß. Denn wenn allen Teilen der Welt ihre Bewegung vorgegeben ist, so ist das Geschehen der Welt ja insgesamt festgelegt. Dann ist ja die Welt nichts als ein riesiges Uhrwerk! So etwas nennt man ein mechanisches Weltbild.

Natürlich kennt niemand alle Kräfte, die in der Welt wirken, deshalb hat das mechanische Weltbild keine praktische Bedeutung. Aber erschrocken waren die Leute doch, denn wenn man den Zustand der Welt auch nicht genau kennt, so hat sie doch irgendeinen Zustand, und damit ist ihre Zukunft festgelegt, so scheint es. Es ergibt sich die Vorstellung von einer äußeren Abgeschlossenheit und inneren Notwendigkeit der Welt, eben so, wie ein Uhrwerk, das gut funktioniert, es ist unnötig, dass es jemand anrührt, das aber halt nur stumpfsinnig vor sich hin tickt.

Manchmal wird behauptet, das mechanische Weltbild sei durch die Quantenmechanik ad acta gelegt worden. Ich bin anderer Meinung, ich finde, die Quantenmechanik braucht es dazu nicht. Sondern der Fehler im mechanischen Weltbild liegt in der Vorstellung eines «im Prinzip gegebenen Zustands» der Welt. Wollten wir zu irgendeinem Zeitpunkt den Zustand der Welt tatsächlich kennen, so müssten wir zu irgendeinem bestimmten Zeitpunkt unvorstellbar viele Messungen von unendlicher Genauigkeit durchführen. Die Grammatik erlaubt zwar, so etwas hinzuschreiben, aber es ist unmöglich, man kann es sich nicht einmal vorstellen. Mit etwas, das tatsächlich gar nicht existiert, einer unendlich genauen Messung, kann man aber keine Physik treiben, man hat mit so einer Vorstellung die Physik ganz eindeutig verlassen. Das mechanische Weltbild ist deshalb von vornherein nicht-physikalisch.

Die Physik kann überhaupt nur dort zu einem Bild von der Welt hinführen, wo sie sich direkt, indirekt tut sie es ja immer, mit der Wirklichkeit selbst auseinander setzt. Das tut sie in der Thermodynamik. Finde ich.

Farbenlehre

Deshalb also sind die Funktionen so interessant, weil man mit Hilfe des Gedankens «Funktion» sehr viele Dinge bedenken kann, die ansonsten undenkbar blieben. Es gibt darüber hinaus aber auch noch etwas anderes zu erzählen von den Funktionen. Vom Malunterricht weißt du, oder solltest du jedenfalls wissen, dass man aus rotem, grünem und blauem Licht alle anderen Farben mischen kann. Es wär ein interessantes Thema für ein paar kombinierte Bio-Physik-Mathe-Kunst-Unterrichtsstunden.

Denn es ist ziemlich kompliziert, aber jedenfalls hat der gleiche Herr Graßmann, der auch die Vektorrechnung erfunden hat, nachgewiesen, dass man mindestens drei verschiedene Farben braucht, um daraus alle anderen Farben kombinieren zu können, und dass andererseits drei Farben dafür in der Tat auch genügen. Das besagen die Graßmann'schen Gesetze. Es läuft darauf hinaus, dass es fürs Auge genau drei fundamental verschiedene Farben gibt, man kann keine von ihnen aus den anderen beiden gewinnen. Alle anderen Farben sind nicht fundamental verschieden voneinander, deshalb kann man sie aus einer Mischung der drei fundamental verschiedenen Farben bekommen.

So ähnlich ist es mit den Funktionen: Es gibt Funktionen, die fundamental verschieden voneinander sind. Indem man solch fundamental verschiedene Funktionen im richtigen Verhältnis zusammenaddiert, kann man jede beliebige Funktion erhalten. Ein Beispiel für solch fundamental verschiedene Funktionen sind die harmonischen Funktionen.

Harmonische Funktionen

Die harmonische Funktion beschreibt die einfachste mögliche Schwingungsbewegung. Eine harmonische Funktion zu zeichnen, ist ganz einfach, wenn du sonst nichts zur Hand hast, so kommen wir wieder mit deinem viel bewährten Fahrrad aus. Mit seinem Vorderreifen. Oder dem Hinterrad, egal. Eine harmonische Funktion F(t) bekommen wir, wenn wir festlegen, dass F die Höhe des Ventils über der Radachse sein soll und t die Zeit, und dann lässt du das Rad sich gleichmäßig schnell drehen. Und wir zeichnen F als Funktion von t in der Figur «harmonisches Fahrrad».

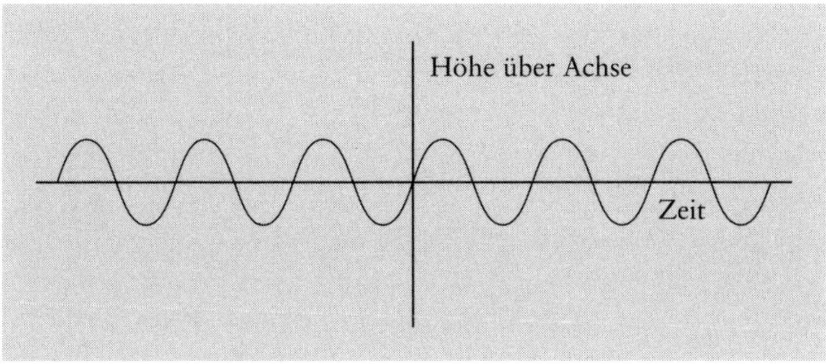

Harmonisches Fahrrad: Ein Fahrradreifen dreht sich mit gleich bleibender Geschwindigkeit. F ist die Höhe des Ventils über der Radachse, t ist die Zeit.

Der technische Ausdruck für diese Funktion ist «Sinus-Funktion» (oder, wenn wir die t-Achse ein wenig verschieben, «Cosinus-Funktion»), man schreibt F = sin(t). Das ist eine harmonische Funktion. Wenn wir das Rad schneller rotieren lassen, so rücken die Berge und Täler zusammen. Den Abstand zwischen zwei Bergen nennt man die Schwingungsdauer. Wenn wir das Rad schneller rotieren lassen, bekommen wir also eine andere harmonische Funktion, mit einer anderen Schwingungsdauer.

Das Schöne an den harmonischen Funktionen ist zum einen, dass sie in der Physik tatsächlich vorkommen. Eine harmonische Funktion beschreibt die einfachste Schwingung, breitet sich diese Schwingung im Raum aus, so ist es die einfachst mögliche Welle. (Die meisten anderen Funktionen haben keine Entsprechungen in der Physik, t^7 etwa, ich wüsste keinen Vorgang, der durch diese Funktion beschrieben wird.) Und zum anderen sind harmonische Funktionen mit verschiedener Schwingungsdauer fundamental verschieden voneinander. Aus dem, was wir vorher gesagt haben, folgt dann: Man kann jede beliebige Funktion erzeugen, indem man harmonische Funktionen in bestimmten Verhältnissen zusammenzählt. Ein beliebiges Beispiel: $F(t) = 1{,}2 \cdot \sin(t) + 3{,}5 \cdot \sin(4{,}9 \cdot t)$.

Nun können wir aber im Prinzip jeden Vorgang der Welt durch eine Funktion beschreiben. Selbst, was ein Atom macht, können wir durch eine Funktion beschreiben, auch dann, wenn es gerade gar nichts macht. Man kann folglich alles Ge-

schehen der Welt durch die harmonischen Funktionen beschreiben.

Ende der Fahnenstange

Eigentlich seltsam. Im Scheherazade-Kapitel hatten wir die natürlichen Zahlen erfunden, um damit zu zählen, 1, 2, 3 … Die haben aber nicht gereicht, um die Masse oder die Geschwindigkeit eines Körpers anzugeben. Da haben wir die Zahl erweitert zu den rationalen Zahlen (Brüche). Damit kann man jedoch auch nicht alles machen, nicht mal die Seite eines Dreiecks kann man damit ausrechnen, man braucht die reellen Zahlen (Wurzeln). Und die wiederum kann man erweitern, indem man die transzendenten Zahlen hinzufügt (die Zahl π oder die Zahl e), um einen Kreis berechnen zu können. Und man bekommt den Eindruck, das müsse wohl immer so weitergehen. Ich kann immer noch umfassendere Zahlen erfinden, um die Welt immer genauer zu beschreiben, so scheint es.

Wohingegen wir vorher gesagt hatten: «Die harmonischen Funktionen reichen, damit kann man alles beschreiben.» Ende der Fahnenstange, sozusagen.

Da ist nun etwas sehr Aufregendes passiert. Die Mathematiker haben herausgefunden, dass es auch bei den Zahlen ein Ende der Fahnenstange gibt. Ich kann über die oben erwähnten Zahlen hinaus noch eine einzige Zahl erfinden, die Zahl i, sie heißt imaginäre Zahl. Indem ich diese neu erfundene Zahl mit den schon bekannten verbinde, bekomme ich die so genannten komplexen Zahlen, zum Beispiel $2 + 3 \cdot i$. Oder $t^2 + 2 \cdot i$ oder $3 + 5^i$ oder $e^{i \cdot t}$.

Mehr Zahlen kann man nicht erfinden. Mir wäre es zu hoch, aber unsere Freunde in der Mathematik sagen, sie können es ganz gewiss beweisen. Es gibt nach der Zahl i keine weitere Zahl. Keine Erweiterung. Die Zahl i ist einfach, so ist sie definiert: $i^2 = -1$.

Die Funktion als Zahl

Ich finde es sehr spannend, dass es sozusagen eine äußerste und letzte Zahl gibt, über die hinaus man nichts mehr erfinden kann. Aber das ist noch nicht alles! 1748 hat der große Mathematiker Leonhard Euler gefunden, dass man die harmonischen Funktionen mit Hilfe der imaginären Zahl i darstellen kann.

Andere Mathematiker scheinen das schon vorher geahnt zu haben, aber Euler hat es wohl als Erster klar formuliert. Das ist wieder so eine interessante Geschichte. Der Herr Euler war Schweizer und hat in Berlin und in Petersburg gearbeitet. Und wie er gearbeitet hat, er hat schneller Mathematik erfunden, als er es veröffentlichen konnte. Dabei war er auch noch der Lehrer der 16-jährigen Prinzessin Friederike von Brandenburg-Schwedt; so einen Lehrer hätte ich auch haben wollen, als ich 16 war; und weil er halt oft in Petersburg war, so hat er ihr eben Briefe geschrieben: «Lettres à une princesse d'Allemagne sur quelques sujets de Physique et Philosophie». Es scheint eine sehr kluge Prinzessin gewesen zu sein, nur klugen Menschen kann man kluge Briefe schreiben, und klug waren die Briefe wohl, denn sie wurden dann auch als Buch herausgegeben. Außer Mathe hat Euler nicht nur Physik und Philosophie getrieben, sondern auch Bücher geschrieben über Musiktheorie, Artillerie und Schiffsbau (Segelschiffe vermutlich).

Von so vielen Dingen etwas zu verstehen, sei heute gar nicht mehr möglich, sagen die Leute. Weil die einzelnen Fachgebiete zu schwierig geworden seien. Das ist Unsinn. Die Physik zum Beispiel ist in den letzten 200 Jahren viel übersichtlicher und einfacher geworden. Die rattenartige Vermehrung der Fachidioten muss andere Ursachen haben.

«Es ist nicht genug, den Menschen ein Spezialfach zu lehren. Dadurch wird er zwar zu einer Art benutzbarer Maschine, aber nicht zu einer vollwertigen Persönlichkeit. Es kommt darauf an, dass er ein lebendiges Gefühl dafür bekommt, was zu erstreben wert ist. Er muss einen lebendigen Sinn dafür bekommen, was schön und was moralisch gut ist. Sonst gleicht er mit seiner spezialisierten Fachkenntnis mehr einem wohlabgerichteten Hund … Überbetonung des kompetitiven Systems und frühzeitige Spezialisierung unter dem Gesichtspunkt der unmittelbaren Nützlichkeit töten den Geist, von dem alles kulturelle Leben und damit schließlich auch die Blüte der Spezialwissenschaften abhängig ist.»

Das ist eine sehr ausführliche Weise zu sagen: «Deshalb führen nur diejenigen Menschen ein halbwegs glückliches Leben, die darüber nachgedacht haben, welche Probleme wichtig sind und welche nicht.» Typisch Albert.

Jedenfalls hat der alte Euler zwischen Musiktheorie und Schiffsbau gezeigt, wie mit Hilfe der imaginären Zahl i jede harmonische Funktion darstellbar wird durch den Ausdruck e^{it}. Und e^{it} ist nichts als eine Zahl. Ich schreib es der Vollständigkeit halber mal hin, aber du brauchst dich nicht zu grämen, wenn es dir zu hoch ist, wir sind hier wirklich schon in der höheren Mathematik, dergleichen betreibt man normalerweise an der Universität. Also der Vollständigkeit halber:

$$\sin(t) = \frac{(e^{it} - e^{-it})}{2i} \quad \text{oder andersrum: } e^{it} = \cos(t) + i \cdot \sin(t).$$

Vergiss die Formel, wenn du willst, interessant zu wissen ist nur, dass die harmonischen Funktionen in Wirklichkeit nichts anderes sind als Zahlen, wenn auch komplexe.

Es gab schon griechische Philosophen, die Pythagoreer, die fanden, alles sei durch Zahlen gegeben. Die somit gegebene Ordnung der Welt sei das Entscheidende, von den Planetenbahnen bis zur Musik sei alles zahlenmäßig geordnet, das mache die Welt aus. Nicht der Stoff, aus dem die Welt besteht, sei wichtig, sondern die Zahlen, ihre Verhältnisse. Ihre Ordnung also.

An dieser Sichtweise scheint einiges dran zu sein. Ich kann ja jeden Vorgang der Welt durch eine Funktion beschreiben, zumindest im Prinzip. Und jede Funktion durch eine Summe harmonischer Funktionen. Und die sind in Wirklichkeit nichts anderes als Zahlen. Ich kann also alles Geschehen der Welt mit Hilfe der äußersten und letzten, der komplexen Zahl beschreiben. Die Existenz der Atome, deinen Schulweg, ein Musikstück. Die ganze Welt.

Algabr walmukabalah!

Die widerlichen Wellen

Die wild sich windenden Wellen gehen mir gewaltig auf den Wecker. Ihr wahnwitziges Wackeln widert mich an. Öde alles! Wahrscheinlich sind die wabbelnd wandernden Wellen schuld am Währungsverfall an der Wallstreet und am Wehleid der Wale. Und um das langweilige Walten der Wellen zu ertragen, füg ich lauter Wörter ein mit einem «w». Schlimmer geht's nicht, dahinter kommt nur noch das schriftstellerische Nirwana. Wo doch so ein Buch für Jugendliche lustig sein soll. Von wegen. Leben ist Leid. Om mani padme hum.

Muss ein Jugendtrauma sein. Was eine Welle ist, das weiß eh jeder, man springt im Schwimmbad ins Becken, und schon hat man die schönsten Wellen, und weil Wellen so wichtig sind, lernt man in der Schule ganz genau und in jeder Einzelheit alles: Man braucht die Schallwellen zum Hören und elektromagnetische Wellen zum Sehen – Licht ist eine elektromagnetische Welle – und zum Radiohören und was weiß ich noch alles.

Aber interessiert mich das? Sollen die Radiobastler an den elektromagnetischen Wellen basteln und die Hifi-Fans an den Schallwellen, jeder hat seine Macke. Aber was gehen mich anderer Leute Macken an? Mir reicht es voll und ganz, ins Wasser zu springen. Du siehst schon, wie grantig und aufgeregt ich bin, ganz bestimmt ist es ein Jugendtrauma! Aber immerhin, wenn es ein Jugendtrauma ist, so bin ich ein sehr typischer Vertreter der Menschheit, ein Musterexemplar von einem Menschen, was mich allerdings noch grantiger macht, hab ich doch immer gehofft, die anderen seien besser als ich. Denn die

Menschheit insgesamt hat sich seit ihrer Jugend mit den Wellen schwer getan und hatte niemals rechte Lust zu den Wellen.

Die alten Griechen, große Physiker, nur leider zu eitel und politisch schwach, weswegen sie den gewalttätigen Römern zur fetten Beute wurden, die hatten bereits so ziemlich über alles nachgedacht, worüber wir auch heute nachdenken. Die Griechen, nicht die Römer. Die Römer haben überhaupt nicht nachgedacht, die haben nur organisiert, Zirkusspiele etwa, ich hasse die Römer. Nicht die heutigen, die zahlen ja mein Gehalt.

Über Punkte, Schwerpunkte, die Bewegung der Körper, über Atome und vieles mehr hatten die Griechen Bescheid gewusst, sich zumindest schon sehr kluge Gedanken gemacht. Noch weiter kamen die Autoren der Genesis, des ältesten Teiles des eh schon alten Testaments. Gleich auf der ersten Seite, auf nur einer einzigen Seite, da erzählen die ganz locker die Entstehung der Welt, mit so vielen Einzelheiten wie auf einer Seite nur Platz haben. So kurz und bündig, wie es keine Formel kann, und wissenschaftlich korrekt. Das lernt man zwar nicht in der Schule – weil sich niemand traut, es in den Physikstundenplan aufzunehmen –, aber es ist trotzdem wahr, und ich hab es in meinem ersten Buch beschrieben.

Nur eben über die Wellen, über die Wellen wollte niemand irgendetwas wissen, weder die Griechen noch die Hebräer noch sonst jemand.

Ich glaube, erstmals hat irgend so ein Holländer über Wellen nachgedacht. Hat er Huygens geheißen, kann das sein? Ist auch egal, Galilei, Newton, Einstein, schon klar, kennt man, aber wer will schon vom armen Huygens wissen, mit seinen öden Wellen? Also gut, ich schau ja schon nach, also ja, Huygens, 1690 war das, die Zeit Ludwigs des Vierzehnten. Der hatte gerade den Protestantismus in Frankreich verboten und angeordnet, dass die Kinder protestantischer Eltern katholisch erzogen werden müssen. Einer halben Million Protestanten, auch Hugenotten genannt, ist es gelungen, vor dem Diktator zu fliehen, obwohl das sehr schwierig war und jeder Fluchtversuch sehr hart bestraft wurde. So wie in der ehemaligen DDR, nur ohne Mauer.

Vielleicht sind gerade die ersten Hugenottenflüchtlinge unter dem Fenster des alten Huygens vorbeigezogen, als der, zum ersten Mal in der Menschheitsgeschichte, halbwegs ernsthaft über die Wellen nachgedacht hat. Halbwegs sag ich, weil er weniger an den Wellen selbst interessiert war, sondern eher am Licht. Die Wellen sind ihm dabei sozusagen unvermeidlicherweise über den Weg geschwappt, aber eigentlich war er am Licht interessiert.

Und selbst dieses bisschen Nachdenken über Wellen war den Leuten schon zuviel, ist jedenfalls gleich wieder stecken geblieben und hat keinen sonst interessiert, und es hat mehr als 100 Jahre gedauert, bis mal wieder jemand was zu den Wellen gesagt hat – wieder nur im Zusammenhang mit der Erforschung des Lichts, die Wellen an sich waren den Leuten egal.

Ich hab irgendwo gelesen, dass sich die meisten Menschen ganz instinktiv vor Schlangen fürchten. Überall auf der Welt ist es so. Vielleicht, das ist aber Spekulation, und es steht in keinem Buch, vielleicht wollen die Menschen mit Wellen nichts zu tun haben, um sich nicht an die Bewegung der Schlange erinnern zu müssen?

Schon wahr, mit dem Begriff der Energie haben wir auch unsere Probleme gehabt und haben lange gebraucht, um es endlich zu kapieren, was das ist. Aber mit der Energie war die Sache ja ganz anders und wirklich schwierig: Energie kann man nicht sehen und nicht anfassen, auf den ersten Blick auch nicht wiegen, keiner hat gemerkt, dass es so was überhaupt gibt. Es ist reichlich schwer, über etwas nachzudenken, von dem man nichts merkt.

Die Wellen hingegen, die sieht man, jeder kennt die, du kannst sie anfassen, wobei du nass wirst, kannst selbst Wellen produzieren, indem du ins Schwimmbecken springst.

Und trotzdem hat nie jemand über die Wellen selbst nachgedacht: Was ist das, eine Welle, wie entsteht die? Das ist noch heute so! Die Wellen kommen zwar in jedem Physikbuch vor, bis zum Überdruss, aber es gibt höchstens sehr wenige Physikbücher, die erklären, was das eigentlich ist, eine Welle. Meistens wird einem nur ein Haufen Formeln vorgeworfen, Vogel, friss oder stirb. Ich selbst kenne überhaupt nur ein Buch, das anständig erklärt, was eine Welle ist, und das ist kein Physikbuch, sondern ausgerechnet ein russisches Mathematikbuch.

Schade. Denn die Wellen sind die äußersten und letzten Bausteine der Welt. Eventuell zusammen mit den Punkten, das ist mir nicht so klar. Es gibt nichts, was nicht Welle ist. Im Bauplan der Welt sind ausgerechnet die Wellen das Äußerste und Letzte, was wir mit dem Verstand noch fassen können, danach kommt nichts mehr.

Wenn mir das damals gleich jemand gesagt hätte, so hätt ich vielleicht nicht diesen Widerwillen entwickelt gegen die armen Wellen. Und wenn es die Leute wüssten, so stünden sie nicht vor der Quantentheorie wie der Ochs vorm Tor, mit offenem Mund, dummes Zeug mummelnd.

Ich weiß schon, man soll Kindern derartig Schweres nicht zumuten, sondern die Mädchen sollen sich ruhig schminken und mit Puppen spielen, und die Jungs sollen besser Indianer spielen, ich weiß. Denn im Erwachsenenleben sollen sie sich ja für Möbel und Mode interessieren, frühmorgens ins Büro gehen und den ganzen Tag, glücklich vor dem Oberindianer buckelnd, Akten herumtragen und abends sich zufrieden vor die Sportschau setzen oder Horoskope lesen. Und nichts sonst, niemals sonst etwas. Dazu braucht man nichts von Punkten und Wellen zu wissen, das stört nur, es macht nur Unzufriedenheit und am Ende Aufsässigkeit, und wer soll das dann bezahlen?

Ja, ja, ich weiß das alles. Aber ich soll ja hier nun mal ein

Physikbuch schreiben, und wenn man nicht gleich sagt, was es mit Wellen auf sich hat, so wird es totlangweilig, und der Erste, der unter der Langweile stürbe, noch vor dem Leser, der wär ja ich, und wie sollte ich dann schreiben?

Die Wellen der Wäscher

Was ist also eine Welle? Am liebsten würd ich es anhand von Wasserwellen erklären, weil die mir am besten gefallen. Aber leider sind die Wasserwellen die kompliziertesten Wellen, die kann man erst verstehen, wenn man schon weiß, was eine Welle ist.*

Licht- oder Schallwellen hingegen sind recht einfach, die könnte ich gut erklären. Nur haben die den Nachteil, dass du sie nicht direkt sehen kannst, und dann kannst du es dir nicht vorstellen, und du ertrinkst hilflos im Meer der Formeln. Das wollen wir auch nicht, wenn wir schon um mein Leben besorgt sind, so müssen wir auch an deines denken.

Ich selbst habe nur ein einziges Mal in meinem Leben eine ganz einfache Welle so richtig schön gesehen. Das war in Amerika. Da gibt es viele Wolkenkratzer, mit vielen Fenstern, die natürlich geputzt werden müssen. Nun lassen sich aber die Fenster an einem Wolkenkratzer nicht öffnen, wegen der Lebensgefahr. Denn eigentlich sind die Amerikaner zwar ganz prima Kerle, nur haben sie entweder nur zwei Wochen Urlaub im Jahr oder das ganze Jahr über Urlaub, unbezahlt, und da gibt es natürlich eine Menge Ehescheidungen, und ein Unglück kommt zum andern, und alles wird immer nur noch schlimmer, und da kannst du dir am Ende vorstellen, wie viele un-

* Sie sind deswegen so kompliziert, weil es Oberflächenwellen sind. Jedes Wasserteilchen beginnt sich beim Herannahen einer Welle auf einer Kreisbahn zu bewegen, es schwingt sowohl zur Seite – erst auf die herankommende Welle zu, später von der wegrollenden Welle hinweg – als auch nach oben und unten – auf den Wellenberg hinauf, ins Wellental hinunter.

glückliche Amerikaner es gibt. Und deshalb sind also die Fenster geschlossen, und die Fensterwäscher spannen Stahlseile in die Höhe, an denen fahren sie in einem Korb rauf und runter und waschen von außen. So ein sehr langes, sehr stark gespanntes Seil, das ist ideal, um Wellen zu machen.

Man klopft nur einmal mit der Hand gegen das Seil, es macht «pong», und man sieht, wie eine Welle das Seil hinaufsaust. Sie verschwindet schnell aus dem Blick, es ist wieder alles ganz ruhig, so wie vorher. Da kommt aus heiterem Himmel die Welle zurückgerast – pong –, wird am Boden reflektiert, wo das Seil festgemacht ist, und flitzt wieder nach oben. Wo sie wieder reflektiert wird und zurückkommt.

Es wird schnell ein wenig unheimlich, man wollte doch nur mal anklopfen, und nun pongt das ständig rauf und runter und lässt sich nicht abstellen. Wenn die das nur nicht hören, im Wolkenkratzer. Am Ende bräche eine Panik aus. Und das in einem Haus, dessen Fenster alle fest verschlossen sind!

Das Gleichgewicht der Kräfte, oder: Das Seil hat 'nen Knick

Solange niemand das Seil anrührt, wirkt auf jedes Stückchen des Seils eine Kraft nach oben, in Richtung des Seils, und eine gleich große Kraft nach unten, auch in Richtung des Seils. Das ist in der Figur gezeigt.

Die Kräfte sind zwar da: Schnitte jemand das Seilstückchen durch, so platzten die Seilenden mit einem lauten Knall auseinander. Aber, das sieht man in der Zeichnung, die Kräfte heben sich gegenseitig auf. Deshalb, weil sie oben und unten am Seilstückchen jeweils in Richtung des Seils zeigen, also genau nach oben und genau nach unten, und so heben sich die Kräfte auf.

Wenn du nun seitlich am Seil ziehst, so bekommt das Seil an

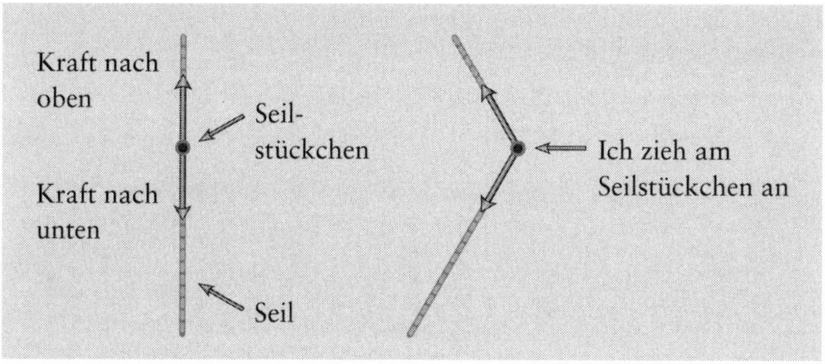

der Stelle einen Knick. Die Kraft, die oben am Seilstückchen zieht, zeigt zwar immer noch in Richtung des Seils, und die, die unten zieht, zeigt auch wieder in Richtung des Seils. Aber nun hat ja das Seil einen Knick, und deshalb zeigen die Kräfte nicht mehr in genau entgegengesetzte Richtungen.

Darum heben sich die beiden Kräfte jetzt nicht mehr auf. Das sieht man in der Figur: Es bleibt ein wenig «Restkraft» übrig, die das Seil nach innen zurückzieht, gegen den Zug deiner Hand. Das spürst du ja auch: Um das Seil auf die Seite zu ziehen, brauchst du in der Tat Kraft.

Ein richtiger Mathematiker würde natürlich nie und nimmer sagen: «Das Seil hat 'nen Knick.» Sondern er nennt den Knick «Krümmung». Da, wo du am Seil ziehst, da hat es eine Krümmung, ansonsten ist es überall kerzengerade: Die Krümmung des Seiles ist es, welche die rücktreibende Kraft bewirkt.

Auch wenn du mit noch so großer Kraft am Seil ziehst, so gibt es noch keine Welle.

Die Delle

Eine Welle entsteht, wenn du nur ganz kurz ans Seil klopfst. Das heißt, du übst nur für einen Moment eine Kraft aus und überlässt das Seil dann sich selbst. Wenn du nur ganz kurz anklopfst, so verschiebt sich nicht etwa das Seil insgesamt. Dazu ist es zu träge, und es ist ja auch nicht starr, sondern biegsam.

Das Seil verformt sich ein wenig an der Stelle, an der du es angeschlagen hast, es bekommt eine kleine Delle. (Das siehst du mit bloßem Auge leider nicht, es geht zu schnell. Man müsste es sehr schnell fotografieren. Ich habe Fotografien gesehen von Wassertropfen, die in eine Wasseroberfläche fallen. Das ist so ähnlich wie mit dem Seil. Auf diesen Fotografien sieht man schön, wie das Wasser eine Delle bekommt, da, wo der Tropfen einschlägt.)

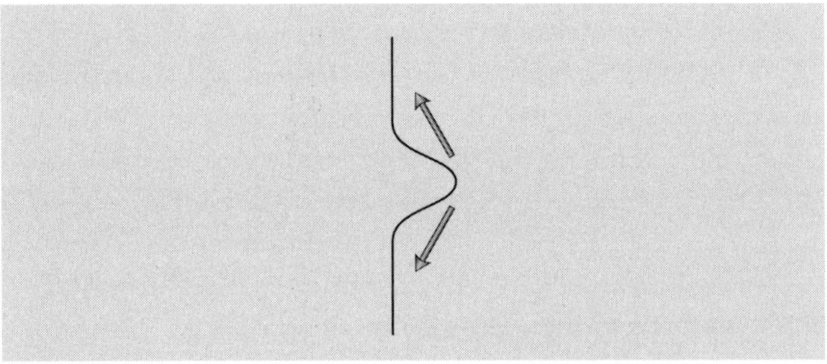

Die Delle ist in der Figur gezeigt. Wie sie genau ausschaut, das hängt davon ab, wie du angeschlagen hast, sie kann irgendeine beliebige Form haben. Es ist auch nicht wichtig, wie die Delle genau aussieht, wichtig ist nur, dass sich das Seil nicht insgesamt verschiebt, sondern nur an der Stelle, wo die Delle ist.

Einerseits ist es genau so wie vorher: Die Krümmung des Seils übt auf unser Seilstückchen eine Kraft aus. Andererseits ist es anders als vorher: Die Gegenkraft der Hand fehlt nun. Denn wir schlagen ja nur kurz an, in der Zeichnung ist die Hand, die angeschlagen hat, schon wieder weg!

Da würde sich der arme Herr Newton in seinem Londoner Luxusgrab herumdrehen: Eine Kraft ohne Gegenkraft ist verboten. Was macht das Seilstückchen also? Es beschleunigt, was bleibt ihm sonst auch übrig?

Die Kraft des gekrümmten Seils bewirkt eine Beschleunigung des Seilstückchens (gemäß der Formel F = ma), sodass die Trägheitskraft des Seilstückchens der rücktreibenden Kraft der benachbarten Seilstückchen die Waage hält.

Und wo wir nun schon beim Herrn Newton sind, da erinnern wir uns auch, dass es unvollständig ist, zu sagen, «die benachbarten Teile des Seils üben eine Kraft auf unser Seilstückchen aus». Denn natürlich zieht unser Seilstückchen selbst mit voller Kraft zurück.

Und weil ja nun jedes Seilstückchen an dem ihm benachbarten Seilstückchen zieht und das wiederum an seinem Nachbarn und der wiederum an seinem und so weiter, so breitet sich die Auslenkung, die wir mit unserem Schlag gegen das Seil verursacht haben, im Seil aus.

Die Delle wird zur Welle

Die Existenz einer solchen Delle setzt also umgehend einen «Wellenmechanismus» in Gang, den man verstehen kann, wenn man nur bedenkt, dass alles, was wir gesagt haben, immer gilt, überall gilt und gleichzeitig gilt.

Ich kann ja nicht zwei Sachen gleichzeitig schreiben, niemand kann das, und deshalb hatte ich eins nach dem anderen geschrieben:

1) Jedes Seilstückchen spürt eine Kraft von den benachbarten Seilstückchen. Wegen der Krümmung des Seils.

2) Einerseits wirkt diese Kraft auf das Seilstückchen und bewirkt eine Beschleunigung des Seilstückchens (F = m · a).

3) Andererseits zieht das Seilstückchen mit derselben Kraft zurück.

In Wirklichkeit geschieht aber alles gleichzeitig, und alle wirkenden Kräfte und Gegenkräfte sind immerzu gleich groß. Die Kraft, mit der ein Seilstückchen hin- und herbeschleunigt wird (2), ist gleich der Kraft, mit der ein Seilstückchen am nächsten zieht (3). Und diese Kraft (3) ist es, welche die räumliche Ausbreitung der Auslenkung bewirkt.

Wenn nun aber die Kraft, welche die Hin- und Herbewegung des Seilstückchens bewirkt (2), gleich ist der Kraft, welche die räumliche Ausbreitung der Welle bewirkt (3): Dann müssen die räumliche und zeitliche Form der Seilauslenkung gleich sein.

Das ist nun eine Welle: eine Auslenkung aus einer Ruhelage (zum Beispiel die Auslenkung eines Seils), die sich in Raum und Zeit ausbreitet und die dabei in Raum und Zeit die gleiche Form hat.

Die einfachste Welle

Ob die Delle, die Welle, die du in ein Seil schlägst, genauso aussieht, wie ich es vorhin hingemalt habe, weiß ich nicht. Ich bin ja kein Seiltrickkünstler, und es ist ja auch egal. Eines ist aber sicher: Die Welle, die du erzeugst, ist auf jeden Fall sehr kompliziert. Wenn du sie beschreiben wolltest, so müsstest du sie Punkt für Punkt hinschreiben, es ginge nicht anders. Oder hast du eine bessere Idee? Weil die Welle ja unendlich viele Punkte hat, so bräuchtest du Tonnen von Papier, um die Welle hinzuschreiben, und es wäre immer noch nur eine Näherung. Falls dir jemals eine derart komplizierte Welle über den Weg liefe und du solltest über sie nachdenken oder am Ende gar etwas über sie ausrechnen, das würde unerfreulich.

Ich male eine einfachere Welle. Die erzeuge ich, indem ich das Seil an einer bestimmten Stelle immerzu gleichmäßig auslenke. Schnell genug, dass es eine Welle gibt (wenn ich zu langsam bin, so bewegt sich das Seil insgesamt hin und her, aber es fängt nicht an zu schwingen). Damit die Welle so einfach wie möglich wird, lenken wir das Seil mit der «gleichmäßigst möglichen Hin- und Herbewegung» aus, unserer Sinus-Funktion also.

Nun ist alles einfach: Ich brauche im Höchstfall nur drei

Zahlen anstatt unendlich vieler, und schon ist die Welle beschrieben. Ich gebe an, wie groß der zeitliche Abstand zweier Wellenberge ist, wie groß der räumliche Abstand ist, und dann gebe ich noch die Wellenhöhe an. Fertig.

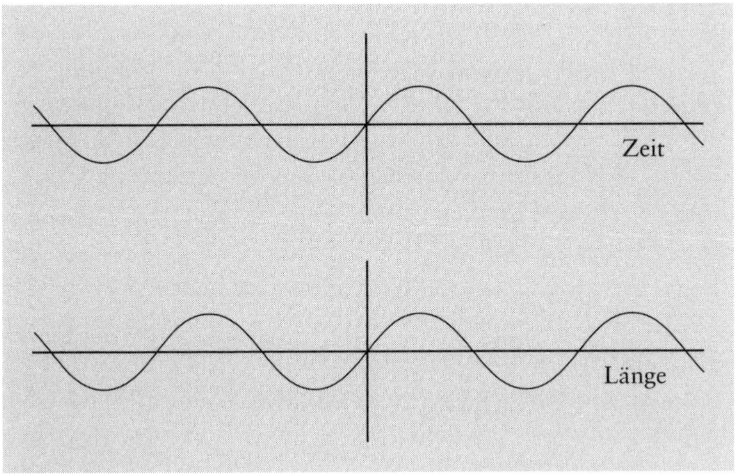

Sinuswelle

Die erste Figur zeigt, wie ein bestimmter Punkt des Seils sich im Laufe der Zeit um seine Ruhelage bewegt. Die zweite Figur ist ein Schnappschuss des Seils zu einem bestimmten Zeitpunkt und zeigt die räumliche Form der Seilauslenkung. Die harmonische Welle geht nach links und rechts weiter.

Wiederum haben das zeitliche und das räumliche Verhalten die gleiche Form. Die Sinuswelle nennt man auch eine harmonische Welle. Und obwohl es die einfachste Welle überhaupt ist, so hat sie doch große praktische Bedeutung. Wenn ich einen Lautsprecher anschalte und lass ihn einen bestimmten Ton abstrahlen, so produziert er eine harmonische Welle.

I can't get no

Natürlich lässt kein vernünftiger Mensch einen Lautsprecher immerzu denselben Ton abstrahlen. Sondern der Ton ändert sich ständig, die Sinuswelle ändert sich ständig. Erst dadurch wird's Musik. Außerdem sind auch meist mehrere verschiedene Sinuswellen gleichzeitig am Werk.

Ein halbwegs unterhaltsames Musikstück wird also aus vielen verschiedenen Sinuswellen aufgebaut. Ich weiß nicht, was heute gerade angesagt ist, nehmen wir halt die Rolling Stones, die kenn ich aus meiner Jugend, und lassen wir die 15 Minuten lang Musik machen auf deiner Stereoanlage. 15 Minuten lang bewegt sich die Lautsprechermembran sehr schnell hin und her. Die Auslenkung der Lautsprechermembran kann man natürlich durch eine Funktion beschreiben. Und die besteht dann eben aus der Überlagerung vieler Sinusfunktionen. Es läuft auf das hinaus, was wir im Kapitel über Funktionen gesagt haben: Man kann jede beliebige Funktion herstellen, indem man harmonische Wellen addiert. Zum Beispiel die Lautsprecherfunktion der Stones.

Feldwellen

Wenn ich ein Feld an einem Punkt «anstoße», so wie wir das beim Seil gemacht haben, so bilden sich im Feld Wellen. Wenn du ein Steinchen (oder einen Wassertropfen) in das Feld der Wasseroberfläche wirfst, so entstehen an dem Punkt Wellen.

Elektronen haben ein elektrisches Feld um sich. Wenn du an den Elektronen ein wenig rüttelst, so entstehen Wellen im elektrischen Feld. Radiowellen macht man so. Vermutlich entstünden auch Wellen, wenn man an der Erde rüttelt, Gravitationswellen, aber das hat man noch nicht ausprobieren und nachmessen können.

Ein richtiger Physiker sagt «Feldstörung» statt «anstoßen»

oder «Delle machen», also: Eine Feldstörung bewirkt eine Feldwelle. Das ist immer so, bei allen Feldern.

Das hilft, sich besser vorzustellen, was ein «Feld» ist. Alles, was wir bisher gesagt haben, war: «Ein Feld ist, wenn man jedem Punkt des Raumes eine Eigenschaft zuordnen kann», und etwas konkreter, für physikalische Kraftfelder, «ein Feld bewirkt, dass zwischen räumlich getrennten Körpern eine Kraft wirkt». Das war alles gut und schön und jedenfalls besser, als zu sagen «mondartige Dinge». Aber was das nun genau ist, ein Feld, das blieb recht vage. Wenn ich mich recht erinnere, waren wir sogar stolz darauf, dass wir aus so wenig Aussage so viel Formel bekommen konnten, $g \cdot \frac{mM}{r^2}$.

Wenn ein Feld Kräfte zwischen Körpern überträgt, wie tut es das denn nun? Durch ein Wunder? Oder wie? Ich seh ja das Kraftfeld nicht, ich seh ja nur, was es bewirkt, und zwar nur an dem Punkt, an dem ein Körper ist, auf den eine Kraft wirkt. Aber wo sich gerade kein Körper befindet, wie ist es dort?

Weiß man aber von den Feldwellen, so wird die Vorstellung, die man sich im Kopf von einem «Feld» machen kann, viel konkreter. Wenn ein Feld, das man stört, ebenso eine Welle bildet, wie ein Seil, das man anstößt, so muss es sich mit dem Feld in vieler Hinsicht ähnlich verhalten wie mit dem Seil:

Bestimmt hängt jeder Punkt des Feldes mit seiner Umgebung zusammen. Sodass jeder Punkt auf seine Umgebung wirkt und Feldänderungen von einem Punkt zum anderen weitergegeben werden. Wie in einem Seil halt, nur ist es ein unsichtbares Seil.

Wenn also ein Kraftfeld über eine große Entfernung eine Kraft zwischen zwei Punkten bewirkt, so kann man sich vorstellen, wie die Kraft Punkt für Punkt im Feld wirkt und durch das Feld von einem Punkt zum anderen übertragen wird. (Falls du schon das Kapitel über Differentialrechnung gelesen hast, so wirst du wissen, dass mit «Punkt» eigentlich nur ein kleiner Raumbereich gemeint ist.)

Die Schwingungen auf der Saite der Gitarre sind auch Wellen, es sind so genannte stehende Wellen. Wie kann das geschehen, dass eine Welle stehen bleibt? Dazu stellen wir uns wieder den Wolkenkratzer vor und lassen wieder eine Welle hinauf- und hinunterlaufen. Immer wenn sie oben oder unten ankommt, wo das Seil festgemacht ist, wo es sich nicht bewegen kann, da wird die Welle reflektiert. Nun machen wir den Wolkenkratzer in Gedanken kürzer. Die Welle läuft immer unverändert rauf und runter, nur wird sie in immer kürzeren Zeitabständen reflektiert, weil sie ja nicht mehr so weit laufen muss. Man hört das «Pong» immer häufiger. Wir machen den Wolkenkratzer noch kürzer, und wenn du willst, kannst du dir auch vorstellen, wie er immer mehr Gitarrenform annimmt. Und nun wird die Saite so kurz, dass der Anfang der Welle, nachdem er reflektiert wurde, schon wieder am anderen Ende des Seils ankommt, ehe noch das Ende der Welle reflektiert wurde. Es wird zunehmend schwierig, zu sagen, ob die Welle nach oben oder unten läuft. Noch dazu kommt sie zunehmend ins Stolpern, weil sie auf ständig wechselnde Weise gegen sich selbst anläuft.

Wenn wir die Saite genauso kurz machen wie die Länge der Welle, so befinden sich auf- und ablaufende Wellen im Takt, und die Welle läuft beständig in gleichem Ausmaß nach oben wie nach unten, bewegt sich insgesamt also nicht, steht. Eine stehende Welle. Nun macht es ständig und ohne Pause «pong». Das ist die Gitarre.

Übrigens kann man es auch einfacher haben, wenn es nur darum geht, die Gitarre zu erklären (steht in meinem ersten Buch). Ich hab es etwas umständlich erklärt, damit man den Zusammenhang zwischen stehenden und sich ausbreitenden Wellen sieht.

Falls du keine Lust hast, erst das Kapitel über Differentialrechnung zu lesen, so ist die Wellengleichung vielleicht trotzdem interessant. Vielleicht wirst du ja auch neugierig auf das Kapitel über Differentialrechnung?

$$\frac{\delta^2 f}{\delta t^2} = \frac{1}{c} \cdot \frac{\delta^2 f}{\delta x^2}$$

Wobei f die Auslenkung des Seils ist, t ist die Zeit, x die Seillänge. In der Konstante c stecken die Masse des Seils und die Seilspannung.

Die Formel ist so wild, wie sie ausschaut, höheres Semester Physikstudium, aber ich hab mir gedacht, warum nicht, falls du dich mal gerade wild und verwegen fühlst, mal schauen, wie weit du kommst?

Du erinnerst dich, v ist die Wegänderung pro Zeitintervall, $v = \frac{\Delta l}{\Delta t}$. Genauso kann ich die Beschleunigung, also die Geschwindigkeitsänderung pro Zeitintervall, schreiben als $a = \frac{\Delta v}{\Delta t}$. In diese Gleichung setz ich das $v = \frac{\Delta l}{\Delta t}$ ein und für «zweimal Δ» schreib ich «Δ^2». Also $a = \frac{\Delta^2 l}{\Delta^2 t}$. Das ist allerdings nicht die heute gebräuchliche Schreibweise, sondern man schreibt $\frac{\delta^2 l}{\delta t^2}$.

$\frac{\delta^2 f}{\delta t^2}$ ist somit die Beschleunigung des ausgelenkten Seilstückchens. Auf der linken Seite der Wellengleichung steht nichts anderes als das Newtongesetz für eine beschleunigte Masse: $F = m \cdot a$, geschrieben als $m \cdot \frac{\delta^2 f}{\delta t^2}$, wobei in unserem Fall das «m» in der Konstante c versteckt wurde.

Das $\frac{\delta^2 f}{\delta x^2}$ auf der rechten Seite der Gleichung ist die Seilkrümmung*. Die ja die rücktreibende Kraft bewirkt. Und zusammen mit der Masse m haben wir auch die Spannung des Seils in die Konstante «c» hineingewurstet, das ist so Brauch.

* Im Anhang schreibe ich ein Kapitel über Differentialrechnung. Die erste Ableitung einer Funktion ist ihre Steigerung, die zweite ist ihre Krümmung. Reine Mathematik, ist immer so.

Die Wellengleichung sagt also nichts anderes, als dass die Newtonsche Beschleunigungskraft gleich ist der Kraft, die durch die Krümmung des Seils bewirkt wird. Das hatten wir ja die ganze Zeit gesagt.

Beeindruckend an der Formel ist ihre Allgemeingültigkeit. Es ist egal, ob man es mit einem Seil zu tun hat oder einem Eisenstab oder Luft oder sonst einem Feld oder dem leeren

Raum: Man stößt immer auf die gleiche Wellengleichung. Nur hat das «f» jeweils die Bedeutung «Seilauslenkung» oder «Feldstärke» oder «Druck», je nachdem, und das «c» beschreibt die für die Schwingung wichtigen Eigenschaften der jeweiligen Situation.

Die Formel besagt, was eine Welle ist, und das ist immer das Gleiche. Egal, ob es sich um Druckwellen handelt, elektromagnetische Wellen oder um Teilchen.

Wir haben nun seitenlang genau erklärt, was eine Welle ist. Mit etwas Mut wäre es auch schneller gegangen, glaube ich. Mal sehen.

Die Newton-Formel $F = ma = m \frac{\delta^2 l}{\delta t^2}$ sagt, «eine Beschleunigung in der Zeit $\frac{\delta^2 l}{\delta t^2}$ geht einher mit einer Kraft F». Ist die Zeit etwa was Besonderes, so kann man fragen? Wieso soll nur eine Beschleunigung in der Zeit einhergehen mit einer Kraft? Das wäre nicht sehr demokratisch. Was für die Zeit gut ist, ist auch für den Raum nicht schlecht: $F = \text{Konstante} \cdot \frac{\delta^2 l}{\delta x^2}$, so fordern wir. Die beiden Kräfte sind natürlich gleich, wegen actio = reactio. Fertig ist die Wellengleichung. Die Wellengleichung ist so gesehen nur eine demokratischere Form der Newton-Gleichung $F = ma$ ($= \frac{\delta^2 l}{\delta t^2}$), die dem Raum die gleichen Rechte zubilligt wie der Zeit.

Das ist jedenfalls, wie ich es sehe. Aber ich habe es noch nie so in den Büchern gelesen, nimm's vorsichtshalber mal nur als Eselsbrücke, die hilft, es sich vorzustellen.

Eigentlich sollte das Kapitel über Wellen hier aufhören, es bliebe nur noch zu sagen, dass es Wellen vielleicht gar nicht wirklich gibt. Damit man trotzdem merkt, dass wir uns hier lediglich in einer Fortsetzung des Scheherazade-Kapitels befinden, auch ohne schon wieder mit dem Ausruf «algabr walmukabalah» zu schließen.

Später im Buch werden wir aber über die Energie der Wellen reden müssen, das seh ich voraus. Deswegen brauchen wir irgendwo einen Paragraphen über die Energie von Wellen. Wo sollten wir den einfügen, wenn nicht hier? Ich würde dir vorschlagen, ihn erst mal zu überschlagen und dann später zurückzukommen. Im Moment ist das Diskutieren über die Energie von Wellen ein wenig unmotiviert und öde.

Die Energie einer Welle

Der Einfachheit halber stellen wir uns eine ganz einfache Welle vor, eine harmonische Welle. Wenn ich die Schwingungsdauer gleich halte (zum Beispiel zehn Schwingungen pro Sekunde), aber das Seil um das Doppelte auslenke (die Wellenhöhe verdoppele), so muss jedes Stückchen Seil pro Schwingung eine doppelt so lange Strecke zurücklegen. Da die Bewegungsenergie anwächst mit dem Quadrat der Geschwindigkeit, so folgt daraus: Die Energie einer Welle wächst an mit dem Quadrat ihrer Wellenhöhe, ihrer maximalen Auslenkung.

Lassen wir hingegen die Größe der Auslenkung gleich, schwingen stattdessen das Seil schneller hin und her, so gilt wiederum: Schwinge ich doppelt so oft, so verdoppelt sich auch wieder die Geschwindigkeit eines jeden Seilstückchens. Die Energie wächst also auch quadratisch mit der Frequenz der Schwingung.

Zusammenfassung: Will ich die Auslenkung der Welle verdoppeln, oder will ich ihre Frequenz verdoppeln, so muss ich viermal so viel Energie in die Produktion der Welle investieren. Die Energie der Welle wächst quadratisch mit ihrer Auslenkung und ihrer Frequenz. Diese Energie, die ich zum Herstellen der Welle investiere, wandert dann mit der Welle hinweg.

Allerdings: Unsere Betrachtung ist nur relevant für unendlich lange Wellenzüge. Produziere ich Wellenzüge endlicher Länge, so muss ich noch eine weitere Überlegung anfügen. Schüttle ich doppelt so schnell, so verbrauche ich nicht nur viermal so viel Energie, sondern außerdem erzeuge ich doppelt so

viele Wellenberge. Also hat jeder Wellenberg nur doppelt so viel Energie, nicht viermal so viel. Vergleiche ich zwei endlich lange Wellenzüge, die beide die gleiche Anzahl von Wellenbergen aufweisen, so hat der Wellenzug mit der doppelten Frequenz nicht die vierfache, sondern nur die doppelte Energie. Weil ich ja nur halb so lang an seiner Erzeugung gearbeitet habe.

Die Wirklichkeit der Wellen

ist manchmal leider zweifelhaft. Ein gutes Beispiel für die Zwielichtigkeit der Wellen sind die Schallwellen. Luftdruckschwankungen der Luft sind das, Wellen im Feld des Luftdruckes. Solange man nicht allzu genau hinsieht, ist das in Ordnung: Luftdruck gibt es, Schwankungen des Luftdrucks gibt es auch, was will man mehr. Nur leider verlangt die Wellengleichung, dass man halt doch genau hinsieht. Denn es ist ja eine Differentialgleichung, die lebt letztlich vom Übergang ins beliebig Kleine. Differentialausdrücke sind ja erst im beliebig Kleinen sinnvoll. Und wenn man nun ganz genau hinsieht, sodass man sieht, wie Luft aus einzelnen Atomen besteht, so kann natürlich von einem Feld des Luftdrucks auch nicht mehr im Entferntesten die Rede sein.

Luft besteht aus einzelnen Atomen, die in sehr großem Abstand aneinander vorbeirasen, mit der Geschwindigkeit eines Düsenjägers. Hin und wieder stoßen diese Atome gewaltsam zusammen, wobei sie aber nicht kaputtgehen, weil sie ja elementar sind. Fast das gesamte Volumen eines Gases besteht aus leerem Raum. Der leere Raum hat keinen Druck. Erst wenn man Milliarden von Atomen zusammen betrachtet, hat es Sinn, von Luftdruck zu sprechen und von Wellen.

Es ist ein wenig so wie mit den natürlichen Zahlen. Die zwar zum Abzählen dienen, aber trotzdem gibt es unendlich viel mehr von ihnen, als es Dinge gibt in der Welt, die man abzählen könnte. Auch die Wellengleichung beschreibt manchmal mehr, als was es wirklich gibt. Zum Beispiel beschreibt sie das Verhalten eines Luftdruckfeldes, obwohl es so ein Feld streng genommen gar nicht gibt.

Gibt es überhaupt Felder, die auch ganz richtig im Sinne der Mathematik Felder sind? Die sich nicht ändern, auch wenn man ins beliebig Kleine vorstößt, ins natürliche Habitat der Differentialrechnung? Ich weiß es nicht, vielleicht gibt es irgendwo Experten, die es wissen, die sollen mir bitte schreiben. Falls es heutzutage noch niemand weiß, so hoffe ich doch, man wird es in Zukunft einmal wissen.

Quantentheorie: Die Welt als Welle und Vorstellung

Die alten Griechen haben sich die Atome als kleine Kügelchen vorgestellt, als kleinste und unveränderliche Stückchen Materie. Ganz hart, denn sonst könnte man sie verformen, also verändern. Vielleicht mit Haken und Ösen dran, damit sie zusammenhalten. Diese Kügelchen hängen aneinander, eins am andern, so baut sich die Welt auf. Dachten die Griechen.

Dachten die Griechen richtig? «Fast», antwortet uns die Relativitätstheorie, «aus wirklich harten Kügelchen ließe sich ein starrer Körper bauen, zumindest im Prinzip. Starre Körper mag ich aber nicht. Denn wenn ich einen starren Körper an einem Ende anschubse, so müsste er sich sofort und ohne Verzögerung auch am anderen Ende bewegen. Sonst wäre er ja nicht starr. Er hätte ein Signal ohne Verzögerung weitergeleitet, also mit unendlicher Geschwindigkeit. Unendlich schnell ist zu schnell, schneller als das Licht darf ein Signal nicht sein, so was mag ich nicht und lass es nicht zu.»

Im Grunde genommen sind wir froh über die Antwort, denn das Gelbe vom Ei war das mit den Haken und Ösen nicht. Elementare Teilchen gibt es zwar, insofern hatten die Griechen recht, aber wie schauen die aus?

Punkt gut, Feld besser – Schnürsenkel viel versprechend

Was ist erlaubt in der Relativitätstheorie? Zum Beispiel Punkte. Auch solche, die eine Masse besitzen, Massenpunkte. Die darf es geben, denn Punkte haben ja keine Abmessungen, keine Dimension, weder Länge noch Breite noch Höhe, aus

Punkten kann ich keinen starren Körper bauen. Allerdings auch keinen nicht-starren Körper. Wenn wir eine dreidimensionale Welt bauen wollen, so reichen dimensionslose Punkte nicht aus.

Bleiben die Felder. Felder sind auch erlaubt: Wenn ich ein Feld an einer Stelle anschubse, so breitet sich diese Störung als Welle im Feld aus. Mit einer bestimmten Geschwindigkeit, die halt nie größer sein darf als die Lichtgeschwindigkeit, dann ist alles in Ordnung. Felder sind erlaubt.

Felder und Punkte sind nicht die einzigen Objekte, die mit der Relativitätstheorie vereinbar sind. Auch schnürsenkelartige Objekte sind zugelassen, Dinge mit einer Dimension. Auf Englisch heißt das «string». Damit schlagen sich heutzutage manche Theoretiker herum.

Es sind ziemlich wüste Theorien. Die sich in uns anbahnende verwegene Idee, die ganze Welt aus Wellen bauen zu wollen, ist im Vergleich dazu harmlos. Nur die Fachleute verstehen ihre eigenen Stringtheorien, sonst niemand.

Eine vollständige Theorie ist aber immer kurz und einfach, man kann sie erklären, und so vermute ich, die Theoretiker sind mit ihrer Arbeit wohl nicht ganz fertig. Vielleicht wird es ja was, aber sicher ist das nicht, und so lange sollte dieses Buch ja auch nicht warten. Wir drücken den Theoretikern, die so mutige Sachen machen, unseren Respekt aus und wünschen ihnen viel Glück und lassen ihnen unsere Telefonnummer zurück, falls es demnächst klappt, dass wir es gleich erfahren. Wir selbst lassen unsere Finger von der Sache und geben uns zufrieden mit dem, was wir heute haben, das sind die Felder.

Von der Verantwortung der Lastwagenfahrer

Damit du mich nicht falsch verstehst – scheinbar gibt es ja schon starre Körper in unserer Welt. Etwa eine Eisenstange, die scheint starr zu sein. In Wirklichkeit ist sie gar nicht starr: Schlägt jemand mit dem Hammer auf das eine Ende (etwa einer Eisenbahnschiene), so geschieht am anderen Ende zunächst gar nichts. Erst nach einer Verzögerung hörst du den Schlag am anderen Ende ankommen. Der Schubs, die Störung, die der Hammer hervorgerufen hat, breitet sich als Welle entlang der Schiene aus. Das braucht seine Zeit.

Selbst eine Eisenbahnschiene ist also, genau gehört, ein Feld. Natürlich kann man bei einer Eisenstange schon mal Fünf gerade sein lassen und so tun, als sei sie ein starrer Körper, und man kann zum Beispiel eine Eisenbahnbrücke bauen, über die Lastwagen fahren, so als wäre die Brücke nicht ein Feld, sondern ein starrer Körper. Das funktioniert auch prima, solange die Lastwagen ein bestimmtes Maximalgewicht nicht überschreiten. Aber wenn doch mal ein Fahrer seinen Lastwagen zu sehr belädt, da merkt er schon, dass er nicht auf einen starren Körper fährt, stattdessen plumpst er, samt Laster, ins Wasser.

Wieder Wellen!

Bei einer Brücke können wir schon mal großzügig sein. Solange die Fahrer sich an die Ladevorschriften halten, können wir so tun, als sei sie starr. Aber wenn wir über die Teilchen sprechen, welchen Sinn hätte da eine solche Großzügigkeit? Wollen wir wissen, wie die Teilchen wirklich beschaffen sind, so sollten wir nicht um den heißen Brei herumreden: Starre Körper sind nicht erlaubt – aus dimensionslosen Punkten eine dreidimensionale Welt aufbauen zu wollen, wäre Zauberei. Bleiben die Felder. Ohne Felder keine Welt.

Und natürlich interessieren wir uns nicht für eine statische Welt, in der nie etwas passiert. Sondern in unserer Welt soll auch etwas geschehen, weswegen es nicht genügt, nur über Felder zu reden, sondern wir haben es vielmehr mit Änderungen von Feldern zu tun. Also mit Wellen. Denn Feldänderungen breiten sich immer als Welle aus, das hatten wir vorher gesehen.

Wir brauchen Wellen, um die Welt aufzubauen. Es ist ganz logisch und kann nicht anders sein, und deshalb ist es eigentlich ganz einfach einzusehen. Obwohl es natürlich ein wenig verrückt klingt.

Aber es gibt ja noch viel Verrückteres auf der Welt. Eltern, die ihre Kinder misshandeln, Männer, die ihre Frauen verlassen, und umgekehrt, Kinder, die anderen Kindern die Augen

auskratzen. Menschen, die andere Menschen vertreiben oder sich gegenseitig umbringen. Nun sage mir einer, die Welt sei nicht seltsam!

Was ist also schon dabei, eine Welt aus Wellen zu bauen? Viel seltsamer, als sie eh schon ist, wird die Welt davon auch nicht. Wir atmen tief durch, nehmen allen Mut zusammen und marschieren los ins Unbekannte. Was ist denkbar? Was ist nicht denkbar? Wie kann es sein, und wie kann es nicht sein?

Quantentheorie = elementar + Welle (Quantentheorie I)

Wir tun erstmal so, als seien wir noch ganz kleine Kinder, die von gar nichts eine Ahnung haben, und malen die einfachste Welle hin, die man sich vorstellen kann. So wie in der Figur «sehr einfache Welle». Eigentlich geht die Welle links und rechts von der Buchseite weiter, sie schlängelt sich halt immer so rauf und runter, immerzu, wie die Wellen im Meer. Wenn man so eine Welle anschaut und sich denkt: «Das soll jetzt ein Teilchen sein?», so hat man ein ungutes Gefühl. Zum Beispiel kann ich von einem Teilchen doch sagen, wo es ist, wenigstens so ungefähr, ob es in Berlin ist oder in München. Aber bei der Welle, die wir gezeichnet haben, wo soll da das Teilchen sein? Die Welle schaut ja überall auf der Welt gleich aus. «Das Teilchen kann überall sein, es ist halt irgendwo», könnte man da nur sagen. Das wollen wir verbessern. Wir malen eine nicht so einfache Welle hin, eine, die fast so kompliziert ist wie die Delle im Seil vom Fensterwäscher.

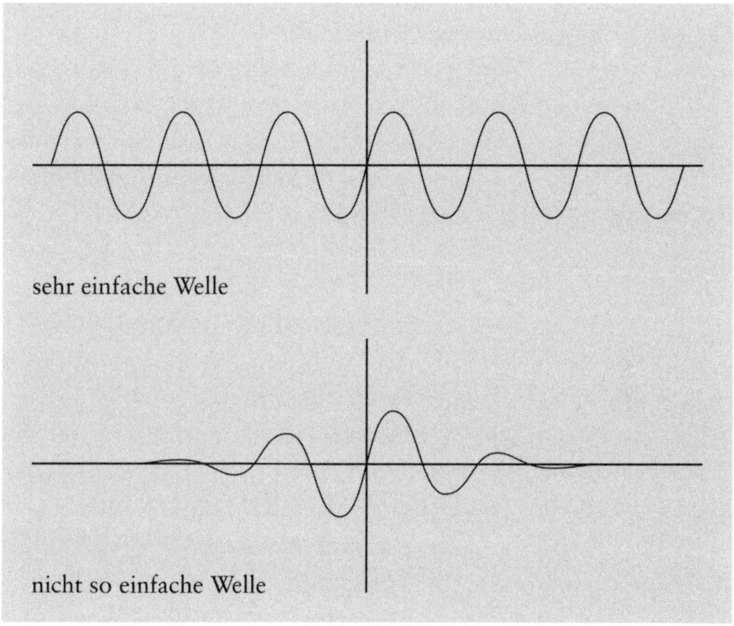

Eine wesentliche Verbesserung! Jetzt können wir sofort sagen, wo das Teilchen ist: Auf dieser Buchseite befindet es sich. Du willst es genauer wissen? Kein Problem, musst du nur feiner malen. Oder dir vorstellen, unsere Zeichnung mit der begrenzten Welle sei stark vergrößert, in Wirklichkeit ist sie insgesamt nur so groß wie der Punkt am Ende von diesem Satz. Oder kleiner. Oder noch kleiner.

Die größte gedankliche Schwierigkeit haben wir damit bereits überwunden: Wir haben den Mut gehabt, uns vorzustellen, dass die Teilchen Wellen sind, die Welt aus Wellen aufgebaut ist. Hat einer diesen entscheidenden Mut einmal gehabt, so geht es von da an leichter voran. Denn Wellen sind ja nichts neues, jedenfalls nicht für uns. Nur eines ist neu, und wir müssen es deshalb besonders sorgfältig berücksichtigen: Wenn wir die Welt aus elementaren Teilchen aufbauen wollen, so wie wir das im Kapitel über die Teilchen gesagt haben, und wenn Teilchen Wellen sind, nun, dann müssen diese Wellen ebenfalls elementar sein. Es müssen Wellen sein, die man nicht unterteilen kann. Dass wir es nicht mehr einfach mit irgendwelchen, sondern ausdrücklich mit elementaren Wellen zu tun

haben, das hat entscheidende Konsequenzen. Genau diese Konsequenzen bilden das gedankliche Fundament der Quantentheorie. Das gesamte gedankliche Fundament der Quantentheorie.

Warum Surfer auf hohe Wellen wild sind

Solltest du gelegentlich am Meeresstrand spazieren gehen, so weißt du, dass die Energie einer Welle größer ist, wenn die Welle größer ist. Schon wenn die Welle einen halben Meter hoch ist, reißt sie dich beim Baden um, wenn du dich nicht vorsiehst. Deshalb suchen sich die Surfer Strände mit extra hohen Wellen, wie es sie nicht überall gibt, am besten gehst du nach Kalifornien oder nach Hawaii und schwimmst auf deinem Brett hinaus, und sobald eine besonders wilde Welle kommt, schwingst du dich aufs Brett und lässt dich von der Welle mit viel Schwung zurück an den Strand tragen. Das schaut sehr elegant aus und ist nur etwas für schneidige Kerle, nichts für käsige Knilche, die sollen lieber im Internet herumsurfen, da bleiben sie trocken, außer hinter den Ohren. Um so einen Surfer, der ist ja braun gebrannt und muskulös und bringt ganz schön was auf die Waage, um den so gut zu beschleunigen, da braucht es viel Energie und Kraft, die haben nur die ganz großen Wellen. Bei kleinen Wellen passiert nichts, da wackelt das Brett unter dem schweren Surfer nur so ein bisschen, das macht keinen Spaß und die Mädchen gucken auch nicht hin. Armer Surfer.

Aber so ist es nun mal mit den Wasserwellen: Ihre Energie

hängt von ihrer Größe ab, je höher die Welle ist, umso mehr Energie hat sie. Die Höhe einer Wasserwelle ändert sich eigentlich ständig. Wenn eine Welle eine lange Strecke bei abflauendem Wind übers Meer läuft, so wird sie immer flacher. Wenn eine große Welle auf einen Hafen trifft, so wird der Teil der Welle, der gegen die Hafenmauer läuft, donnernd zurückgeworfen, aber das Wellenstück, das in die Hafeneinfahrt hineinrollt, weitet sich im Hafen aus, verteilt sich im Hafenbecken, wird kleiner, plätschert am Ende nur ein bisschen gegen den Kai. Eine Wasserwelle hat an verschiedenen Stellen also verschieden viel Energie. Und sie gibt ihre Energie über eine große Strecke verteilt ab. Nicht überall gleichzeitig, sondern allmählich.

Du fragst dich, warum ich von so einer selbstverständlichen Sache so viel Aufhebens mache und einen ganzen Absatz schreibe, was sowieso jeder weiß. So viel Aufhebens mache ich, weil es zwar bei Wasserwellen so ist, bei Schallwellen und bei vielen anderen Wellen: Je größer sie sind, umso mehr Energie haben sie. Aber bei der Welle eines elementaren Teilchens kann es nicht so sein.

Auch die Welle eines elementaren Teilchens wird sich ja wohl verlaufen, während sie sich im Raum ausbreitet, so wie eine Wasserwelle, ihre Höhe wird an einer Stelle größer sein, woanders geringer und sich mit der Zeit ändern. «An einer Stelle größer, woanders geringer», das kann ich gerne von der Höhe einer Wasserwelle sagen, aber von der Energie eines elementaren Teilchens kann ich so auf keinen Fall reden.

Egal wie viel Energie ein Teilchen gerade hat, es hat jedenfalls eine ganz bestimmte Energie, man kann nicht denken, es habe an einer Stelle ein wenig mehr, woanders ein bisschen weniger Energie. Eine elementare Wasserwelle müsste, wenn sie auf den Strand trifft, plötzlich und überall verschwinden oder gar nicht. Sie dürfte nicht allmählich weniger werden.

Bei elementaren Wellen kann die Energie der Welle also nicht abhängen von der Höhe der Welle. Das ist der grundlegende Unterschied zu nicht-elementaren Wellen. Denn von einer Wasserwelle kann man sagen: «Die Welle hat hier ein bisschen mehr und woanders ein bisschen weniger Energie.» Von einem elementaren Teilchen kann ich das nicht einmal denken, «das Teilchen hat hier die Energie, und gleichzeitig hat es aber auch jene Energie, und zur selben Zeit hat es auch noch eine ganz andere Energie, dort nämlich», das wäre eine große geistige Verwirrung, man kann es gar nicht denken.

Allerdings, irgendeine Bedeutung muss die Höhe der Welle schon haben. Denn die Wellenhöhe ist einer der grundlegenden Parameter zur Beschreibung einer Welle. Irgendeine Bedeutung sollte dieser Parameter haben.

Die Höhe der Wellen

Im Grunde genommen haben wir das sogar schon gesagt, welche Bedeutung die Wellenhöhe der elementaren Wellen hat, wir haben es nur in der Hitze des Gefechts nicht so recht gemerkt. Wir brauchen nur nochmal sorgfältig bedenken, was wir vielleicht ein wenig zu nebensächlich schon weiter oben überlegt und gezeichnet hatten. Außerdem wollen wir auch gleich einen Fallstrick durchschneiden, in dem sich erfahrungsgemäß viele Leute verfangen, ohne es gleich zu merken. Die Falle besteht darin, die Wellenhöhe mit der Welle selbst zu verwechseln.

Wenn ich bis zum Bauch im Wasser stehe, und es rollt eine meterhohe Welle auf mich zu, komm ich ja auch nicht auf die Idee, zu sagen, die Wellenhöhe sei «Null», nur weil eben da, wo ich stehe, gerade keine Welle ist. Es kommt nicht darauf an, wie hoch das Wasser zu einem bestimmten Zeitpunkt steht. Sondern die Wellenhöhe beschreibt, wie hoch das Wasser beim Durchlaufen der Welle maximal werden kann. Das ist zwar trivial, aber manchmal vergisst man es.

In unseren vorherigen Zeichnungen, die ja ebenso gut Wasserwellen darstellen könnten, ist also die schwarze Linie nicht die Wellenhöhe. Die schwarze Linie ist sozusagen nur eine Momentaufnahme, einen Moment später sähe es schon anders aus.

In der folgenden Figur sind nochmals die beiden Wellen gezeichnet, diesmal ist aber auch die Wellenhöhe mit eingetragen. Als gestrichelte Linie.

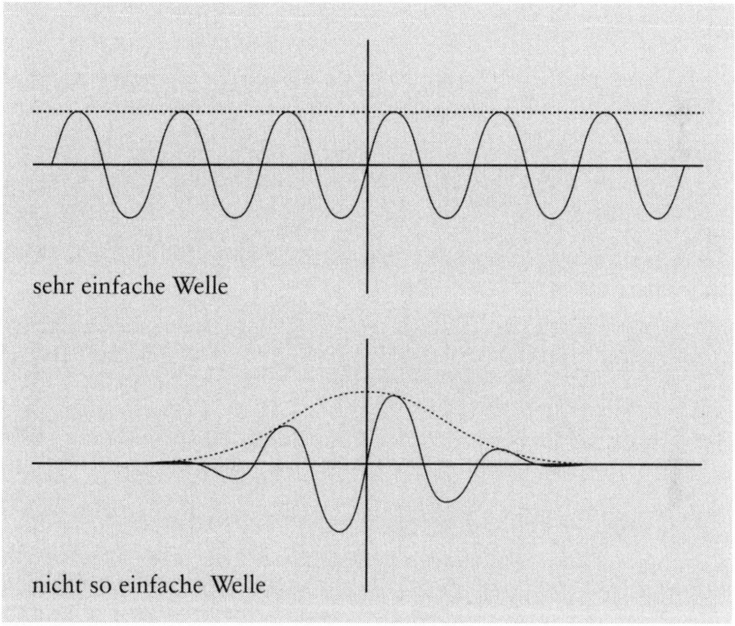

Nun sieht man es sofort: Die Wellenhöhe gibt an, wo das Teilchen sich befindet. Bei der einfachen Welle ist die Wellenhöhe überall auf der Welt gleich. Das Teilchen kann sich überall befinden. Bei der nicht so einfachen Welle ist das Teilchen auf einen bestimmten Bereich begrenzt. Wir können seine Position beliebig eingrenzen, die Zeichnung hat ja keinen bestimmten Maßstab an der Achse. (Genauer gesagt, gäbe das Quadrat der Wellenhöhe an, wo sich das Teilchen befindet, aber das ist für uns egal, wir wollen hier ja nichts rechnen.)

Die Frequenz der Wellen

Wenn die Wellenhöhe nicht die Energie der elementaren Welle angibt, was gibt dann die Energie an? Im Kapitel über Wellen hatten wir gefunden: Die Energie einer nicht-elementaren Welle (in jenem Kapitel haben wir nur über nicht-elementare Wellen gesprochen) hängt ab von ihrer Höhe und ihrer Frequenz. Wenn ersteres bei einer elementaren Welle nicht so sein kann, wenn da die Energie einfach nicht von der Höhe abhängen kann, nun, dann muss sie wohl von der Frequenz abhängen?

Das wäre nahe liegend. Um nachzumessen, ob es stimmt, gibt es eine Menge interessanter Experimente, die auch sehr schön beschrieben sind in den Lehrbüchern (nachschauen unter «Fotoeffekt»). Man kann stattdessen auch an den Strand gehen und sehen, ob man von den Surfern noch mehr lernen kann. Hängt die Energie der elementaren Wellen wirklich von ihrer Frequenz ab?

Photonen machen Surfer braun

Wenn die Wellen nicht hochgehen, was macht da der Surfer? Mit seinem Brett ein wenig auf den Wellchen wackeln, das hat keinen Sinn. Da nimmt er halt sein Sonnenöl, cremt sich dick ein und legt sich in den Sand. Neben seinem Surfbrett, damit man sieht, dass es sich um einen Surfer handelt. Da gucken die Mädels auch wieder hin, weil ja jeder sieht, das ist ein ganz Sportlicher, der gibt sich mit den kleinen Wellen erst gar nicht ab, sondern nur mit den wirklich großen. Außerdem ist er so knackig braun gebrannt, wegen der Sonnencreme. Ohne Sonnencreme wäre er nicht braun, sondern rot. Mit so blöden

Schuppen überall. Und zwar deswegen, weil auch die Lichtwellen des Sonnenlichts aus elementaren Wellen bestehen, den so genannten Photonen.

Wenn so ein Photon mit sehr viel Energie angerast kommt und in eine der Zellen der Haut rummst, so geht die Zelle dabei kaputt. Zuerst wird die Haut rot, so wie ein Krebs im Kochtopf, und wenn man es gar zu toll treibt, so kriegt man Hautkrebs. Deswegen schützt sich die Haut, indem sie dunkle Farbteilchen heranschafft und in die äußeren Hautschichten einbaut. Dann knallen die heranrasenden Photonen schon auf diese und werden gestoppt, ehe sie die empfindlicheren Stellen der Haut erreichen. Das geht natürlich nicht so schnell, dunkle Farbteilchen heranzuschleppen, deshalb braucht es die Creme, damit die Haut erst mal geschützt ist und Zeit hat zum Reagieren.

Auf der Flasche mit der Sonnenmilch steht die Beschreibung, wie gut das Produkt ist und wie gut es gegen «UV-Licht» schützt. Das ist ultraviolettes Licht, Licht mit kurzer Wellenlänge, es bewirkt den Sonnenbrand und somit auch die Bräune. Nur kurzwelliges Licht, UV-Licht, schädigt die Haut.

Auch Strahlung besteht aus Teilchen, hatten wir gesagt. Licht besteht aus Photonen. Wir schließen: Nur kurzwellige Photonen können die Hautzellen zerschlagen. Deswegen wird man auch nicht braun, wenn man sich im Büro unter die Schreibtischlampe legt: Deren Licht enthält keine kurzwelligen Photonen. Die langwelligen Photonen bewirken nichts, offensichtlich genügt ihre Energie nicht. Langwellige Photonen haben zu wenig Energie.

Was wir hier bedenken, ist der so genannte Fotoeffekt, man kann ihn auch beim Fotografieren beobachten. Beim Fotografieren trifft ein Photon auf ein Molekül des Films und zerschlägt es. Dadurch wird das Molekül schwarz. Ein belichteter Film besteht, wenn man ihn unter dem Mikroskop betrachtet, aus lauter einzelnen Punkten. Da, wo viel Licht aufgetroffen ist, da finden sich viele Punkte (hier ist das Foto dunkel), da, wo wenig Licht auftrat, wenig. Um aber so ein Filmmolekül zu zerschlagen, braucht es auch wieder eine gewisse Mindestenergie. Wenn man später beim Filmentwickeln in der Dunkelkammer rotes Licht anlassen kann, so liegt das wohl daran, dass rote Photonen nicht genug Energie besitzen, um die Filmmoleküle zu verändern. Rotes Licht ist wiederum Licht großer Wellenlänge.

Bei Licht ist es also klar. Die Energie seiner elementaren Wellen, der Photonen, hängt von ihrer Wellenlänge ab. Beziehungsweise ihrer Frequenz. Denn Wellenlänge und Frequenz der Photonen hängen eng zusammen, man kann das eine aus dem anderen ausrechnen.

Wenn man genau nachmisst, so findet man:

$$E = h \cdot \nu$$

Die Energie, E, eines Teilchens wächst gleichmäßig mit seiner Frequenz, ν, an. Und natürlich muss man noch wissen, welche Energie eine Teilchenwelle mit der Frequenz von, sagen wir mal, 100 Schwingungen pro Sekunde eigentlich hat. Eine Kilowattstunde oder zwei oder wie viel? Die Information steckt in der «Umrechnungskonstante» h, der so genannten Planckschen Konstante. (Was ich gesagt habe, ist richtig, aber unvollständig, wir müssen später nochmal über das h reden.)

$E = h \cdot \nu$, überrascht uns das? Wir hatten es doch schon im Kapitel über Wellen gesehen: Bei unendlich langen Wellen wächst die Energie der Welle an mit dem Quadrat der Frequenz. Bei endlichen Wellen, die eine bestimmte Länge haben, da wächst die Energie der Welle gleichmäßig an mit der Frequenz der Welle. So wie $E = h \cdot \nu$ eben. Das ist vernünftig, man kann es verstehen.

Und der Impuls eines Teilchens ist: $p = \frac{h}{\lambda}$. Er fällt gleichmäßig ab mit der Wellenlänge des Teilchens, λ.

Die «Plancksche Konstante» ist nach dem Physiker Max Planck benannt. Wie viele andere auch hat Planck verzweifelt versucht, eine Formel zu finden, welche die Abstrahlung der Wärmeenergie eines Körpers beschreibt. Das hätte ohne weiteres möglich sein müssen, weil die Wissenschaft von der Wärme, die Thermodynamik, schon gut genug verstanden war, um diese Art Problem zu knacken. Die Formeln sind aber immer falsch herausgekommen. Bis Planck auf die Idee kam, so zu rechnen, als ob Wärmeenergie nicht gleichmäßig abgestrahlt würde, sondern in kleinen Portionen.

Ohne Quantentheorie könnte ja eine Strahlungswelle der Frequenz ν irgendeine Energie haben, beliebig wenig Energie. Ein Körper, der Energie abstrahlt (heißer Ofen, Glühlampe), könnte beliebig viele Wellen mit beliebig viel oder wenig Energie abstrahlen, das gibt ein totales Durcheinander in den Formeln, wenn man all diese Beliebigkeiten aufsummiert zum Endergebnis, zum falschen Endergebnis. Und da hat der Planck gefunden, dass die Rechnungen nur dann sinnvolle Ergebnisse liefern, die mit der Erfahrung in Übereinstimmung stehen – wenn, ja wenn man annimmt, dass eine Welle der Frequenz ν halt genau die Energie $E = h \cdot \nu$ hat. Nie weniger. Natürlich auch nie mehr.

Und da sitz ich nun in der Patsche. Ein paar Zeilen Planck müssen schon sein, Planck war einer der größten deutschen Physiker überhaupt. Aber wenn ich auch Physiker bin und nicht Schriftsteller, so muss ich doch ein wenig auf die Regeln der Schriftstellerei achten, wenn ich schon ein Buch schreibe. Ein Schriftsteller, auch ein Hobbyschriftsteller, darf sich aber nicht ständig wiederholen, darf nicht immer wieder leicht abgeändert das Gleiche schreiben. Ich darf also nicht schon wieder anfangen mit der alten Leier von der bahnbrechenden Entdeckung, die niemand zur Kenntnis nehmen wollte, was im Falle Plancks aber nicht so schlimm war, denn als er die Quanten fand, da war er schon daran gewöhnt, ignoriert zu werden. Mach ich halt Gebrauch vom Recht der Wissenschaftler, abzuschreiben.

«Plancks Arbeiten wurden in Fachkreisen zunächst überhaupt nicht beachtet. Nicht einmal seine früheren Professoren ... zeigten Verständnis für die neuen Wege, die er ging. Helmholtz las die Planckschen Schriften überhaupt nicht, und

Kirchhoff lehnte ihren Inhalt vollständig ab.»

Für ein Jugendbuch ist die Physik, die jene Leute gemacht haben, ungeeignet, weil öde. Vielleicht wäre sie geeignet für ein Buch für Kleinkinder, aber die können nicht lesen. Und weiter:

«Als Planck unter dem Titel ‹Über das Gesetz von der Vermehrung der Entropie› eine Aufsatzreihe veröffentlichte ... wurde er von dem bekannten schwedischen Chemiker Arrhenius angegriffen. Im Frühjahr 1890 hielt Planck in der Berliner Physikalischen Gesellschaft einen Vortrag. Den Vorsitz der Gesellschaft führte der Physiologe Du Bois-Reymond. Niemand nahm Stellung zu Plancks Ausführungen, nur Du Bois-Reymond übte scharfe Kritik.»

Und so geht die Litanei seitenlang weiter.

Anders als der arme Mayer hatte Planck aber ein paar gute Freunde, die zu ihm gehalten haben, zum Beispiel Einstein. Wenn Planck nicht gerade beim Bergsteigen war und Einstein beim Segeln, so haben sie sich zum Musizieren getroffen, Einstein Geige, Planck Klavier. Beide haben damals in Berlin gelebt, zusammen mit anderen großen Physikern, Dichtern, Medizinern, Theaterleuten, Künstlern, Kunstsammlern. Es muss eine schöne Zeit gewesen sein für Planck, es war eine Menge los, und er hatte viele Freunde.

Nach ein paar Jahren war aber alles vorbei, weil wieder mal die Leute an die Regierung kamen, die das alles nicht wollten, damals nannten sie sich Nazis. Viele der interessanten Forscher, Lehrer und Künstler mussten weggehen von ihrer Arbeit, ihren Studenten, in die Fremde. Ihre Bücher wurden verbrannt, und es ging nur noch bergab. Planck blieb fast alleine zurück, und ein Unglück kam zum anderen. Plancks erster Sohn war schon im lächerlichen Ersten Weltkrieg abgeschlachtet worden, seine beiden Töchter starben über der Geburt ihrer Kinder, seine Frau ist auch gestorben, und den zweiten Sohn haben die Nazis ermordet, weil er sich gegen sie gewehrt hat. Auch Planck selbst hatte Probleme mit den Nazis, war aber wohl zu berühmt, sie konnten ihn nicht so leicht auf die Seite schaffen und haben ihn halt, wie man wohl so sagt, aufs Abstellgleis geschoben. Dafür haben ihm die amerikanischen Flieger ihre Bomben ins Haus geworfen.

Du musst jetzt aber keine Angst bekommen, so abschreckende Lebensläufe haben wohl nur die ganz großen Physiker. Falls du nicht gar zu genial bist, kannst du ganz unbesorgt Physik studieren.

Die Autoformel

Die Formeln $E = h\nu$ und $p = \frac{h}{\lambda}$ sind eigentlich immer gültig. Für Teilchen ebenso wie für Autos. Solange auf das Auto keine Kraft einwirkt, die es in seine einzelnen Bestandteile zerlegt, solange darf ich das Auto als großes Teilchen betrachten. Ein Auto hat also auch eine Frequenz und eine Wellenlänge. Allerdings merkt man das nicht, denn die Energie eines Autos ist sehr groß. h aber hat einen sehr kleinen Wert. Deswegen ist die Frequenz des «Autoteilchens» extrem groß, also seine Wellenlänge klein. Die Wellenlänge eines Autos ist unvorstellbar viel kleiner als das Auto selbst. Deshalb scheint es keine Welle zu sein. Ist es aber doch. Sagt unser Formalismus.

Sollen wir stolz sein, weil wir alles als Welle behandeln können, selbst Autos? Oder sollen wir bedenklich die Augenbrauen hochziehen, weil die Wellennatur eines Autos sich experimentell ja nicht nachweisen lässt? Ich weiß es auch nicht. Anstatt auf dieser Nuss herumzubeißen, lassen wir die Frage lieber offen, wir dürfen das wegen der Kunst, und nach einem viel sagenden Blick in Richtung Apfelbaum fahren wir mit unseren Studien fort.

Das ist also die Quantentheorie: Nicht nur die Materie, sondern auch die Strahlung besteht aus kleinen Stückchen. Sodass man am Ende gar nicht mehr so recht unterscheiden kann, was ist Materie und was ist Strahlung. Und jedes Teilchen, egal ob Materie- oder Strahlungsteilchen, hat immer die Form einer Welle und trägt eine Energie, die ganz genau seiner Frequenz entspricht. Ein ganz bestimmtes Quantum Energie. Daher der Name «Quantentheorie».

Hier endet die Quantentheorie

Die Grundlagen der Quantentheorie sind hiermit gelegt. Es geht natürlich auch ausführlicher: Zum Beispiel haben die meisten Teilchen einen Eigendrehimpuls, so wie ein Kreisel, das kann man auch noch berücksichtigen. Und natürlich gibt es in der Mathematik oft verschiedene Arten, ein und dasselbe Problem zu sehen. Anstatt von Wellen zu sprechen, kann man auch die Mathematik der Gruppen und Operatoren heranziehen. Denn Wellen sind Zahlen, das wissen wir ja schon vom alten Euler. Das wäre aber nur eine andere Art, sich auszudrücken, der physikalische Gehalt bliebe der gleiche. Deshalb lassen wir das alles weg, denn etwas grundsätzlich Neues steckt nicht dahinter.

Den physikalischen Gehalt der Quantentheorie haben wir also abgehandelt. Nun wenden wir sie an. Lass uns zuerst überlegen, wie man aus den flüchtigen Wellen eine stabile Welt bauen kann.

Wir erleichtern uns das Nachdenken, wenn wir über die Energie und die Wellenlänge der Teilchen nachdenken. In der allgemeinen Formel für die Energie kommt ja nur die Frequenz vor, $E = h\nu$, und der Impuls ist $p = \frac{h}{\lambda}$. Wenn man aber von einem ganz bestimmten Teilchen spricht, dessen Masse bekannt ist, so lässt sich natürlich die Energie auch über den Impuls ausdrücken, also mit Hilfe der Wellenlänge λ. (So wie bei einem Auto: Ist seine Masse bekannt und sein Impuls, so hat man auch seine Energie.) Wir können also die Energie des Teilchens bekannter Masse auch über die Wellenlänge errechnen.

Die Wellenlänge eines bestimmten Teilchens, zum Beispiel eines Elektrons, ist umso kürzer, je höher seine Energie ist.

Stehende Teilchenwellen

Um eine stabile Welt aus Wellen aufzubauen, können wir keine freien Wellen brauchen, die sich verlaufen, so wie im Teich. Sondern wir brauchen stehende Wellen, so wie auf der Gitarrensaite.

In der Natur der stehenden Wellen liegt es, den ihnen zur Verfügung stehenden Raum genau auszufüllen. Die Wellenlänge muss genauso groß sein, wie der zur Verfügung stehende Raum, oder genau halb so groß oder genau ein Drittel so groß und so weiter. Wie bei einer Gitarre, das ist in der nächsten Figur gezeigt. An ihren Enden, da, wo die Saite auf der Gitarre aufliegt, und da, wo sie mit dem Finger niedergedrückt wird, da bewegt sich die Saite nicht. Deswegen muss die stehende Welle der Gitarrensaite genau auf die Länge der Saite passen.

Zweimal statt einmal schwingen darf sie schon, auch dreimal und so weiter. Aber eineinhalb oder eine drittel Schwingung kann sie nicht ausführen, so etwas könnte man nur zeichnen (siehe Figur), aber denken kann man es nicht und es kann auch nicht sein.

Das negativ geladene Elektron muss als stehende Welle den Raum um den positiv geladenen Atomkern ausfüllen. Nur

dann kann man von einem stabilen Atom sprechen.

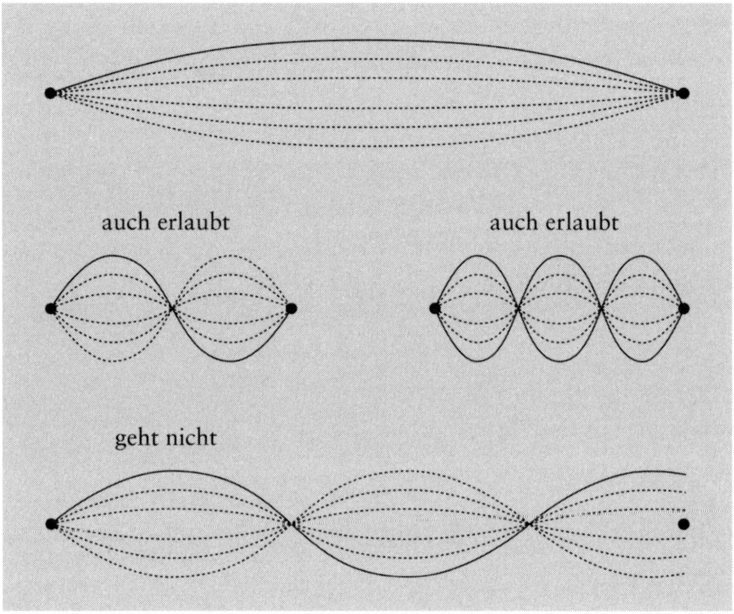

Das Elektron hat also einerseits eine bestimmte Energie, die seiner Wellenlänge entspricht: je länger die Welle, umso weniger Energie. Und es hat andererseits eine bestimmte Energie, die durch seinen mittleren Abstand vom Kern gegeben ist: Je mehr Raum um den Kern es ausfüllt, je weiter es im Mittel vom Kern entfernt ist, umso mehr Energie hat es. (So wie ein Eimer voll Sand: Je höher ich ihn hinaufziehe, je weiter er sich von der Erde entfernt, umso mehr Energie hat er.)

Und natürlich müssen diese beiden Energien identisch sein, die durch die Wellenlänge gegebene Energie und die durch das Raumvolumen gegebene Energie. Denn ein Elektron kann ja nicht gleichzeitig zwei verschiedene Energien haben. Der Raum, den das Elektron um den Kern ausfüllt, muss genau so groß sein, dass seine stehende Welle genau hineinpasst. Das ist es, was die Ausdehnung des Atoms vorgibt.

Das Gleiche nochmal andersrum betrachtet, damit wir sicher sind, es verstanden zu haben: Nimm einen Atomkern mit einem Elektron außen herum. Das Elektron hat eine ganz bestimmte Energie aufgrund seiner Wellenlänge. Und es hat genau dieselbe Energie aufgrund seiner Entfernung vom Kern, also aufgrund der Größe des Raumes, den es um den Kern ausfüllt. Die stehende Welle passt genau in den Raum, den das Elektron ausfüllt, sonst wäre es ja keine stehende Welle.

Nun führen wir in Gedanken ein ganz klein wenig Energie zu. Nur in Gedanken. Das Elektron muss sich nun etwas wegbewegen vom Kern. Aber gleichzeitig soll doch λ abnehmen, die Welle kürzer werden, also nicht mehr, sondern weniger Raum einnehmen. Wie soll das gehen?

Es ist unmöglich, ich kann dem Atom nicht irgendein kleines bisschen Energie zuführen. Sondern ich muss ihm genau so viel Energie zuführen, dass die Elektronwelle zweimal schwingen kann und dabei einen größeren Raumbereich um den Kern erfüllt, so groß, dass wieder die beiden Energien zusammenpassen.

Umgekehrt kann das Elektron auch nicht beliebig Energie abgeben. Ich zitiere mich selbst: «Vielleicht fragen Sie sich, warum das Atom oder, genauer gesagt, sein Elektron nicht irgendwann aufhört zu schwingen. Eine stehende Welle auf der Gitarre hört ja auch nach einiger Zeit auf. Das ist wieder eine Folge des Quantenprinzips. Bei der Gitarre ist die größtmögliche Wellenlänge fest vorgegeben, so wie beim Atom. Aber diese Welle kann bei der Gitarre jede beliebige Energie enthalten. Sie können die Gitarre kräftig schlagen oder nur ein bisschen anzupfen, Sie können sie leise oder laut spielen. Wenn Sie die Gitarre angeschlagen haben, so wird sie allmählich immer leiser. Wobei aber der Ton, die Wellenlänge, gleich bleibt. Die Saite strahlt ihre Energie allmählich ab, bis sie zu schwingen aufhört. Beim Atom haben Sie die Freiheit nicht, die Elektronenwelle könnte nur Energie abgeben, wenn sie länger würde, sonst nicht. Aber länger werden kann sie ja eben nicht, sonst ist sie keine stehende Welle mehr. Deshalb kann sie keine Energie abstrahlen. Da schwingt das Elektron halt immerzu, mangels anderer Perspektiven.»

Lass mich noch darauf hinweisen, dass das Beispiel mit der Gitarrensaite zwar mathematisch korrekt ist, aber du darfst dich davon nicht auf die falsche Vorstellung bringen lassen, die Elektronenwelle um den Kern sähe wirklich wie eine Gitarrensaite aus. Die Gitarrensaite ist ja nur ein Beispiel. In Wirklichkeit schwingt das Elektron in drei Dimensionen, nicht in einer, wie eine Gitarrensaite. Diese Schwingungen bilden räumliche Gebilde, räumliche Muster, die verschiedene Formen haben können, die Form einer Melone oder die eines Rings oder von Keulen und so weiter.

Die Elektronen bilden also stehende Wellen um den Atomkern, so wie die Saite einer Gitarre beim Musizieren eine stehende Welle ausbildet. Nur kann man die Atomgitarren dabei nicht hören. Sie strahlen ihre Schwingungen ja nicht ab. Hätten wir Ohren für Atomschwingungen, so wäre deshalb die Welt trotzdem ganz still, obwohl die Atome beständig oszillieren. Denn ihre Schwingungen geben ja keine Energie ab.

Jedenfalls nicht, solange die Atome nicht miteinander wechselwirken! Nimmt ein Atom Energie auf, so entfernt sich eines seiner Elektronen ein wenig vom Kern und schwingt anstatt einmal nunmehr zweimal hin und her oder dreimal. Das tut es eine Zeit lang, dann hat es genug davon und gibt seine Energie wieder ab. Als Schwingung, die irgendwann bei einem anderen Atom ankommt. Und nun ihrerseits dieses stärker schwingen lässt. Und immer so fort. Hätte man also Ohren für die Atome anstatt Ohren für die Gitarre, so würde man die Atome manchmal doch hören, aber nicht, weil sie schwingen, sondern dann, wenn sie miteinander kommunizieren.

Kann man die Atome zum Schweigen bringen? Ja, dazu muss man ihnen nur den Mund verbieten, indem man sie sehr stark abkühlt, sie einfriert. Bis sie keinen Mucks mehr von sich geben. (Innerlich schwingen tun sie deswegen aber immer noch.) Wenn man die Atome dann wieder auftaut, so schnattern sie sofort wieder wild durcheinander. Bis sie sich, wenige zuerst, dann immer mehr, zu Gruppen finden, in denen sich das regellose Schnattern zunehmend ordnet, wie zu einem Wechselgesang, mit Zuruf und Antwort.

Die Ordnung greift um sich, und bald haben sich die geordneten Gruppen aufeinander eingestimmt und wirken zusammen, so vielstimmig und harmonisch, wie es kein Menschenchor je kann. Doch seltsam, weit weniger noch als bei einem Menschenchor bedeutet Ordnung hier Ruhe: Ein Atom, das isoliert nur einmal pro Stunde sich mit der Welt austauscht, ein Energiequant empfängt oder versendet, tut das Gleiche im Verband vieltausendmal pro Sekunde. Sodass die Chöre immer gewaltiger brausen, denn eins bedingt das andere: Das Aufbrausen des Chors ist es, was seine Ordnung verstärkt, das Anwachsen der Ordnung steigert das Aufbrausen des Zusammenspiels, das immerzu gewaltiger tönt und unbeirrbar fortfährt, sich immer noch zu steigern. Bis es endlich die Augen aufschlägt und sagt: «Ich.» Und sich auf die Suche nach seinem Dirigenten macht. Und selbst anhebt, zu singen und zu jubeln. Während der Rest des Universums, die große Mehrheit der isolierten Atome, in umso eisigeres Schweigen verfällt. Denn sie sind tot.

Ich denke, in einem Kapitel über Atomphysik darf man Derartiges wohl schreiben. Ich sag ja nur, wie sich die Atome verhalten, sag nur, was jeder auch selbst sieht. Themaverfehlung würde es erst, wollte man erklären, warum sich die Atome so verhalten. Da erst verließe man die Atomphysik.

Erinnerst du dich an unseren Besuch in der alten Kirche deiner Stadt? Wo wir diese seltsamen lateinischen Zahlen gefunden hatten, die so unbeholfen kindisch sind und die vor etwa tausend Jahren ersetzt wurden durch die natürlichen Zahlen, die von den Indern und Arabern zu uns kamen, jenen großen Mathematikern und Märchenerzählern?

Lass uns dahin zurückgehen, in diesen alten Kirchen ist es ja immer sehr still, solange die älteren Fräuleins nicht singen, und man kann gut nachdenken. Der Organist übt gerade, es klingt sehr schön, und man möchte sich fragen, ob die Physik dazu etwas sagen kann, warum es schön klingt. Aber so weit sind wir noch nicht, um darüber nachdenken zu können. Denken wir lieber darüber nach, wie so eine Orgel funktioniert.

Es ist einfach. Die Tastatur ist mit einem Luftgebläse verbunden, und das bläst in eine der Orgelpfeifen, je nachdem, welche Taste der Organist drückt, und dann schwingt die Luft in der Orgelpfeife. Genauso, wie sie es tut, wenn du in eine kleine Pfeife bläst. Zum Beispiel so eine, wie sie der Schiedsrichter beim Fußball benutzt. Diese Schwingungen übertragen sich auf die umgebende Luft und werden in ihr weitergeleitet. Schallwellen sind das also, Luft, die sehr schnell hin und her schwingt, wellenförmig. Das Ohr kann diese Schwingungen wahrnehmen. Ob der Ton ein C ist oder ein F, das hängt von der Frequenz der Schwingung ab. Dein Ohr misst also Frequenzen.

Der so genannte «Kammerton A» zum Beispiel hat eine Frequenz von 440 Hertz, das bedeutet, die Luft schwingt in jeder Sekunde 440-mal. Wir lassen den Organisten einen einfacheren Ton spielen, einen, der 100-mal in der Sekunde schwingt. Dein Ohr zählt jede Schwingung mit, «1, 2, 3, 4 … 100», zählt es. In einer Sekunde. 100 Schwingungen pro Sekunde, das macht 100 Hertz. (Wie dein Ohr das fertig bringt? Das ist hochinteressant und wirklich spannend, das Ohr misst eigentlich eine Länge, die zusammenhängt mit der Frequenz, tut also das spiegelbildlich Umgekehrte wie die Orgelpfeife, deren Töne ja auch abhängen von der Länge der Orgelpfeife.) Jede hundertstel Sekunde schwingt die Luft also einmal hin und her.

Stell dir nun vor, du hörtest nur eine halbe hundertstel Sekunde zu, oder die Orgel würde nur für eine halbe hundertstel Sekunde blasen. Was würde das Ohr hören? Es könnte nur feststellen, wie sich die Luft «irgendwie bewegt hat», eine bestimmte Frequenz angeben könnte es nicht. Was hätte es denn abzählen sollen? Dein Ohr würde einen leisen Knall melden oder ein Knacken oder so was Ähnliches, aber keinen Ton bestimmbarer Frequenz.

Ich weiß allerdings nicht, ob man eine wirkliche Orgel tatsächlich nur eine halbe hundertstel Sekunde anschlagen kann, man müsste den Organisten fragen. Falls so kurz anschlagen zu schwierig ist für den Organisten, könnte man aus einer kaputten Orgel eine Pfeife ausbauen, sie mit Schwarzpulver laden und abfeuern. Außerhalb der Kirche, wegen der schönen Fenster. Ob die Orgel mit Luft betrieben wird oder mit dem Gas einer Schwarzpulververbrennung, sollte nebensächlich sein. Wichtig ist die kurze Dauer der Explosion, sie ist sicher schon nach einer halben hundertstel Sekunde vorbei.

Welchen Ton gäbe das? Gar keinen, es gäbe nur einen Knall. So wie bei einer Kanone oder einem Gewehr. Eine Kanone, ein Gewehr ist ja im Grunde genommen auch nichts anderes als eine Orgelpfeife, nur fehlt das Mundstück der Pfeife. Würde man ein Mundstück anschrauben, so wie es eine Flöte hat, nur größer, so könnte man jedes Gewehr als Orgelpfeife verwenden. Ein Gewehr könnte, wenn man es nur vernünftig verwendet, die schönste Musik machen. Wenn ein Gewehr lediglich knallt, so kann es dazu nichts, es liegt daran, dass die Explosion im Gewehr schon in einem winzigen Sekundenbruchteil vorbei ist.

Was geschieht, wenn ich ein wenig länger zuhöre, sagen wir,

fünf hundertstel Sekunden? Egal ob mit Ohr oder Messinstrument: Nun kann ich so einigermaßen die Frequenz messen. Fünfmal hat die Luft geschwungen, so zählt das Ohr, in fünf hundertstel Sekunden, das macht 100 Hertz. Genau 100? Na ja, so in etwa halt. Denn auch eine Frequenz von 110 Hertz hätte bewirkt, dass in einem Zeitraum von $\frac{5}{100}$ Sekunden das Ohr bis fünf zählt.

Und dieses Argument kann man ausbauen: Wenn ich genau die Frequenz einer Schwingung feststellen will, so muss ich entsprechend lange warten, eine große Zahl von Schwingungen abzählen. Bei wenigen Schwingungen kann ich die Frequenz nicht genau feststellen. Je länger ein Wellenzug ist, desto genauer kann man seine Frequenz und Wellenlänge bestimmen.

Ich hab das nur so in etwa erklärt, damit du dir vorstellen kannst, worum es geht. Du kannst es aber auch genau herleiten, es ist reine Mathematik (im Mathebuch steht es unter «Fourriertransformation»). Gilt also für alle Wellen. Für Orgelpfeifenwellen genauso wie für Teilchenwellen: Wenn die Welle sehr kurz ist, so hat es keinen Sinn, die Wellenlänge (= Abstand zwischen zwei Wellenbergen oder Tälern) sehr genau messen zu wollen. Das nennt man Unschärferelation.

Die Unschärferelation ist bei allen Wellen gültig. Bei Teilchenwellen ist lediglich zu berücksichtigen, dass die Länge der Welle den Impuls des Teilchens angibt: $p = \frac{h}{\lambda}$. Wenn nun die Ausdehnung eines Teilchenwellenzuges aussagt, wo sich das Teilchen befindet, und die Wellenlänge λ gibt den Impuls des Teilchens an – so besagt in dem Fall die Unschärferelation, dass man Impuls und Ort eines Teilchens nicht gleichzeitig beliebig genau angeben kann.

Als Formel: $\Delta x \, \Delta p \geq \frac{h}{2\pi}$

Manche Leute tun so, als sei diese Unschärfe bei der gleichzeitigen Bestimmung der Position und der Länge einer Welle eine ganz besondere Eigenschaft der Teilchen, sie sagen «der mikroskopischen Welt». Und behaupten, die Physik stelle somit fest, in der mikroskopischen Welt nichts mehr Genaues feststellen zu können, sie sei also ironisch. Andere Leute murmeln, hier ende ja wohl die Objektivität der Wissenschaft. Und dergleichen mehr. Das ist alles Schmarn. Die Unschärfe der begrenzten Wellenzüge hat mit Teilchen oder Nicht-Teilchen gar nichts zu tun.

Genauso gut könnte man raunen, wie ironisch doch die Orgeln seien, deren Wellen sind ja auch irgendwo im Raum, man weiß nicht genau wo. Aber es ist besser so. Denn wäre die Schallwelle der Orgel genau zu lokalisieren, so klänge sie scheußlich.

Vermutlich ist dieses Geraune schlichtweg eine Nachwirkung der Heisenbergschen Propaganda. Heisenberg hat 1927 auf die Unschärferelation aufmerksam gemacht und das als ganz enorm überraschende Entdeckung der Teilchenphysik präsentiert. So als ob er eine besondere Eigenschaft der Teilchen entdeckt hätte. Das ist aber Unsinn, es ist reine Mathematik der Wellen. Genauso gut könnte man die gesamte Physik «Graßmann'sche Physik» nennen, weil in jedem Gebiet die Vektoren vorkommen, die der Herr Graßmann entdeckt hat.

Mir ist der Heisenberg unsympathisch. Er hat für die Nazis an der Atombombe gearbeitet oder an Projekten, die zur Bombe führen sollten. Und als er gestorben war, haben seine Freunde einen Fackelzug vor seinem Haus veranstaltet – Jahre nach dem Ende des Dritten Reiches, dessen Spezialität die Fackelzüge ja waren: «Sage mir, wer Deine Freunde sind, und ich sage Dir, wer Du bist.» Angeblich soll er sein Institut an seinen Schwiegersohn «vererbt» haben, nachprüfen kann ich es nicht, weil dergleichen ja nicht im Lexikon steht. Im Lexikon steht nur, dass er drei Professuren gleichzeitig innehatte, an weit voneinander entfernten Orten. Vermutlich, um dreimal so viel Physik machen zu können.

Der Punkt

Wir hatten uns vorgestellt, wie eine Wasserwelle ihre Energie, über den ganzen Strand verteilt, allmählich abgibt. Aber bei der Welle eines elementaren Teilchens kann es nicht so sein, sonst wäre es nicht elementar. Lass es uns genauer betrachten.

Wir produzieren irgendein Teilchen. Ein Elektron oder ein Quark oder ein Photon. Am besten ein Photon, das ist einfach, wir brauchen nur die Nachttischlampe anschalten. Das Teilchen beginnt nun, sich als Welle auszubreiten. Wenn ich das Photon nachweise, zum Beispiel mit einem Film, so werde ich es irgendwo dort finden, wo seine Welle eine Höhe hat, die nicht gleich Null ist. Überall da, wo seine Welle existiert, also nicht gleich Null ist, kann ich es finden. Die Wahrscheinlichkeit, es an einem bestimmten Ort zu finden, hängt ab davon, wie hoch die Welle dort ist.

Wir lassen uns ruhig etwas Zeit, damit sich die Teilchenwelle schön weit ausbreiten kann. So, jetzt holen wir unseren Film heraus und stellen ihn auf, und ab und zu schauen wir nach, ob das Photon schon absorbiert wurde ... jetzt ist das Photon absorbiert worden! An einer bestimmten Stelle des Films hat ein Filmmolekül das Photon eingefangen. In genau dem gleichen Moment muss die Wellenfunktion des Photons verschwinden, denn es gibt nun kein Photon mehr. Sie muss nicht nur an der Stelle verschwinden, wo das Photon verschluckt wurde, sondern überall auf der Welt. Denn wenn von der Welle irgendwo auf der Welt auch nur ein klein wenig übrig wäre, so gäbe es an jener Stelle immer noch eine bestimmte Wahrscheinlichkeit, das Photon nachzuweisen. Dann hätte man ja zwei Photonen. Obwohl man doch nur eines erzeugt hat. Das darf nicht sein, denn ein Photon ist elementar.

Wohlgemerkt, es genügt nicht, die Welle «sehr schnell» verschwinden zu lassen, sondern «sofort» muss es sein, ohne dass Zeit vergeht. Sonst käme es ja hin und wieder vor, dass zufälligerweise, gleichzeitig mit der Absorption des Photons, an einer anderen Stelle, wo die Welle noch nicht ganz verschwunden ist, halt doch schnell noch das gleiche Photon, die gleiche Welle, ein weiteres Mal absorbiert wird. Wenn die Wellenfunktion verschwindet, so tut sie das sofort und gleichzeitig überall auf der Welt. Mit unendlich großer Geschwindigkeit. Sonst kann das Photon nicht elementar sein. Das ist zwar seltsam, aber erlaubt, denn der Vorgang des Verschwindens überträgt ja keine Information.

Er überträgt keine Information, weil niemand auf der Welt etwas gemerkt hat von der Welle. Solange das Photon nicht mit irgendwas wechselwirkt, ist von seiner Welle nichts zu merken. Das «unendlich schnell» bezieht sich also auf etwas, das nur an der Stelle bemerkbar ist, wo das Photon absorbiert wird, sonst nirgends. Es ist also, wenn ich das ein wenig riskant formulieren darf, etwas «nicht Beobachtbares» und insofern «nicht überall Wirkliches», das unendlich schnell verschwindet.

Das Photon wird vom Molekül eingefangen, so haben wir gesagt. Es hätte aber auch von einem einzelnen Atom verschluckt werden können oder einem einzelnen Elektron oder einem Quark. Rein theoretisch könnten auch Quarks aus noch kleineren Teilchen bestehen, die hießen dann Präonen. Theoretisch gesehen kann ein Photon von einem Präon geschluckt werden. Es kann also in einen beliebig kleinen Raumbereich verschwinden.

Die Welle des Photons verschwindet also von einem beliebig großen Volumen des Raums unendlich schnell in ein beliebig kleines Volumen des Raums. Und da kann man guten Gewissens sagen, es verschwindet in einen Punkt. Es handelt sich um ein Punktereignis. Es anders zu formulieren, wäre Haarspalterei.

In vielen Büchern steht ja von den Teilchen sinngemäß: «Teilchen sind manchmal auch Wellen.» Wodurch nicht viel gesagt ist, denn man fragt sich, was sind die Teilchen, wenn sie nicht gerade Wellen sind? Die Bücher sagen das meist nicht ausdrücklich, aber aus dem Zusammenhang ist oft klar, dass man annimmt, Teilchen seien eigentlich Punkte. Ich glaube, damit ist im Grunde genommen dieses «Punktförmige» in der

Wechselwirkung der Teilchenwellen gemeint. Insofern sind Teilchen Punkte. In ihrer Wechselwirkung benehmen sie sich wie Punkte, aber ansonsten sind sie Wellen.

Die Meereswelle gibt ihre Energie über den ganzen Strand verteilt ab und verschwindet dabei. Die Welle des Photons, mag sie auch noch so ausgedehnt sein und das ganze Universum ausfüllen, gibt ihre Energie in einem beliebig kleinen Raumgebiet ab und verschwindet dabei überall. Insofern ist das Photon (oder Elektron oder was auch immer) in seiner Wechselwirkung ein Punkt.

Quo vadis, quantum?

Es ist alles logisch und in sich widerspruchsfrei und richtig. Aber ein wenig seltsam ist es gleichzeitig auch: «beliebig kleine Punkte» und «Wellen, die unendlich schnell verschwinden». Ich weiß nicht, wie ich es besser formulieren sollte. Es gibt schönere Gedanken.

Ich persönlich, andere Leute mögen das anders sehen, finde die Quantentheorie in sich schlüssig, notwendig, logisch, und man kann alles mit ihr ausrechnen und die Rechnungen stimmen immer. Aber sie hat in ihrer gegenwärtigen Form nicht die einfache Schönheit, die ich von einer grundlegenden Theorie erwarten würde. Ich hab das Gefühl, irgendwas fehlt. Was wir haben, ist nicht falsch, aber es ist unvollständig, unvollkommen. Vielleicht werden die Stringtheoretiker das Fehlende liefern? Oder vielleicht du?

Ich habe versucht, die Grundlagen der Quantentheorie so zu erklären, dass man es gut verstehen kann. Weil ich finde, es genügt nicht, die Formeln zu wissen. Die Formeln führen zu nichts, wenn man ihren Sinn nicht versteht. Umgekehrt versteht man die Formeln viel leichter, wenn man kapiert hat, worum es eigentlich geht. Dabei habe ich versucht, meine Erklärungen möglichst daran auszurichten, was man normalerweise in den Schulbüchern geschrieben findet.

Ein oder zwei Seiten will ich noch hernehmen, um dir zu erzählen, wie ich persönlich die Quantentheorie sehe. Ich werde dabei genau das Gleiche sagen wie vorher, nur anders formuliert und unter einem anderen Gesichtspunkt. So eine Art Eselsbrücke, die mir persönlich die Quantentheorie verschönert.

Die Quantentheorie heißt so, weil elementare Wellen einer bestimmten Frequenz immer die gleiche Energie haben, so hatte ich erklärt. $E = h\nu$. Das ist zwar wahr, aber nur die halbe Wahrheit. Was wirklich gequantelt ist, ganz unabhängig von irgendwelchen Frequenzen oder sonst etwas, das ist nicht die Energie, sondern die Wirkung, h; h ist die Wirkung einer Welle mit der Energie E und der Frequenz ν. Und die ist immer gleich, ist konstant.

Was «Wirkung» ist, habe ich nicht erklärt, weil es in den Schulbüchern nicht vorkommt. Die allgemeinste Definition von Energie ist $E = F \cdot l$, Impuls ist $p = F \cdot t$, Wirkung ist $F \cdot t \cdot l$. Einfach. Ist nicht meine Erfindung, sondern ist so, die Wirkung ist eine physikalische Größe, genauso gut wie Impuls oder Energie.

Und diese Wirkung eben ist es, was gequantelt ist, $E = h\nu$: Jede elementare Welle hat immer die gleiche Wirkung h. Nicht $1{,}2 \cdot h$ oder $0{,}99 \cdot h$, sondern h.

Normalerweise beschreibt man die Bewegung eines Körpers, eines Teilchens, durch seinen Impuls oder seine Energie.

Man kann aber auch seine Wirkung nehmen, stattdessen. (Für den sehr fortgeschrittenen Leser: Auch die Drehbewegung eines Teilchens, den so genannten Spin, beschreibt man durch seine Wirkung.)

Dann sagt unsere Formel E = hν: Alle Teilchen bewegen sich mit der gleichen Wirkung h, immer, seit allen Zeiten, bis in alle Zeiten, überall, alle Teilchen. Und es hängt nicht vom Beob-

achter ab! Welchen Impuls oder welche (Bewegungs)energie ein Teilchen hat, das hängt auch von mir ab. Der Impuls ist ja etwas, das eine Beziehung zwischen mir, dem Beobachter und dem Teilchen beschreibt. Bewege ich mich zusammen mit dem Teilchen, so hat es keinen Impuls. Bei der Wirkung ist das anders, sie hängt nicht vom Beobachter ab, sondern ist eine Eigenschaft des Teilchens selbst.

Zwei Fragen stellen sich: Erstens, wie kommt es, dass die Teilchen nie ihre Wirkung verändern? Wenn eine Kraft F auf ein Teilchen wirkt, eine Zeit lang t, über eine Strecke l, so muss die doch wohl dem Teilchen Wirkung zuführen? Zweitens, wie kommt es, dass alle Teilchen die gleiche Wirkung haben? Selbst wenn ein Teilchen seine Wirkung nie ändern darf, so ist damit noch nicht erklärt, warum alle Teilchen genau die gleiche Wirkung haben.

Zum ersten Punkt gibt es nur eine Lösung, so scheint mir: Es gibt keine Kraft. Teilchen spüren ihr Leben lang nie irgendeine Kraft. Nehmen wir ein Beispiel: Zwei Elektronen rasen aufeinander zu. Weil sie beide negativ geladen sind, so beginnen sie, sich abzustoßen. Je näher sie sich kommen, umso stärker. Durch diese Abstoßungskraft werden sie abgebremst. Etwas genauer gesagt, die Trägheitskraft der Elektronenmasse will das Elektron weiter nach vorne schieben, die bremsende Kraft der Ladung will das nicht, die beiden Kräfte heben sich genau auf. Das haben wir am Anfang des Buches behandelt. Das Elektron spürt beim Abbremsen keine Kraft. Es ändert schlichtweg sein Bezugssystem, sonst nichts.

Warum spürst du eine Kraft, wenn der Omnibus abbremst?

Weil du aus verschiedenen Teilen bestehst. Die Bremskraft wirkt auf deine Füße (wenn du stehst), aber die Trägheitskraft wirkt auf den ganzen Körper, überall. Der Körper spürt also eine Kraft an einer Stelle des Körpers und eine andere Kraft an einer anderen Stelle. Das Elektron besteht aber nicht aus verschiedenen Teilen, alle Kräfte, die auf ein elementares Elektron wirken, heben sich sofort und unmittelbar auf. Sonst wäre es ja nicht elementar. Wären Elektronen aus feinstem Porzellan oder aus dünner Eierschale, so bräuchte man doch keine Angst um sie zu haben. Sie zerbrechen nie.

Warum haben diese unzerbrechlichen Teilchen aber alle die gleiche Wirkung? Da sehe ich persönlich nur eine Möglichkeit. Die Wirkung eines Teilchens ist eine Eigenschaft des Raumes selbst. Der ist der gleiche für alle Teilchen, deshalb haben alle Teilchen die gleiche Wirkung. So wie mit der Lichtgeschwindigkeit: Sie ist eine Eigenschaft des Raumes selbst, deshalb haben alle Photonen die gleiche Lichtgeschwindigkeit.

Das ist eine sinnvolle Vorstellung, denn auch die grundlegenden Formeln $E = h\nu$ und $p = \frac{h}{\lambda}$ sagen nichts anderes: Frequenz und Länge sind zeitliche und räumliche Eigenschaften. Nichts sonst. Mit den Formeln $E = h\nu$ und $p = \frac{h}{\lambda}$ sind im Grunde genommen «Energie» und «Impuls» abgeschafft, weil unnötig. Ein Teilchen ist durch seine zeitlichen und räumlichen Eigenschaften vollständig beschrieben. Liegt es da nicht in der Tat nahe, es selbst als Eigenschaft von Raum und Zeit zu betrachten?

Dabei ergibt sich die Ruhemasse des Teilchens aus dem Verhältnis von λ und ν. (So wie sich die Masse eines Autos ergibt aus seiner Bewegungsenergie und seinem Impuls.) Womit auch die Masse des Teilchens eine Raumeigenschaft ist.

Wenn sich in irgendeinem Körper eine Welle ausbreitet, so stehen Frequenz und Wellenlänge in einem bestimmten Verhältnis zueinander, die Frequenz ist also eine Funktion der Wellenlänge. Diese Funktion nennt man «Dispersionsrelation». Die Dispersionsrelation ergibt sich aus den grundlegenden Eigenschaften des jeweiligen Körpers. In den meisten Materialien existieren verschiedene Dispersionsrelationen.

Man könnte, so gesehen, sagen: «Es gibt auf der Welt eigentlich nur eine Teilchenart, das Urteilchen, es ist eigentlich eine Raumeigenschaft. Es kann in verschiedenen Dispersionsrelationen herumspazieren», also verschiedene Massen haben.

Telefon geht nicht, schade

Mir gefallen diese Gedanken, und gerne würde ich mit den alten Griechen darüber telefonieren, wenn das nur ginge. Schade. Es steht aber nicht so in den Büchern, schreib diese Dinge also um Himmels willen nie in einer Schularbeit, sonst gibt es vielleicht eine Katastrophe.

Heilige Quanten (Quantentheorie III)

Die Welt ist vor soundso viel Milliarden Jahren aus einer riesigen «Explosion» entstanden. Genauer gesagt, war sie vor soundso viel Milliarden Jahren zusammengequetscht in ein winziges Volumen, das sich dann schnell ausgedehnt und abgekühlt hat. Das nennt man den Urknall. Wir wissen das deswegen, weil alle Sterne und Galaxien voneinander wegfliegen, umso schneller, je weiter sie voneinander entfernt sind. Da brauchst du nur zurückrechnen.

Die Theoretiker können ziemlich weit zurückrechnen und können sagen, wie das Weltall nur tausendstel Sekunden nach diesem «Urknall» ausgesehen hat. Na ja, was heißt schon «ausgesehen», sagen wir lieber, «welche Eigenschaften es gehabt hat». Ziemlich weit also können sie zurückrechnen, aber nicht beliebig weit. Wenn man zu weit zurückrechnet, so kommt es zu den berühmten Unendlichkeiten, die Theorie bricht zusammen, verwirrt und verhaspelt sich, und wenn man auch noch so sehr an ihr rüttelt, so stottert sie schockiert nur noch Unsinn vor sich hin, egal, was man sie fragt.

Diese Verwirrung liegt vermutlich nicht am Urknall, sondern an unseren Theorien. Um über den Urknall zu reden, braucht man sowohl die Relativitätstheorie als auch die Quantentheorie, und man braucht sie beide gleichzeitig und zusammen. Massen beeinflussen ja den Raum, so sagt die Relativitätstheorie, sie krümmen ihn. Wenn man nun das ganze Universum auf Stecknadelkopfgröße zusammenstauchen will, das kannst du dir vorstellen, da geht es rund mit dem armen Raum. Und natürlich, wenn man es genau betrachten will und nicht nur so in etwa, so braucht man die Quantentheorie, das gilt ja sogar für Eisenbrücken, wie wir gesehen haben, und erst recht gilt es für den Urknall.

Wir haben die Spezielle Relativitätstheorie berücksichtigt, um die Quantentheorie herzuleiten, indem wir gesagt haben, «starre Körper sind nicht erlaubt». Es gibt also eine Verbindung zwischen Spezieller Relativitätstheorie und Quantentheorie. Die Allgemeine Relativitätstheorie, die davon handelt, wie der Raum durch die Massen gekrümmt wird, die ist leider noch nicht mit der Quantentheorie verbunden. Was die Teilchen machen, wenn man den Raum ganz extrem misshandelt, ist deswegen unbekannt. Wie der Raum aussieht, wenn man viele Teilchen einander extrem annähert, ist unbekannt.

Das ist schade, dass wir noch nicht bis zum Urknall zurückrechnen können. Denn die Menschen möchten natürlich schon gerne wissen, wie es damals war. Und warum es so war. Und wie es gekommen ist. Vor allem auch Leute, die gerne über Gott nachdenken, wollen es wissen, was die Physik zum Anfang der Welt zu sagen hat.

Manche Leute wollen es so dringend wissen, wie es damals war, dass sie bisweilen so werden wie die Kinder, die ganz kleinen, die es nicht erwarten können, bis das Christkind kommt. Zum Glück gibt es das Fernsehen, damit kann man die kleinen

Kinder ablenken, bis sich der Vater einen Bart umgebunden hat und seine rote Weihnachtsmannjacke anzieht und die Kinder zufrieden sind. Aber die armen Erwachsenen, die wissen wollen, wie es war, was machen die?

Manche sagen einfach: «Die Physik kann nichts sagen über den Urknall, ist also unzuständig. Dann ist eben der liebe Gott zuständig, das haben wir schon immer gesagt. Und weil es jemanden, der zuständig ist, wohl auch gibt, sonst könnte er ja nicht zuständig sein, so ist damit der liebe Gott endlich bewiesen.» Andere versuchen, da, wo die Theorie aufhört, zu raten, wie es denn wäre, wenn die Theorie nicht aufhörte. Und machen sich halt so ihre Gedanken. Aber wenn sie fertig sind mit dem Denken, so vergessen sie, dass sie doch eigentlich nur mal so geraten haben. Denn sie halten das Unwissen über den Anfang nicht aus. Ach, es ist schlimmer als Weihnachten.

Ich finde, diese Ungeduld ist nicht gut für die Religion und nicht für die Physik. Man sollte lieber daran arbeiten, die Quantentheorie und die Relativitätstheorie zu verbessern. Mit der Stringtheorie oder mit was auch immer.

Arme Religion

Um das Interesse der Religion an der Physik recht zu verstehen, muss man sich ein wenig in Geschichte auskennen. Ganz früher einmal gehörten Religion und Physik zusammen, bei den Hebräern war es so und in gewisser Weise auch bei den Griechen (das hab ich wieder mal in meinem ersten Buch beschrieben). Vor etwa 2000 Jahren hat sich die Religion dann von der Physik getrennt. Nicht nur von der Physik, sondern von der Wissenschaft. Die Wissenschaft ist seitdem aber sehr stark angewachsen, sodass für die Religion immer weniger Raum bleibt. Wohlgemerkt, ursprünglich ist das nicht so gewesen, und so etwas geht auf Dauer natürlich auch nicht gut. Es gibt deshalb ein starkes Bestreben, diese Abtrennung der Religion von der Physik rückgängig zu machen.

Dabei wird immer wieder der Fehler gemacht, Gott und Physik ausgerechnet im Urknall zusammenfügen zu wollen. Man siedelt wiederum die Religion da an, wo keine Physik ist. Wo noch keine Physik ist, aber vielleicht einmal sein wird. Erstens hat man damit nicht die Abspaltung zwischen Religion und Physik beseitigt, sondern im Gegenteil aufrechterhalten. Zweitens, was wird, wenn jemand mit einer Theorie kommt, die bis in den Urknall hineinreicht? Noch dazu ist es sowieso vergebliche Liebesmühe, sich einen Gott auszudenken, der nur für den Urknall zuständig ist und für nichts sonst. Da kann man es gleich bleiben lassen.

Wenn überhaupt, so kann man Religion und Physik nur da zusammenfügen, wo die Physik feste Fundamente hat. Nicht da, wo es noch gar keine Physik gibt. Denn sonst müssen ständig nur die Möbelpacker kommen und der Religion beim Umziehen helfen.

Arme Physik

Der Lukasische Professor Stephen Hawking, gibt ein schönes Beispiel für die Werbeveranstaltungen, die mit dem armen Urknall betrieben werden. Wenn ein Nicht-Physiker dessen Bestseller «Eine kurze Geschichte der Zeit» liest, so bekommt er erstens den Eindruck, der Herr Hawking persönlich hätte die Schwarzen Löcher erfunden. Dabei hat man Schwarze Löcher schon vorher ausgerechnet, der Herr Hawking hat lediglich ein wenig mit der Quantentheorie am Rand des Schwarzen Loches herumgepopelt. Womit wenig gewonnen ist; wer ein rechter Mann sein will, müsste mit der Quantentheorie direkt in die Höhle des Schwarzen Lochs gehen, in sein Zentrum!

Und zweitens gewinnt der Nicht-Physiker den ebenso falschen Eindruck, die vom Lukasischen Professor Hawking vorgestellten Spekulationen seien richtige Physik, weil der Professor Hawking, der ist ja ein ganz Berühmter, und er hat sogar die Schwarzen Löcher erfunden, wenn der etwas sagt, muss es wohl stimmen.

So etwas nennt man Autoritätsbeweis. Das ist ganz schlecht für die Physik. Arme Physik. Physik soll man verstehen, sonst hört es auf, Physik zu sein. Dann nennt man es Esoterik.

Die Vorstellung des Herrn Hawking ist, dass Raum und Zeit zu einer Kugel gekrümmt sind. Auf einer Kugel, zum Beispiel der Erdkugel, kann man immerzu weitermarschieren, sie hört nirgends auf. Aber bei allem Marschieren geht es irgendwann trotzdem nicht weiter. Ich kann bis zum Nordpol marschieren, aber nicht über den Nordpol hinaus. Marschiere ich, am Nordpol angekommen, weiter, so komme ich wieder zum Äquator zurück.

Und da, wo bei der Erdkugel der Nordpol ist, da wäre auf der Raum-Zeitkugel der Anfang der Zeit, sozusagen. Man kann somit bis zum Anfang der Zeit zurückgehen, aber es hat keinen Sinn, zu fragen, was vorher gewesen sei. Das wäre so, wie zu fragen, was nördlich des Nordpols käme. Sagt der Herr Hawking.

Und natürlich kann man auf so einer Kugel auch nach vorne marschieren in der Zeit, da hört sie dann auf, ohne dass aber die Kugel aufhört.

Das ist aber alles erfunden, in Wahrheit fehlen uns heutzutage einfach noch die Denkinstrumente, um uns dem Urknall mehr als auf einen soundso großen Bruchteil einer Sekunde nähern zu können.

Außerdem hat der Herr Hawking einen wenig feinen Sprachtrick angewandt: Wenn jemand fragt: «Was war vor dem Urknall?», so ist das doch keine Frage nach der Uhrzeit. Er will ja gar nicht wissen, was war eine Minute vorher und einen Monat vorher. Sondern eigentlich will er nur wissen, warum es zum Urknall gekommen ist. Er will nicht eine Zeit wissen, sondern einen Grund. «Warum war der Urknall?», will er wissen, nicht: «Um wie viel Uhr war er?»

Selbst wenn die Geschichte mit der Hawking-Kugel rein zufälligerweise stimmte, könnte ich trotzdem noch fragen: «Woher kommt die Kugel denn?»

Bis heute ist unklar, wie es zum Urknall kam, wie es im Urknall war und wie vorher. Wir haben nicht einmal die richtigen Bezeichnungen, Namen, Denkweisen, um an das Problem herangehen zu können. Was kein Wunder ist, denn gegenwärtig sind unsere einzigen verfügbaren Theorien die Quantentheorie und die Relativitätstheorie. Leider versagt die Quantentheorie da, wo die Relativitätstheorie funktioniert, und umgekehrt. Wird man es eines Tages besser können? Ich denke schon.

Vielleicht schaffst du es ja nicht persönlich, aber vielleicht wird es bereits jemand aus deiner Generation fertig bringen. Ich hoffe, ihr schafft es, und vielleicht schafft ihr es, ehe ich ganz verkalkt bin und es nicht mehr verstehen kann.

Das Segelboot

Aber auch, wenn ich nicht weiß, wie es weitergehen wird, so bin ich doch ganz beruhigt und bin sicher, es wird weitergehen. Denn ich habe ein Segelschiff, so eins wie Einstein. Es ist ein schönes Schiff, ganz aus Holz, und wenn es abends vor Anker liegt, schlaf ich manchmal an Deck, in meinem Schlafsack, und höre dem Wasser zu, und das warme Holz riecht gut, und es gibt auch viel zu sehen, die mondbeschienene Meeresküste, den Fluss, wie er zwischen tauigen Wiesen das Meer erreicht, den Sternenhimmel. Daher weiß ich, Hawking hat Unrecht, es kommt doch noch etwas, nördlich vom Nordpol, ich seh es ja: der Polarstern und viele andere Sterne. Und noch unvorstellbar viele mehr, die man mit dem bloßen Auge gar nicht sehen kann, aber es gibt sie wirklich.

Thermodynamik: Die Königin der Physik

Die Thermodynamik ist vollkommen und vollkommen schön. Sie ist unbegrenzt gültig. Sie ist die Königin der Physik. Die Thermodynamik ist ungewohnt. Hat man aber verstanden, wie es gemeint ist, so ist sie gütig und einfach. Es kommt nichts anderes vor in der Thermodynamik als zählen. Kannst du zählen, so kannst du Thermodynamik.

Nun kann ich es endlich zugeben: All die Physik, die wir bisher kennenlernten, hat entschieden einen Hang zu Stumpfsinn und Melancholie. Vermutlich hast du das auch gespürt, aber dich nicht getraut, es zu sagen. Unveränderliche elementare Einheiten (ob sie nun Atome heißen oder Quarks oder Photonen), die unter sklavisch genauer Einhaltung von Energie- und Impulserhaltung bis in alle Ewigkeit gegeneinander stoßen, voneinander abprallen – es ist wie ein immer währendes Tischtennisturnier, bei dem nie ein Fehler unterläuft, nie fällt der Ball runter, sondern wandert auf ewig hin und her. Wie entsetzlich, wie öde, wie aussichtslos.

Es ist die Thermodynamik, die in diese gleichgültige Welt Entwicklung und Ziel bringt, Veränderung und Schönheit. Und vielleicht auch Hoffnung.

In der Schule lernt man davon nichts. In der Schule besteht die Thermodynamik im Ausdehnen heißer Gase. An der Universität ist es ähnlich. An meiner Uni waren Thermodynamikvorlesungen nicht vorgesehen, ich weiß nicht mal, ob es überhaupt einen Professor für Thermodynamik gab.

Die Thermodynamik ist aber keineswegs besonders schwierig, das Unwissen über Thermodynamik ist kein physikalisches Problem, sondern ein gesellschaftliches. Es gibt in unserer Gesellschaft fast kein Wissen über diesen Zweig der Physik. Geschwindigkeit, Energie, elektrischer Strom, damit kann jeder was anfangen. Aber Entropie oder Informationseinheiten, wer weiß schon, was das ist?

Am sinnvollsten ist es, so vorzugehen wie beim Karate, wo es ja verschiedenfarbige Gürtel gibt, du erwirbst einen nach dem anderen. Hast du den schwarzen, so bist du Meister. Oder wie beim Start sehr weit fliegender Raketen, die immer drei Stufen haben. Ich werde die Thermodynamik in drei Schritten erklären. Erst als Wärmelehre, das ist am nächsten am Schulstoff. Dann als statistische Physik, das braucht man, um zu verstehen, woher die Gesetze der Wärmelehre eigentlich kommen. Und dann die Informationstheorie. Denn da ist es, wo sich die Physik wieder mit ihrer Familie vereint, mit der Philosophie, der Kunst, der Mathematik und mit manch anderen Verwandten.

Ich fange bei Null an, du brauchst den Rest dieses Buches nicht gelesen zu haben, brauchst nichts zu wissen, nur, dass es Atome gibt. Und zählen solltest du können. Eins, zwei, drei … Ist es nicht seltsam zu sehen, wie das Einfachste, das Zählen, gerade jetzt zum Zuge kommt, am Ende dieses Buches, wo wir im Begriff sind, die Physik wieder mit ihrer Familie zu vereinen? Etwas Einfacheres als das Zählen gibt es doch nicht. Jedenfalls brauchst du nur zählen können, und du solltest von den Atomen gehört haben; du musst nicht einmal wissen, was Temperatur ist, ich erklär es extra: Das Ding, das ich hier in meiner rechten Hand halte, das nennen ich Thermometer, es hat eine Skala. Was die anzeigt, das nenn ich «Temperatur». Fürs Erste reicht das. Und natürlich, aber das weißt du ja vom Schwimmbad im Sommer, wenn man einer Sache Wärme zuführt, so erhöht sich ihre Temperatur.

Die drei Gesetze

Die Thermodynamik gründet sich auf drei Gesetze, manchmal werden sie auch «Hauptsätze» genannt. Weil es aber keine Nebensätze gibt in der Thermodynamik, bevorzuge ich die Bezeichnung «Gesetz». Sie haben Nummern, aber ich behandle sie nicht der Reihe nach, dann ist es leichter.

Erstes Gesetz

«Die Energie bleibt erhalten.»

Das kennst du schon, falls du das erste Kapitel gelesen hast. Es besagt, die Welt ist heutzutage nach außen abgeschlossen, niemand gibt Energie in unsere Welt hinein, niemand nimmt welche heraus.

Drittes Gesetz

«Es gibt einen absoluten Nullpunkt der Temperatur (–273 Grad Celsius), man kann sich ihm beliebig annähern, ihn aber nicht erreichen.»

Dieses Gesetz wird erst interessant, wenn man erklärt, warum es so ist. Unsere Welt ist aus Atomen aufgebaut, haben wir gesagt.* Was geschieht, wenn sich ein Körper erwärmt? Erwärmen sich die Atome? Das ist schwer vorstellbar. Denn ein Atom ist ja nicht eine kleine Kugel, angefertigt aus einem Material, sondern eher so etwas wie eine Welle. Wie soll es sich da erwärmen? Was an der Welle sollte denn warm werden?

* Dass die selbst wieder aus kleineren Teilchen bestehen, bemerkt man erst bei extrem hohen Temperaturen oder Energien. Zum Beispiel in der Sonne. Das brauchen wir für dieses Kapitel nicht zu berücksichtigen. Wenn es einer unbedingt will, so kann er die Thermodynamik natürlich auch mit den Quarks betreiben.

Beginnt sich ein Körper nahe beim Nullpunkt der Temperatur zu erwärmen, so geschieht dies: Ganz nahe beim Nullpunkt der Temperatur sitzen die Atome still, sie bewegen sich nicht. Steigt die Temperatur, so beginnen die Atome, sich zu regen. In einem festen Körper zittern sie heftig, ohne sich aber von der Stelle wegzubewegen, in einem Gas schwirren sie regellos und mit hoher Geschwindigkeit durcheinander. Und je mehr Wärmeenergie man zuführt, umso heftiger bewegen sich die Atome.

Die Wärmeenergie eines Körpers ist also nichts anderes als die Bewegungsenergie seiner Atome. Die Physiker haben sich sehr bemüht, das nachzurechnen und zu überprüfen: Ich führe einem Körper eine bestimmte Menge Wärmeenergie zu. Dann messe ich die resultierende Zunahme der Bewegungsenergie der Atome. Und finde heraus: Die Zunahme der Bewegungsenergie ist immer gleich der zugeführten Wärmeenergie.

Ein einzelnes Atom hat also keine Wärme, es hat nur Bewegung. Damit ist die «Wärmeenergie» als eigenständige physikalische Variable abgeschafft. Je weniger physikalische Variablen, umso besser, findest du nicht auch? Wärmeenergie ist nichts anderes als Bewegungsenergie, die Bewegungsenergie der Atome.

Schnell noch ein Beispiel, damit man es sich gut vorstellen kann: Wenn ich meinen Elektroherd anschalte, um Wasser zu kochen, so fließen die Elektronen durch die Herdplatte. Dabei stoßen sie die Atome der Herdplatte an. Dadurch vibrieren die Atome der Herdplatte immer stärker. Diese Zitterbewegung überträgt sich auf den Topf, der auf der Platte steht. Seine Atome bewegen sich nun auch immer hektischer. Sie bleiben zwar an ihren jeweiligen Plätzen sitzen (solange der Topf nicht schmilzt), aber schlagen wild um sich. Dadurch beginnen ihrerseits die Wasseratome stärker zu vibrieren. Leg ich ein Ei ins Wasser, so werden die großen Eiweißmoleküle geschlagen und verknäuelt, aus dem rohen Ei wird ein Frühstücksei.

Und deswegen gibt es einen Tiefstpunkt der Temperatur: Weniger Bewegung als gar keine Bewegung ist undenkbar.

Wie man die Skala am Thermometer beschriftet, ist egal. Im Alltag nimmt man meist die «Celsius»-Skala. Die hat ihren Nullpunkt bei der Temperatur, bei der Wasser gefriert, das ist 0 Grad. Und 100 Grad sind bei der Temperatur des kochenden Wassers. In der Physik nimmt man statt der Celsius-Skala oft die «Kelvin»-Skala. Die hat die gleiche Einteilung wie die Celsius-Skala, der Temperaturunterschied zwischen gefrierendem und kochendem Wasser ist also ebenfalls 100 Grad. Aber den Nullpunkt legt man an den Tiefstpunkt der Temperatur (–273 Grad Celsius), da ist 0 Grad.

Das führt zur Frage, wie viel Energie denn ein Atom bei einer bestimmten Temperatur habe? Die Antwort ist wieder mal unüberbietbar einfach:

$$\frac{1}{2}\mathbf{kT}$$

k ist eine Umrechnungskonstante, die «Boltzmannkonstante». T ist die Temperatur. $\frac{1}{2}$ kT ist, genauer gesagt, «die Energie pro Freiheitsgrad». Auf Deutsch heißt das, für jede Richtung, in die sich ein Atom bewegen kann, hat es einen Energiebetrag von $\frac{1}{2}$ kT. Wenn sich ein Atom in drei Dimensionen bewegen kann, so hat es $3 \cdot \frac{1}{2}$ kT Energie.

Und es kommt noch einfacher: Nicht nur ein Atom, sondern jede Sache hat pro Freiheitsgrad die Energie $\frac{1}{2}$ kT. Für schwere Körper ist $\frac{1}{2}$ kT unmerklich wenig, sie bewegen sich kaum. Aber für ein Atom ist $\frac{1}{2}$ kT eine Menge. Ein Gasatom erreicht aufgrund dieser Energie die Geschwindigkeit eines Düsenjägers, die Atome in einem festen Körper befinden sich ständig in einer sehr heftigen und gewaltsamen Rüttelbewegung.

«Die Entropie eines geschlossenen Systems nimmt zu oder bleibt gleich.»

So wird der zweite Hauptsatz meist geschrieben. Wenn man Haarspalterei betreiben will, so müsste angefügt werden: «Der zweite Hauptsatz gilt in einem statistischen Sinne.» Meine persönliche Version des zweiten Gesetzes geht so: «Die Dinge ereignen sich gemäß ihrer Wahrscheinlichkeit, niemand manipuliert.»

Das Ganze hat wiederum erst Sinn, wenn man es erklärt; so wie es dasteht, verstehst du nur Bahnhof, das ist klar.

Zuerst, was ist ein geschlossenes System? Das ist ganz einfach ein System, das abgeschlossen ist. Nichts kann rein, nichts raus, weder Energie noch Materie. Zumindest gedanklich ist es einfach. Man kann sich zum Beispiel eine Kühltasche als geschlossenes System denken. Natürlich wird auch in der besten Kühltasche die Limo nach ein paar Stunden warm, es dringt also doch ein wenig Wärmeenergie durch. Aber zumindest für kurze Zeit kann man so tun, als sei die Kühltasche ein geschlossenes System. Das einzige wirklich geschlossene System ist möglicherweise das Universum. Sicher ist das allerdings auch nicht.

Im Physiklabor kann man «fast perfekt geschlossene Systeme» bauen und das bisschen, was zur Perfektion fehlt, lässt sich rechnerisch berücksichtigen und korrigieren. Aber eigentlich ist die Idee vom geschlossenen System eher ein Gedankenwerkzeug. Sich ein geschlossenes System vorzustellen, hilft, die Gedanken zu ordnen.

Das erste und dritte Gesetz geben eigentlich nur die Rahmenbedingungen, bilden das Fundament, die Startrampe. Das zweite Gesetz ist es, mit dem die Thermodynamik abhebt. Das zweite Gesetz ist es, was wir in drei Stufen besprechen wollen. Die Entropie nimmt also immer zu im geschlossenen System, aber was ist das, Entropie? Uuhps, mit der Frage haben wir doch tatsächlich den Countdown ausgelöst.

Es zischt und dampft, blechern beginnt der Computer zu zählen, wer jetzt erst Angst kriegt, ist zu spät dran. Zehn, neun, acht …

Erste Stufe: Wärmelehre

Erste Definition der Entropie

Wenn ein Gegenstand der Temperatur T eine Energiemenge ΔE aufnimmt, so erhöht sich seine Entropie S um

$$\Delta S = \frac{\Delta E}{T}$$

(Gibt der Gegenstand die Energie ΔE ab, so schreibt man einfach $-\Delta E$.) Damit ist zwar nur die Änderung der Entropie definiert, fürs Erste reicht das aber. Wir hatten ja auch bei der Energie immer nur von ihrer Änderung gesprochen und sind damit auch ziemlich weit gekommen.*

Beispiel: Wir nehmen eine Kühltasche, eine Thermotasche, das ist unser geschlossenes System. Dahinein geben wir zwei kleinere Kühltaschen. In jeder ist ein Stück Eisen, mangels Phantasie. Du kannst aber auch Gold nehmen oder Wasser oder Schnaps. Das eine Eisen ist heiß, das andere ist kalt.

Nun kleben wir die große Kühltasche zu, jetzt ist sie ge-

* Man könnte ohne weiteres schon jetzt mit Hilfe des dritten Gesetzes ausrechnen, wie viel Entropie ein Körper insgesamt hat. Und ebenso könnte man jetzt auch endlich ausrechnen, wie viel Energie ein Körper insgesamt hat. Er hat die Energie, die seiner Ruhemasse bei 0 Grad Kelvin entspricht plus seiner Wärmeenergie.

schlossen, nichts kann rein, nichts raus, auch keine Wärmeenergie. Einen kleinen Roboter haben wir auch in die Tasche gesteckt, der knipst jetzt seine Taschenlampe an, damit er was sieht, und öffnet die beiden Thermotaschen mit den Eisenstückchen drin. Er packt die Stückchen aus und legt sie nebeneinander. Das heiße Eisen beginnt nun seine Wärme allmählich abzugeben an das kalte Eisen. Das heiße Eisen wird kälter, das kalte wärmer. Der Einfachheit halber betrachten wir nur, was in einem sehr kurzen Zeitraum geschieht. Denn in einem kurzen Zeitraum wird nur sehr wenig Wärmeenergie von einem Eisen zum andern fließen, die Temperatur eines jeden Eisenstückchens wird sich in einer so kurzen Zeit fast nicht ändern, das erleichtert das Rechnen.

Es fließt also eine kleine Wärmemenge ΔE vom heißen zum kalten Eisen. Das heiße Eisen soll die Temperatur 20 haben (Einheiten lassen wir wieder mal weg), das kalte hat die Temperatur 10. Das heiße Eisen verliert die Entropie $\Delta S = \frac{\Delta E}{T} = \frac{\Delta E}{20}$. Das kalte gewinnt die Entropie $\Delta S = \frac{\Delta E}{T} = \frac{\Delta E}{10}$. $\frac{\Delta E}{20}$ ist kleiner als $\frac{\Delta E}{10}$. Der Entropieverlust $\frac{\Delta E}{20}$ ist kleiner als der Entropiegewinn $\frac{\Delta E}{10}$. Insgesamt ist die Entropie im geschlossenen System also gestiegen. Das ist gemeint mit dem zweiten Gesetz: «Die Entropie in einem geschlossenen System bleibt gleich oder nimmt zu.»

In unserem Beispiel wäre es einfacher, zu sagen: «Wärme fließt immer vom heißen Eisen zum kalten, nicht umgekehrt.» Denn darauf läuft's hinaus: Die Entropie nimmt genau deswegen zu, weil sich das heiße Eisen abkühlt, nicht das kalte.

Die allgemeinere Definition des zweiten Gesetzes, «die Entropie erhöht sich immer in geschlossenen Systemen», erlaubt es hingegen, auch wesentlich kompliziertere Situationen zu untersuchen. Zum Beispiel, wenn es um ein heißes Gas geht, das, sich ausdehnend, einen Arbeitskolben antreibt und sich dabei abkühlt, und dann wird es bei niedriger Temperatur wieder zusammengepresst und dann wieder erwärmt und so weiter. Das ist, wie ein Motor funktioniert.

Man kann ganz allgemein alles Geschehen der Welt unter dem Gesichtspunkt des zweiten Gesetzes betrachten, denn alles, was geschieht auf der Welt, geschieht so, dass insgesamt die Entropie ansteigt.

Kein vernünftiger Mensch kann es bezweifeln, heiße Körper kühlen ab, kalte erwärmen sich, das ist völlig klar. Und es ist gut, es in einem physikalischen Gesetz formulieren zu können: «2. Gesetz + $\Delta S = \frac{\Delta E}{T}$». Doch woher kommt dieses Gesetz? Kann man es verstehen?

Wir befinden uns inzwischen auf 15 km Höhe, der Ausblick ist grandios, aber der Treibstoff der ersten Stufe ist alle. Gurte bitte fest anziehen und Zunge hinter die Zähne, gleich rumpelt es gewaltig. Wir zünden die

Zweite Stufe: statistische Physik

Zweite Definition der Entropie

Kann ein Körper in verschiedenen Zuständen (Anzahl der Zustände = W) vorkommen, so ist seine Entropie

$$S = k \cdot \ln W$$

«ln» ist eine Funktion namens Logarithmusfunktion, aber nur wegen des Namens muss dir nicht mulmig werden, sie ist so harmlos wie ein Bernhardiner. In Worten sagt die Formel: «Die Entropie eines Körpers ist gleich dem Logarithmus der Zahl seiner möglichen Zustände, W, mal einer Umrechnungskonstante k.» («k» ist wieder die Boltzmannkonstante.)

Ich persönlich finde, diese Formel ist die bedeutsamste physikalische Formel überhaupt, allerdings ist sie ziemlich weit weg von unseren Alltagsvorstellungen. Dazu kann sie nichts.

Nur wegen ihrer Bedeutung brauchst du die Formel aber nicht aufzuschreiben und erst recht nicht wegen des dummen Logarithmus. Denn solltest du sie vergessen, so brauchst du nur nach Wien fahren, auf den Zentralfriedhof, da kannst du sie jederzeit auf dem Grabstein vom Boltzmann nachschauen. Da steht sie statt «Ruhe sanft». Von Duino hat man ihn hierher gebracht, nachdem er sich aufgehängt hatte (allerdings steht auf Boltzmanns Grab $S = k \cdot \log W$, das ist eine technische Einzelheit, «log» ist auch eine Logarithmusfunktion, es gibt viele Logarithmusfunktionen, heute verwendet man ln, früher log).

Falls du eine Abneigung hast gegen Funktionen mit so ekligen Namen wie «Logarithmus», so denk sie einfach weg. Das ist kein Problem, solange du nichts ausrechnen willst.

Mit der Formel $\Delta S = \frac{\Delta E}{T}$ kann ich relativ einfach die Entropie des Eisenstückchens bei irgendeiner Temperatur ausrechnen. Ich fange einfach bei 0 Grad Kelvin an (–273 Grad Celsius). Dahin setze ich vernünftigerweise auch den Nullpunkt der Entropie, denn wenn etwas 0 Grad hat, so kann man ihm keine Energie mehr entziehen, keine Entropie mehr entziehen. Und dann führe ich dem Eisen ein wenig Energie zu, ΔE, führe also ein wenig Entropie zu $\Delta S = \frac{\Delta E}{T}$ (T ist fast 0, nicht ganz genau), den Wert von ΔS notier ich.

Ich darf nur wenig Energie zuführen, ΔE muss klein sein, damit sich die Temperatur fast nicht ändert. Sonst weiß ich nicht, welchen Wert für T ich in unsere Formel einsetzen muss. Ein ganz klein wenig wird sich die Temperatur natürlich schon erhöhen. Bei dieser neuen, leicht erhöhten Temperatur führe ich wieder ein wenig ΔE zu, rechne wieder ΔS aus und notier's mir. Und am Schluss, wenn ich die Temperatur erreicht habe, die ich wollte, zähl ich all die notierten Werte für ΔS zusammen. Das ist dann die Entropie S des Körpers bei der gewünschten Temperatur. S ist offensichtlich umso größer, je höher die Temperatur ist.

Wie ich mit Hilfe der Formel $\Delta S = \frac{\Delta E}{T}$ die Entropie eines Körpers ausrechnen kann, das lässt sich also verstehen. Aber wie benutze ich die Formel $S = k \cdot \ln W$? Woher krieg ich W, was ist ein Zustand?

Wie krieg ich die Zustände?

Gäbe es keine Atome, so wäre es einfach. «Das Eisenstück liegt auf dem Tisch herum», das ist sein Zustand. Ein anderer Zustand könnte sein: «Es fällt vom Tisch runter und mir auf den Zeh.» Und so weiter. Da schaut man halt hin, und dann sieht man, in welchem Zustand das Eisen ist, und dann weiß man, es ist in genau dem und dem Zustand, die «Zahl seiner Zustände W» ist 1. Weiter gäb's da nichts zu sagen. Dann wäre die Entropie immer gleich Null (weil der Logarithmus von 1 gleich Null ist).

Weiß man hingegen, dass alles aus Atomen besteht, so ist es ein wenig komplexer, aber auch nicht so schwierig: Es kann sein, dass gerade das Atom A nach links schwankt, das Atom B nach oben schwingt, das Atom C gar nichts macht, das Atom D etwas zurückgeschoben wurde vom Atom E. Und so weiter. Das ist dann der Zustand, in dem sich das Eisen gerade befindet. Ein anderer möglicher Zustand wäre: «A schwankt nach halb rechts …» Ich muss nur noch abzählen, wie viele solcher Zustände möglich sind, W, dann hab ich die Entropie $S = k \cdot \ln W$.

Das ist ein seltsamer Gedanke, weil es bei dem Gedanken zwei Probleme gibt. Zum einen: Es ist doch völlig hoffnungslos, von einem einzelnen Atom wissen zu wollen, was es in diesem Moment tatsächlich tut. Und selbst wenn ich von einem Atom genau wüsste, was es in einem bestimmten Augenblick tut, so wüsste ich es nur für diesen einen Moment, denn schon nach kürzester Zeit wird das Atom von einem anderen Atom angestoßen, von irgendeinem Atom, irgendwie. Ich müsste, um das Verhalten auch nur eines Atomes zu allen Zeiten zu kennen, das Verhalten aller Atome kennen. Unendlich genau kennen. Wenn ich den Zustand auch nur eines Atomes mit weniger als unendlicher Genauigkeit kenne, so wird sich diese Ungenauigkeit lawinenartig ausbreiten. Jedes Mal, wenn ein Atom, dessen Bewegung mir nicht ganz genau bekannt ist, jedes Mal, wenn das mit einem anderen Atom zusammenstößt, so wird mir auch der Zustand des gestoßenen Atoms weniger genau bekannt sein.

242 Selbst ohne die Quantentheorie mit ihrer Unschärferelation könnte ich die künftigen Zustände eines Systems nur dann ausrechnen, wenn ich zu einem bestimmten Zeitpunkt den Zustand jedes einzelnen Atoms unendlich genau kenne. Aber «unendlich genau» messen zu wollen, ist Zeitverschwendung, es geht nicht. Ich kann deshalb prinzipiell nicht wissen, in welchem Zustand sich die Atome eines warmen Körpers befinden.

Dieses Problem löst die Thermodynamik, indem sie ausdrücklich darauf verzichtet, wissen zu wollen, in welchem Zustand sich das System befindet. Es interessiert sie nicht. Nur die Zahl der prinzipiell möglichen Zustände ist von Interesse. Das führt uns zum zweiten Problem.

Hat es denn überhaupt einen Sinn, die Zahl der Zustände eines Körpers ausrechnen zu wollen? Ist diese Zahl denn nicht unendlich groß? Selbst wenn ich nur einen einzigen Körper betrachte, dein Fahrrad etwa, da scheint es ja bereits unendlich viele Zustände zu geben. Das Fahrrad kann entweder 10 km/h fahren oder 10,1 km/h oder 10,01 und so weiter. Es gibt doch unendlich viele Zahlen und deshalb unendlich viele Geschwindigkeiten, die das Fahrrad haben kann. In unserer neuen Sprechweise also unendlich viele Zustände. Noch dazu besteht ein Körper nicht aus einem Atom, sondern aus unvorstellbar vielen.

In der Tat sind die möglichen Zustände eines Körpers nur für den abzählbar, der von der Quantentheorie weiß. Der also den Gedanken, «die Welt besteht aus elementaren Einheiten», zu Ende gebracht hat. Der deshalb weiß, dass diese Atome nicht beliebig Energie haben können, sondern nur ganz bestimmte Energiewerte. Das gilt nicht nur für das Elektron im Atom, so wie wir das besprochen hatten. Sondern auch für das Atom im festen Körper oder für ein Atom in einem bestimmten Gasvolumen. Und dadurch werden die möglichen Zustände eines Körpers, W, abzählbar.

W kann ungeheuerlich groß werden, das kannst du dir denken. Einer, der nie von Al-Kwarizmi gehört hat und nie von Cantor, mag vor Schreck die Flucht ergreifen, wir aber bleiben gelassen, uns vertreibt man nicht.

Kannst du zählen?

Ich erkläre es, als Beispiel, mit einem etwas vereinfachten Modell von einem Stückchen Eisen. Der Einfachheit halber ignorieren wir die Quantentheorie insofern, als wir annehmen, die Atome seien einfach kleine Kugeln. Ganz weglassen können wir die Quantentheorie aber auch nicht, wir erinnern uns, dass ein Atom nur eine ganz bestimmte Menge Energie aufnehmen kann.

Unser Eisenstückchen besteht aus 100 Atomen. Die Atome sind alle gleichmäßig angeordnet im Eisen, in einer so genannten Kristallstruktur, jedes Atom an seinem Platz. (Wie diese Struktur genau aussieht, ist durch die Form der Elektronenhüllen der Eisenatome vorgegeben.)

Solange es schön warm ist, hüpfen allerdings die Atome auf ihren Plätzen hin und her. Wenn wir sie auf 0 Grad abkühlen, hört diese Bewegung auf. Der Körper ist nun vollständig geordnet. Jedes Atom sitzt still auf seinem Platz, nichts kann sich ändern, alles bleibt immerzu gleich, es gibt keine Alternative. Wenn ich nur genau genug ausmessen würde, wo sich die Ecken des Kristalls befinden, so wäre alles über die Atome bekannt. Weil ich die räumliche Struktur des Eisens, seine Kristallstruktur, genau kenne. Für jedes Atom wüsste ich, wo es ist und wie es sich bewegt, und mehr gibt es von einem Atom nicht zu wissen. Ich weiß, in welchem Zustand sich ein jedes

Atom befindet, damit weiß ich, in welchem Zustand sich das Eisenstückchen befindet.

Bei der Temperatur 0 gibt es nur diesen einen Zustand, in dem sich der Eisenkristall befinden kann. W = 1 also, es existiert nur ein möglicher Zustand.

Jetzt führen wir ein kleines bisschen Energie zu. So viel, wie ein Atom gerade eben aufnehmen kann, aber zu wenig, um es

auf zwei Atome zu verteilen. So. Eines der Atome hat das Energiequantum aufgenommen und fängt an, ganz begeistert auf seinem Platz herumzuwobbeln. Dabei rumpelt es natürlich ständig gegen seine Nachbarn und gibt deshalb die Energie irgendwann an irgendeinen Nachbarn weiter. Der gibt sie wieder weiter und immer so fort.

Weil das Metallstückchen 100 Atome enthält, so gibt es also 100 verschiedene Zustände, in denen es sich befinden kann. Nun ist also W = 100, vorher war W = 1.

Gibt man eine zweite Portion Energie hinzu, so kann diese wiederum auf irgendeinem Atom Platz nehmen und wandert dann zufällig hin und her. Die erste Energieportion auf einem der 100 Atome, das sind 100 verschiedene Möglichkeiten. Und für jeden dieser 100 möglichen Zustände gibt es 99 Möglichkeiten, wo die zweite Portion sein kann, also $100 \cdot 99$ Möglichkeiten. Es gibt nun 9900 mögliche Zustände. (Wir rechnen es nachher noch etwas genauer.) Und immer so weiter.

Hat man diese Zahl der Zustände W, so kann man mit der Formel $S = k \cdot \ln W$ die Entropie ausrechnen. Ebenso kann man die Entropie mit unserer vorherigen Formel $\frac{\Delta E}{T}$ ausrechnen, und es kommt bei beiden Rechenweisen immer das Gleiche raus.

Achtung, Rechnerei!

Die Definition der «Logarithmusfunktion» ist, dass sie ein Produkt aus zwei Zahlen in eine Summe verwandelt. $\ln(a \cdot b) = \ln(a) + \ln(b)$.

Wenn ein System (heißes Eisen) in W1 Zuständen vorkommen kann und ein anderes in W2 Zuständen, so können sie, zusammen betrachtet, in W1 · W2 Zuständen vorkommen.

Beispiel: Der blaue Würfel kann in 6 Zuständen vorkommen, der rote auch in 6. Für beide zusammen gibt es also 6 · 6 = 36 Zustände: (1,1), (1,2), (1,3), (1,4), (1,5), (1,6), (2,1), (2,2)...

Wäre die Entropie gleich der Zahl der möglichen Zustände, so wäre die Gesamtentropie der beiden Eisen W1 · W2, ihre Entropien würden sich also multiplizieren (mal Umrechnungsfaktor). Das darf aber nicht sein, denn die Entropie kann man auch mit der Energie ausdrücken, das hatten wir vorher gesehen ($\Delta S = \frac{\Delta E}{T}$). Und Energien addieren sich, sie multiplizieren sich nicht.

Der Logarithmus sorgt dafür, dass man Entropien addieren kann, so wie man es auch mit Energien macht. Die Gesamtentropie der Kühltasche ist kln(W1 · W2) = kln(W1) + kln(W2), also die Summe der Einzelentropien kln(W1) und kln(W2).

Rechnerei vorbei

Zielloser Zufall

Bisher haben wir darüber nachgedacht, wie das gemeint ist mit den «Zuständen», was die Zahl «W» bedeutet. Wie kann man sich, mit dieser Denkweise im Kopf, den Vorgang «heißes Eisen erwärmt kaltes» vorstellen?

Wir malen unsere beiden Eisenstückchen. Wir tun so, als seien die Atome kleine Würfel, damit das Zeichnen leichter geht. Die grauen Würfel sind Atome, die eine Energieportion tragen, die weißen sind Atome ohne Energie. Der rechte Würfel hat gar keine Energie (der Einfachheit halber), ist also bei der Temperatur 0, der linke hat Energie, also eine höhere Temperatur. Zehn Energieportionen soll er enthalten.

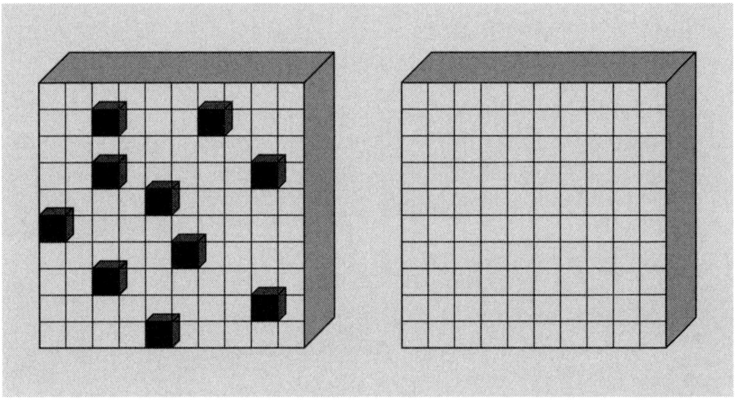

Solange die beiden Würfel keine Energie austauschen können, weil sie eventuell in Kühltaschen gepackt sind, da wandern die zehn Energieportionen ziellos im heißen Würfel herum. Ein (schwarzes) Atom, das Energie hat, das zittert und schlägt, bis es einen Nachbarn angestoßen und ihm seine Energie weitergegeben hat, der Nachbar wird in unserer kleinen Zeichnung dann schwarz, unser Atom weiß.

Wenn wir nun die Würfel aus ihren Thermostaschen auspacken und sie sich berühren lassen, so werden die schwarzen Kästchen beginnen, sich auf beide Eisen zu verteilen. Einfach nur deshalb, weil sie halt zufällig in der Gegend herumwandern: Irgendwann wird ein Atom am rechten Rand des heißen Eisens eine Energieportion zufälligerweise an seinen rechten Nachbarn im bislang kalten Eisen abgeben. Bis sich die zehn Energiequadrate gleichmäßig auf beide Eisen verteilt haben. Beide Eisenstückchen haben nun die gleiche Energie, die gleiche Temperatur. Es ist ein Resultat des Zufalls. Es steckt keine Absicht dahinter. Der Zufall selbst ist ziellos, und dennoch führt er zu einem bestimmten Ziel: dass beide Eisen die gleiche Temperatur haben.

Natürlich könnten zufälligerweise irgendwann mal alle oder fast alle Energiequadrate ins rechte oder ins linke Eisen wandern. Das wird selten geschehen, aber vorkommen kann es schon. Insofern gilt das zweite Gesetz nur in einem statistischen Sinne. Wenn man es aber nicht mit 100 Atomen zu tun hat, sondern mit sehr vielen, nicht mit zehn Energieportionen, sondern entsprechend vielen: dann wird die Wahrscheinlichkeit, alle oder fast alle Energiequadrate zufällig in einem der Eisen anzutreffen, unvorstellbar gering.

Das ist anschaulich klar. Wenn man sich die Mühe macht, es nachzurechnen, so sieht man noch besser, wie vollständig ziellos das Verhalten der Atome tatsächlich ist. Ich will einmal vorrechnen, wie viele Zustände «Whk» es gibt für das System aus einem heißen und einem kalten Eisen. Und wie viele Zustände «Wgl» für das System aus zwei gleich warmen Eisen.

Hier geht die Rechnerei wieder los

Jedes Eisen bestehe aus 100 Atomen. Der Einfachheit halber nehmen wir an, das eine habe zehn Energieportionen, das andere gar keine. Also W = 1 für das kalte Eisen, damit wir weniger rechnen müssen.

Für das heiße Eisen: Die erste Energieportion kann sich auf irgendeinem der 100 Atome befinden, das sind 100 verschiedene Möglichkeiten. Dass zwei Energieportionen auf demselben Atom sitzen, geht nicht, ein Atom kann immer nur eine Energieportion aufnehmen. Es bleiben also 99 Möglichkeiten für die zweite Energieportion, 98 für die dritte und so weiter. Also insgesamt 100 · 99 · 98 … · 91 Möglichkeiten, wie sich die Energieportionen aufs heiße Eisen verteilen lassen. Das ist die Situation, wenn ein Eisen heiß ist, das andere kalt.

Wenn beide Eisen die gleiche Temperatur haben, so befinden sich fünf Energieportionen in einem, fünf im anderen. Für jedes Eisen ergeben sich 100 · 99 · … · 96 Zustände. Wenn sich das eine Eisen in einem dieser Zustände befindet, so hat das andere Eisen ebenfalls 100 · 99 · … · 96 Zustände, in denen es sich befinden kann, die Gesamtzahl der Zustände ist also das Produkt dieser beiden Zahlen: (100 · 99 · … · 96) · (100 · 99 · … · 96).

Wir vergleichen die Zahlen:

heißes kaltes Eisen	100 · 99 · 98 · 97 · 96 · 95 · 94 · 93 · 92 · 91
zwei warme Eisen	(100 · 99 · 98 · 97 · 96) · (100 · 99 · 98 · 97 · 96)

Welche dieser beiden Zahlen ist wohl größer?

Die letztere. Es gibt mehr Möglichkeiten, die Energie auf beide Eisen zu verteilen, als es Möglichkeiten gibt, die gleiche Energie innerhalb nur eines Eisens zu verteilen.

Dabei haben wir etwas ungenau gerechnet. Das verbessern wir nun. Wenn zum Beispiel die erste Energieportion auf Atom Nummer 1 ist und die zweite auf Atom Nummer 12, so ist das natürlich derselbe Zustand, als wenn die erste Energieportion auf Nummer 12 säße und die zweite auf Nummer 1. Weil man die Energieportionen ja nicht unterscheiden kann. Für zwei ununterscheidbare Objekte gibt es offensichtlich zwei Möglichkeiten, sie auf zwei Plätze anzuordnen (a, b oder b, a). Wenn man es sich in Ruhe hinschreibt (oder ein Mathebuch zu Rate zieht), so findet man, dass es für drei Objekte schon 3 · 2 Möglichkeiten gibt, sie zu vertauschen (a,b,c/ a,c,b/ b,a,c …). Für zehn sind es 10 · 9 · 8 · … · 1.

Wir müssen also die obige Zahl (100 · 99 · … · 91) durch (10 · 9 · 8 ·… · 1) teilen, wenn wir genau sein wollen. Und jede der beiden Zahlen (100 · 99 · … · 96) mit (5 · 4 · 3 · 2 · 1). Das sind dann Whk und Wgl. Dadurch wird der Unterschied aber noch größer, als er eh schon ist. Denn 10 · 9 · 8 · 7 · 6 · 5 · 4 · 3 · 2 · 1 ist größer als 5 · 4 · 3 · 2 · 1 · 5 · 4 · 3 · 2 · 1.

Rechnerei vorbei

Wenn man jetzt noch bedenkt, dass Atome nicht einen Funken von Verstand besitzen, so hat man endlich das zweite Gesetz verstanden. Weder wissen die Atome, in welchem Zustand sie sind, ob in einem der Zustände Whk oder Wgl oder in sonst einem Zustand. Noch haben sie irgendwelche besonderen Wünsche, und schon gar nicht würden sie unsere Rechnerei verstehen. Sie befinden sich rein zufällig in irgendeinem Zustand. Es muss nur ein Zustand sein, der physikalisch erlaubt ist, also nicht gegen Energie- oder Impulserhaltung verstößt.

In welchem Zustand sie sind, wissen die Atome nicht, es ist reiner Zufall. Und gerade deshalb sind sie meistens in einem der Zustände namens «warmes Eisen». Weil es so viele von denen gibt. Wgl ist viel größer als Whk. Für 100 Atome und zehn Energieportionen ist der Unterschied noch nicht gar so krass, aber für realistische Zahlen wird er gigantisch groß.

Die Grundlage unserer Gedanken ist immer die Annahme, dass sich ein System ganz zufällig in irgendeinem seiner Zustände befinde. Dass es gar nicht weiß, wo es ist, dass es keine Regeln gibt, wohin es gehen soll. So gesehen, kann man auch sagen, das zweite Gesetz besage, die Dinge geschähen gemäß ihrer Wahrscheinlichkeit.

Wir hatten uns vorher über den Stumpfsinn des ewig perfekten Tischtennisspiels beklagt. Ist die vollkommene Herrschaft des sinnlosen Zufalls nicht ebenso schlimm? Viele Leute bleiben bei dieser Frage stehen und gehen dann traurig weg und brauchen im Alter einen teuren Psychiater. Das kommt davon, wenn man Physikbücher vor dem Ende zuklappt, nur weil das Zählen doch nicht so einfach ist, wie die Leute immer sagen.

Dass eigentlich gar kein Grund für solchen Trübsinn besteht, das siehst du bereits an unserem einfachen Beispiel: Schau mal probehalber nur das heiße Eisen an, vergiss für den Moment den Rest der Welt. Es kühlt ab! Es erniedrigt seine Entropie, geht von einer Konfiguration mit vielen möglichen Zuständen über in eine mit wenigen möglichen Zuständen!

Handelt scheinbar gegen den Zufall! Wenn man nur das eine Eisen betrachtet, so geschieht das Gegenteil von dem, was wahrscheinlich ist. Ein Wunder.

Vollständige Einfachheit

Wir sind auf 300 km Höhe angelangt, zweite Stufe ausgebrannt und abgestoßen. Wir haben nun einen guten Überblick. Über die Welt, über die Physik.

Du weißt es ja, siehst ja, wie unvollständig viele Teilgebiete der Physik sind. Woher kommen die Teilchen? Wie hängen Relativitätstheorie und Quantenphysik zusammen? Ist ein Gebiet der Physik unvollständig, so ist der Anwendungsbereich seiner unvollständigen Gesetze natürlich beschränkt. Die Quantentheorie erlaubt mir etwa, einen Halbleiterbaustein oder eine chemische Substanz auszurechnen. Sie erlaubt aber nicht, auszurechnen, was im Urknall war. Oder vorher. Die Physik weiß durchaus von diesen Beschränkungen, es gibt viele Physiker, die ihr ganzes Leben daran arbeiten, es besser zu machen.

Die Thermodynamik hingegen kennt keine Grenze ihres Gültigkeitsbereiches. Wenn jemand aufgrund seiner philosophischen Überzeugung findet, es sei nicht erlaubt, die Thermodynamik auf dieses oder jenes anzuwenden, so soll man ihm nicht böse sein, jeder darf seine Überzeugungen haben. Aber aus der Physik lässt sich so eine Haltung nicht begründen. In der Physik selbst findet sich nicht der geringste Hinweis für eine Gültigkeitsgrenze der thermodynamischen Gesetze. Und eine solche Grenze ist meiner Meinung nach auch gar nicht vorstellbar.

Denn die Thermodynamik ist vollständig einfach. Es sind letzte, grundlegende Gesetze. Die Frage «warum ist es so?» verliert vor ihnen den Sinn.

Sagt mir jemand: «Dieses Elementarteilchen hat jene Eigenschaften», so kann ich gut fragen: «Warum?» Meine Frage zielt auf die Gründe, auf das Zugrundeliegende, auf etwas Einfacheres. Wenn ich aber frage: «Warum gilt der Energiesatz?», so ist die Frage gleichbedeutend damit, zu fragen: «Warum gibt es keinen bevorzugten Punkt in der Zeit?», denn die Energieerhaltung folgt aus der Gleichförmigkeit der Zeit. Mit dieser Frage schlage ich aber die Alternative eines ausgezeichneten Zeitpunktes vor, setze mich also den Nachfragen aus, welcher Zeitpunkt denn nun bevorzugt sein sollte und warum er bevorzugt sein sollte. Die Frage nach dem «Warum» des Energiesatzes führt also nicht ins Einfachere, sondern ins weniger Einfache. In dem Sinn ist die Erhaltung der Energie vollkommen einfach, deshalb, weil es prinzipiell nicht einfacher geht.

Ebenso der dritte Satz: Wenn die elementaren Teilchen selbst keine inneren Eigenschaften haben, zum Beispiel keine Wärme, so muss das, was wir in der Alltagswelt als «Wärmeenergie» bezeichnen, sich auf dem Niveau der Atome in irgendeiner anderen Energieform zeigen. Im einfachsten Fall als Bewegungsenergie.

Das zweite Gesetz, die Zunahme der Entropie, beruht auf reinem Abzählen. Es in Frage zu stellen, würde bedeuten, am Abzählen zu zweifeln. Das ist weit weniger einfach, als am Abzählen nicht zu zweifeln.

Gäbe es eine Gültigkeitsgrenze der Thermodynamik, so wäre das gleichbedeutend damit, dass eines der drei Gesetze modifiziert werden müsste, es wäre, so wie es dasteht, nicht wirklich gültig, sondern nur näherungsweise. Ich sehe nicht, wie man eines der drei Gesetze modifizieren könnte, ohne es komplizierter und weniger allgemein zu machen.

Einfacher als Zählen geht nicht. Hinter dem zweiten Gesetz kommt nichts mehr. Es ist das Ende der Physik. Gleichzeitig beruht auch alles Geschehen der Welt auf ihm. Es ist der Anfang der Physik.

Die Erde unter uns, den Himmel nicht mehr über, sondern um uns, allerdings sind wir deswegen noch nicht im Himmel, zünden wir die

 Das Krachen und Heulen, das du hörst, kommt übrigens nicht notwendig von der dritten Stufe, es könnte sich auch um Artillerie und explodierende Minen handeln. Denn die Gegend, in die wir nun vorrücken, ist hochvermint, heiß umkämpft und sehr gefährlich.

Es ist Frühling geworden, ich bin zum Schreiben ins Freie zurückgekehrt, auf die Terrasse meines kleinen Häuschens. Links von mir schimmert das Meer durch die Zweige, vor mir liegen die Hügel der ehemaligen Hauptkampflinie, hier fanden im Ersten Weltkrieg die Isonzoschlachten statt. Hinter einem der Hügel, einen Spaziergang von mir entfernt, hat sich Boltzmann das Leben genommen.

Atome sind gefährlich

Boltzmann war einer der ersten, der die Atome ernst genommen hat. Anfangs ging das gut. Einer sagt halt, es gäbe Atome, ein anderer findet, es gäbe keine, jeder darf doch seine Meinung haben, am Ende sind wir doch alle Freunde; man verbietet ja auch niemandem, über die reflexhaftige Ichbezogenheit des endoplasmatischen Retikulums als soziologisches Paradigma eine eigene Meinung zu haben. Aber dann hat Boltzmann angefangen, mit diesen Atomen tatsächlich zu rechnen, so, als gäbe es sie wirklich, als sei das Reden über sie nicht einfach nur eine akademische Diskussion. Und ist mit diesen Atomen in der Thermodynamik zu Schlussfolgerungen gekommen, das durfte nicht wahr sein.

Man könnte ja glatt den zweiten Hauptsatz erklären, wenn man nur annähme, es gäbe Atome. Erklären! Noch dazu den zweiten Hauptsatz! Wo doch jeder weiß, dass die Physik gar nicht erklären kann, sondern nur beschreiben!

Je weiter Boltzmann mit seinen Atomen und Mikrozuständen vorrückte, umso stärker kam er ins Sperrfeuer. So einem musste das Handwerk gelegt werden! Es wird berichtet, dass Boltzmann auf seine alten Tage mit den Nerven völlig am Ende war.

Im Sommer 1906 ist er mit seiner Familie ans Mittelmeer gefahren, nach Duino. Eine unwirklich schöne Gegend, mit in der Sonne blütenduftenden Meeresklippen, grillensummenden grünen Hügeln und Stränden, an denen man nicht einschlafen sollte, weil man sich beim Erwachen nicht gleich zurechtfindet und erschrickt. «Unwirklich» bedeutet immer auch «unheimlich». Es ist hier unheimlich schön.

Falls du es dir nicht vorstellen kannst und keine Zeit hast zum Herfahren, so such in eurer Bücherei nach den Duineser Elegien des Dichters Rilke. Die Elegien hat er geschrieben, als er zu Gast war beim Burgfräulein von Duino, die Leute sagen, sie habe ihn gut leiden können. An den Elegien siehst du, wie die Gegend wirkt auf jemanden von wenig robustem Gemüt.

Für einen so verzweifelten Menschen wie den großen, gehetzten Boltzmann war es wohl nicht das Richtige. Er hat es nicht ausgehalten, er wollte dringend zurück nach Wien, die Atome verteidigen und sich selbst. Am vorgesehenen Tag konnte er aber nicht reisen, seine Frau, so habe ich gelesen, hatte einen Fleck in irgendeinem Kleid entdeckt, und mit einem Fleck kann man schlecht Zug fahren. Das war, wenn die Geschichte denn stimmt, zu viel für die Nerven des armen Boltzmann.

Er will zurück, den verzweifelten Abwehrkampf um sein Lebenswerk aufnehmen, und stattdessen gibt seine Frau Kleider in die Reinigung und geht an den Strand. Als sie vom Bad zurückkam, war Boltzmann tot. Seine Tochter fand ihn. Am Fensterkreuz hing er.

Zwar haben schließlich auch die Dümmsten zugegeben, dass Boltzmann Recht gehabt hat, was ihm auch nichts mehr nützt. Aber auch heute noch tobt fast jeder Schwachsinn, der sich den Anschein von Physik geben will, vorzugsweise auf dem Gebiet der Thermodynamik.

Das totale Chaos

An den Atomen zweifelt keiner mehr, dafür ist die Chaostheorie in Mode. Selbst der Name «Chaostheorie» ist schon Be-

trug, denn sie ist gar keine Theorie, sondern besteht nur in der Behauptung, es müsse so eine Theorie geben. Weil die bestehende Physik ganz wichtige Probleme nicht lösen könne, also unvollständig sei, so müsse es deshalb die Chaostheorie geben.

Zum Beispiel sei die Küste Englands unendlich lang, lese ich, das sähe man, wenn man nur genau genug hinschaue. Und weil die gegenwärtige Physik die unendlich lange Küste Englands nicht beschreiben könne, so müsse eine Erweiterung der Physik her. «Fraktale», murmeln manche. Warum nicht lieber Haschisch?, frag ich. Außerdem ist die Küste Englands gar nicht unendlich lang, sie besteht ja aus einer endlichen Anzahl endlich großer Atome.

Dann gibt es das Beispiel mit dem Schmetterling. Die Chaotiker erklären, das Wetter in New York oder Europa könne schon von einem einzigen Schmetterling beeinflusst werden, wenn er im Urwald umherflattert. Weil er ja die Luft bewegt. Das auszurechnen, sei hochwichtig, der Schmetterling könnte ja einen Orkan auslösen!

Dass der Schmetterling im Prinzip das Wetter beeinflusst, ist wahr, aber vollständigst irrelevant. Es gibt Milliarden von Schmetterlingen, Käfern, Fliegen, Vögeln, Blättern. Die Blätter an den Bäumen bewegen sich ja auch. Hätte ein einzelner Schmetterling irgendeine Relevanz für den Wetterbericht, so wäre jegliche Wettervorhersage vollkommen unmöglich, bei all den Milliarden von Schmetterlingen und Vögeln und Blättern.

Das mit den Schmetterlingen ist eigentlich ein gutes Beispiel für die Chaostheorien: Was sie behaupten, ist manchmal teilweise richtig (nicht immer, siehe englische Küste), aber irrelevant. Man kann sich ja durch den Kopf gehen lassen, wie ein Schmetterling funktioniert, wie er fliegt. Das ist Physik, einverstanden. Aber ansonsten soll man als Physiker die Schmetterlinge bewundern, ohne sie zu stören, und soll sich über sie freuen. Denn sie sind schön.

Wieder andere Chaotisten beklagen sich, die Physik könne die Wirbel im Wasser nicht ausrechnen. Aber was heißt, sie kann nicht? Sie will nicht, es langweilt sie. Ein Wirbel im Wasser ist einfach einer der unvorstellbar vielen Zustände des Wassers. Die Thermodynamik jedenfalls will ganz ausdrücklich mit den individuellen Zuständen gar nichts zu tun haben. Darauf basiert ja die Thermodynamik gerade eben, dass sie es nicht nötig hat, zu wissen, in welchem Zustand ein System ist. Selbstverständlich ist das Ausrechnen und Erforschen von Wirbeln interessant. Es ist aber kein fundamentales Problem der Physik.

Viele Chaotologen tuscheln ganz aufgeregt, man könne das Leben nicht verstehen. Was sie genau beklagen, lässt sich nicht sagen, sie verstecken sich hinter erfundenen Begriffen wie Komplexität, Chaoplexologie und dergleichen. Es läuft aber immer ein wenig darauf hinaus, zu fragen, wieso denn Leben möglich sei. Leben sei doch ein sehr geordneter Zustand. In einem Lebewesen sind unvorstellbar viele Atome auf eine ganz bestimmte Art und Weise angeordnet, auf genau die Art und Weise, die es dem Lebewesen ermöglicht, zu leben. Ein solchermaßen geordnetes System besitzt aber eine niedrige Entropie, denn es kann nur in wenigen Zuständen vorkommen, W ist klein. Wie kann es zu der niedrigen Entropie des Lebens kommen, wenn sich doch die Entropie immer nur erhöht? So fragen diese Leute. Allerdings auf sehr vage und verklausulierte Weise.

Die Frage ist natürlich Quatsch, denn der zweite Hauptsatz redet ja von geschlossenen Systemen. Das Leben ist aber kein geschlossenes System. Damit sich in einem geschlossenen System, zum Beispiel dem Universum, die Entropie insgesamt erhöhen kann, muss sie sich in einem offenen Teil dieses Systems reduzieren. Es geht nicht anders.

Das haben wir schon am Beispiel mit der Thermostasche gesehen: Das heiße Eisen kühlt ab (offenes System), reduziert somit seine Entropie, und eben gerade dadurch ermöglicht das Eisen dem geschlossenen System «Thermostasche», seine En-

tropie insgesamt zu erhöhen.

Ebenso schafft das Leben im offenen System unserer Erde Zustände niedriger Entropie und erhöht gerade dadurch die Entropie des Universums. Das Leben ist also keineswegs gegen das zweite Gesetz. Ebensowenig wie ein heißes Eisen in der Thermostasche.

Erst mal Gedanken ordnen

Wir frischen das noch einmal auf: Bei 0 Grad Kelvin sitzen alle Atome eines Eisenstückchens ganz still an ihrer genau vorgegebenen Stelle. Erwärmt sich das Eisen, so hüpfen die Atome auf ihren Plätzen hin und her, bis das Eisen schmilzt. Man sagt, bei 0 Grad sei das Eisen geordnet, bei höheren Temperaturen verliere es seine Ordnung.

Und das muss auch irgendwie mit Information zu tun haben. Sitzen die Atome alle ruhig an ihrer Stelle, so weiß ich, wo sie sind, denn die räumliche Struktur von Eisenkristallen ist bekannt. Und ich weiß präzise, was sie tun: «stillsitzen». Steigt die Entropie mit dem Erwärmen des Kristalls an, so verliert sich die Information: Die Atome wackeln halt irgendwie herum, man weiß nicht, wo sie genau sind.

Rein gefühlsmäßig ist das einigermaßen einleuchtend. Aber wenn wir vermeiden wollen, dass, sobald es schwieriger wird, auch unsere Gedanken herumwackeln und man nicht weiß, wo sie genau sind, so muss man sie genauer ordnen. Das tun wir mit Hilfe der Informationstheorie.

Die handelt vom Speichern und vom Übermitteln von Information. Information kann man übermitteln durch Worte oder Zahlen oder eine Zeichnung oder durch ein elektrisches Signal oder ein Lichtsignal oder sonst was. Um einen Überblick zu bekommen, geht man vor wie bei der Materie. Man überlegt, ob man Information in kleinste elementare Einheiten unterteilen kann. Das kann man. Die kleinste Einheit der Information ist das bit.

Ist die Physik rot? – Ein bit bitte

Du kennst diese Ratespiele, wo man versucht, einen Gegenstand zu erfragen. Derjenige, der gefragt wird, darf nur auf die allereinfachste mögliche Weise antworten. Nur mit «ja» oder «nein». Wenn du fragst: «Ist der Gegenstand rot?», so darf der Gefragte nicht antworten: «Er ist grün», sondern nur «ja» oder «nein». «Ja» oder «nein» ist die allereinfachste Antwort. Wenn nur lange genug gefragt wird, so genügt sie aber. Statt «ja»-«nein» könntest du natürlich auch in einer anderen Sprache antworten «si»-«no», oder du sagst «positiv»-«negativ» oder «0»-«1». Eine solche Ja-Nein- oder 0-1-Information nennt man ein bit. Weniger Information geht nicht. Damit kann man allerdings alles sagen, was man will.

Ich kann zum Beispiel die Buchstaben des Alphabets als 0 und 1 ausdrücken, sie übersetzen. A ist 00000, B ist 00001, C ist 00010, D ist 00011. Und so weiter. Ich könnte das gesamte Buch auf die Weise schreiben. Könnte? Ich tu es ja wirklich. Ich benutze zum Schreiben einen kleinen Macintosh-Computer. Der kann im Grunde genommen weder Deutsch noch Englisch. Wenn ich «A» tippe, so übersetzt er es extra in 00000, sonst kann er es nicht speichern.

Und wenn ich sehen oder drucken will, was ich geschrieben habe, so übersetzt er es halt zurück.

«Eine Maschine, die Arbeit leistet, muss Energie abgeben», hatten wir früher gefunden. Als Nächstes werden wir sehen: «Ein Gerät, das Information speichert, muss Energie abgeben.» Das liegt an der Wärmebewegung. Information speichern ist Arbeit.

Ein Gegenstand der Temperatur T besitzt ja im Mittel die Wärmeenergie $E = \frac{1}{2}\,kT$. Für ein im Festkörper eingebundenes Atom ist das die Energie, mit der es auf seinem Platz vibriert. Ist das Atom frei, so wie in einem Gas, so ist es die Energie, mit der es durch die Gegend saust.

Für unsere Zeichnung denken wir uns eine «sehr kleine Kugel». Sie kann und kann nicht still sitzen, es geht nicht wegen der Wärmebewegung. Sie hat ja die Energie $\frac{1}{2}\,kT$, also die Bewegungsenergie $\frac{1}{2} \cdot k \cdot T = \frac{1}{2} \cdot m \cdot v^2$, und wenn m sehr klein ist, so muss v sehr groß werden. Die kleine Kugel saust ständig herum, je weniger Masse sie hat, umso mehr. Stößt sie irgendwo an, so bleibt sie nicht liegen, sondern prallt ab und rast in einer anderen Richtung weiter.

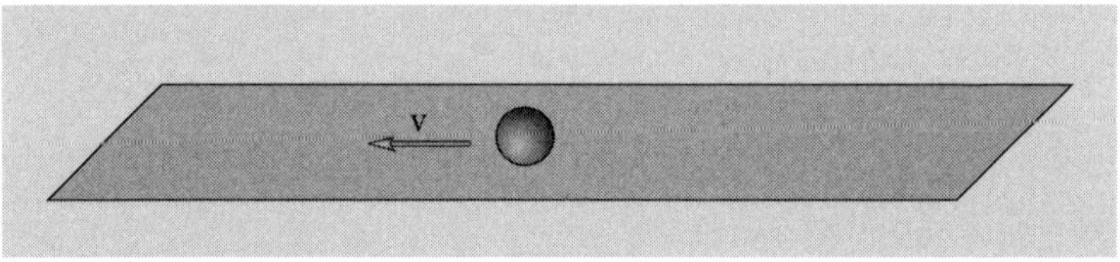

Sehr kleine Kugel: Ein Gegenstand sehr geringer Masse kann nicht still sitzen.

Wie kann ich auf einfache Weise mit der Kugel Information speichern? Ein bit? Ich kann etwa in die Ebene, auf der die Kugel rollt, zwei Löcher machen und eine Begrenzung außen herum, sodass mir die Kugel nicht abhanden kommt. So wie in der nächsten Figur. Wenn die Kugel in einem Loch ist, so bedeutet es «0», im andern «1».

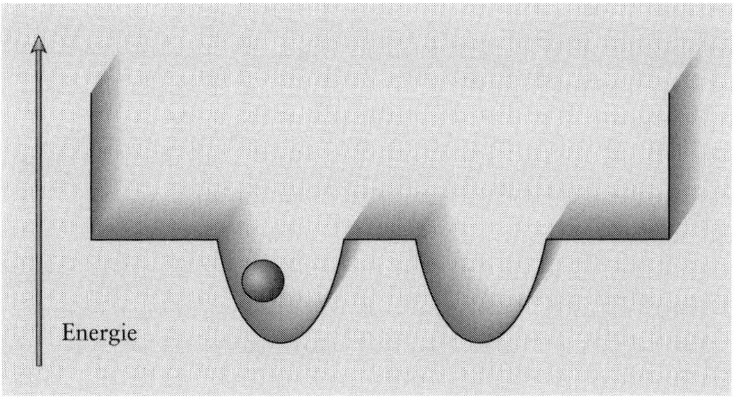

Haltet die Kugel!

Leider geht die Kugel nicht von selbst ins Loch. Das heißt, ins Loch geht sie schon hin und wieder: Sie rollt mit wachsendem Tempo hinunter und am anderen Rand wieder hoch, und weg ist sie. Sie bleibt nicht drin, hat zu viel Energie.

Wir müssen folglich eine Art Bremse installieren (so wie bei der Schiffsschaukel am Jahrmarkt) oder etwas, das die Kugel abkühlt. Technisch geht das ohne weiteres. Wenn wir wollen, dass die Kugel im linken Loch bleibt, so aktivieren wir die Bremse, die wir im linken Loch installiert haben. Kugel kommt ins Loch gerast – Bremsung – Kugel bleibt im Loch – Information gespeichert.

Die Kugel bleibt aber nicht faul im Loch liegen. Sondern sie nimmt von ihrer Umgebung Energie auf, Wärmeenergie, damit sie immer $\frac{1}{2}$ kT Energie hat. $\frac{1}{2}$ kT Energie reicht allerdings nicht mehr zum Ausreißen, weil wir das Loch schlauerweise $\frac{1}{2}$ kT tief gemacht haben. Sicherheitshalber sogar ein wenig tiefer.

Wenn ich also ein bit Information speichern will, so muss ich der Kugel etwas mehr als $\frac{1}{2}$ kT Energie entziehen. Nach $\Delta S = \frac{\Delta E}{T}$ muss die Kugel also die Entropie $\frac{(\frac{1}{2}kT)}{T} = \frac{1}{2}k$ abgeben, wenn sie die Temperatur T hat. Ein bit Information entspricht in etwa der Entropie $\frac{1}{2}$ k.

Ordnung

Was das mit dem Begriff «Ordnung» zu tun hat, sehen wir, wenn wir statt der Formel $\Delta S = \frac{\Delta E}{T}$ wieder die Formel S = klnW

anwenden. Ehe wir der Kugel Energie weggenommen hatten, konnte sie sich in zwei verschiedenen Zuständen befinden: rechtes Loch oder linkes Loch (wir schieben die Wände unseres Apparates bis an die Löcher, sodass die Kugel nicht außerhalb beider Löcher sein kann).

W = 2 also, eine Kugel mit W = 2 hat die Entropie kln2. Nehme ich der Kugel Energie, stecke ich sie in ein Loch, so wird W = 1, ihr Zustand ist nun festgelegt. ln1 ist gleich 0. Also hat sie nun die Entropie 0 anstatt kln2 wie vorher. Ich habe also, indem ich die Kugel in ein ganz bestimmtes Loch stecke, die Entropie kln2 entzogen.

Oben hatten wir gesagt, dass man der Kugel ein wenig mehr als $\frac{1}{2}$ k an Entropie wegnehmen muss, um ein bit Information zu speichern. «ln2» ist in der Tat ein wenig mehr als «$\frac{1}{2}$». Das passt.

Etwas ordnen bedeutet ja, dass man etwas, das in vielen Zuständen vorkommen kann, in einen ganz bestimmten Zustand versetzt. Zum Beispiel dein Zimmer, es kann in vielen Zuständen vorkommen. Aber nur, wenn die Gegenstände deines Zimmers auf eine bestimmte Weise angeordnet sind, nur dann findet deine Mutter, das Zimmer sei geordnet.

Ich könnte also sagen, «indem ich die Entropie um $\frac{1}{2}$ k erniedrige, erhöhe ich die Ordnung um $\frac{1}{2}$ k» oder um «ein wenig mehr als $\frac{1}{2}$ k, um kln2».

kTln2 ist die Energie, kln2 ist die Entropie, die einem bit Information entspricht. Wirkliche Computer brauchen aus technischen Gründen aber viel «tiefere Löcher», müssen viel mehr Energie pro bit abstrahlen. Diese zusätzliche Energie speichert aber nicht zusätzlich Information, sondern wird aus technischen Gründen verschwendet, es ist eine Art technische Ineffizienz. (Wobei natürlich ein Computer nicht wirklich Kugeln und Löcher verwendet, sondern elektronische Schaltelemente. Deshalb hatten wir die Tiefe der Löcher nicht in Zentimeter angegeben, sondern in Energie. Unsere Zeichnung beschreibt deshalb genauso die Situation in einem elektrischen Schaltelement.) Zusätzlich braucht ein Computer noch Energie für all das technische Drumherum. Ein Computer strahlt auch Wärme ab, wenn er gar nichts tut.

Man kann ein bit Information auch mit einem Lichtschalter speichern. Um das Licht ein- oder auszuschalten, muss ich ja mit dem Finger auf den Lichtschalter drücken. Kraft mal Weg, ich führe also dem Lichtschalter Energie zu. Wenn er dann umschnappt, so verwandelt er über die Reibung diese Energie in Wärme, die abgestrahlt wird. Dabei wird natürlich auch wieder wesentlich mehr Energie bewegt als kTln2. Ein mikroskopisch kleiner Lichtschalter, der mit weniger als kTln2 Energie umgeschaltet werden könnte, der würde wegen seiner Wärmebewegung ständig von selbst hin und her schalten, das Licht ginge ständig an und aus. Wie von Geisterhand.

Zur Entspannung: eine Gespenstergeschichte

Wir kommen die Physiker auf so dämonische Gedanken? Sie haben sie von einem Dämon. Der wurde vor fast 150 Jahren vom Herrn Maxwell erfunden, deshalb heißt er Maxwells Dämon. Er ist in der Literatur relativ gut beschrieben, drum erklär ich ihn hier nur kurz. Im Wesentlichen handelt es sich um ein kleines Wesen, das Atome sehen kann. Das ist rein theoretisch erlaubt. Er sitzt in einer Kiste, die ist mit Gas gefüllt, und in der Mitte der Kiste befindet sich eine Trennwand.

Die Trennwand hat eine Tür. Kommt ein schnelles Atom von links, so macht der Dämon die Tür auf, kommt ein langsames von rechts, öffnet er ebenfalls. Ansonsten lässt er die Tür zu. Nach einiger Zeit sind alle schnellen Atome rechts, die langsamen links. Wir haben rechts ein heißes Gas, davon getrennt links ein kaltes. Es hat sich also die Entropie der Kiste erniedrigt, scheinbar ohne dass sonst etwas geschehen wäre. Somit hat sich die Entropie des Universums erniedrigt. Das ist nicht erlaubt, nach dem zweiten Gesetz. (Es ist so, als würden wir zwei gleich warme Eisen in die Thermostasche legen, und nach einiger Zeit ist eines kalt, eines heiß.)

Möglich wäre Derartiges, wenn irgendwo Arbeit geleistet würde. So wie bei einem Kühlschrank. Der ist gleichmäßig warm, ehe man ihn in Betrieb nimmt. Schaltet man ihn an, so beginnt seine eingebaute Wärmepumpe ihre Arbeit, innen wird er kalt, außen an seinem Kühlgitter warm.

Aber der Maxwell – Dämon leistet doch keine Arbeit, so scheint es. Ist das Türchen so gut geschmiert, wie man es in einem Gedankenexperiment tun kann, so leistet er keine Arbeit, wenn er sie auf- und zumacht. Das verstanden die Physiker lange nicht. Es fehlte ihnen der Begriff «Information».

Weiß man von «Information», so ist es einfach: Zwar verrichtet der Dämon keine mechanische Arbeit, aber er nimmt die heranfliegenden Atome wahr. Dazu braucht der Dämon ein Hirn, wenigstens ein sehr einfaches. Irgendeinen Speicher zumindest. Denn er nimmt Information auf, das geht nicht ohne Speicher. Für jedes bit Information, das er speichert, strahlt er Energie ab. Für jedes bit kTln2. Am Ende hat er genauso viel Energie abgestrahlt, wie eine Maschine bräuchte, um das eine Gasvolumen aufzuheizen und das andere abzukühlen.

Ist eigentlich wieder mal typisch Physik: Jedes Schulkind

weiß, dass Mitdenken Arbeit macht. Für ein Schulkind, aber wohl auch für einen kleinen Dämon, auch wenn dessen Gedanken bescheiden sind. Die Physiker hingegen sind da ewig nicht draufgekommen, weil sie lange nicht kapiert haben, wie sich ihre Definition $E = F \cdot l$ auf das Denken anwenden lässt. Dabei braucht man nur zwei Löcher graben, schon versteht man es.

Die große Keilerei

Das klingt alles recht harmlos, doch befinden wir uns bereits im tiefsten Schlamassel. Die drei Gesetze der Thermodynamik sind einfach, aber ihre Anwendungen haben es gewaltig in sich. Über den Maxwell-Dämon balgen sich die Physiker, seit es ihn gibt. Ich hab ein interessantes Buch gefunden, von Leff und Rex, «Maxwell's Demon», Princeton University Press. In dem Buch haben zwei Physiker einfach nur ein paar Dutzend Artikel zum Maxwell-Dämon aus den letzten 150 Jahren gesammelt. Fast jeder zweite Artikel beweist in allen Einzelheiten, dass der vorhergehende Artikel einfach nur Unsinn ist, und erklärt, wie es wirklich zu verstehen sei. Seit der Erfindung des Dämons haben sehr gescheite und wichtige Physiker schon mindestens zweimal bewiesen, er sei tot, es gäbe ihn gar nicht.

Es hat bis zum Jahr 1929 gedauert, bis es auch nur gelungen ist, die richtigen Worte für das Problem zu finden. Und erst seit 1982 hat man die Angelegenheit wirklich unter Kontrolle. Meiner Meinung nach.

Dabei ist der Maxwell-Dämon das allereinfachste Beispiel, nur zum Ordnen der Gedanken, ein Gedankenexperiment. Die wirkliche Welt ist viel komplizierter. Deshalb hört beim kürzlich erst verstandenen Maxwell-Dämon die Informationstheorie nicht auf, sondern fängt gerade erst an.

Oft trauen sich selbst sehr gute Physiker nicht über den Maxwell-Dämon hinaus. Vielleicht haben sie Angst, jemand könne ihnen ansonsten gelegentlich den Anzug in die Reinigung tragen, während sie doch dringend ins Institut zurück müssen?

Ich habe zum Beispiel gerade ein anderes interessantes Buch auf meinem Balkontisch liegen, von einem Herrn Atkins, «The second law», Scientific American Library. Der schreibt im Vorwort ausdrücklich, die Informationstheorie trage wesent-

lich («substantially») zum Verständnis der Thermodynamik bei. Es würden aber oft Fehler in der Behandlung der Informationstheorie gemacht, und er weigere sich deshalb, in seinem Buch über Informationstheorie zu reden. Seltsame Einstellung, besteht doch Physik gerade darin, richtig zu stellen, was bisher falsch oder nicht ganz richtig war.

Außerdem ist die Thermodynamik zu interessant, ich kann nicht ausgerechnet ihren aufregendsten Teil weglassen, nur weil ich sonst riskiere, irgendwo was Falsches zu sagen. Und dann siehst du am Beispiel der Thermodynamik auch sehr gut, wie sich die Physik entwickelt und wächst. Die Physik ist keineswegs das abgeschlossene Gebiet, als das sie oft beschrieben wird. Das vielversprechendste Gebiet der Physik muss man zumindest andeuten und umreißen.

Das Grundproblem der Leute, welche die Thermodynamik ganz stur und ohne wissenschaftliche Rechtfertigung nur auf heiße Gase angewendet wissen wollen, liegt in der Frage:

Ist Information objektiv?

Das wird oft gefragt. Denn Energie und Entropie sind messbare Größen. Im Prinzip kann ich Energie zum Beispiel wiegen ($E = mc^2$). Wenn Information gleich Entropie ist, so muss folglich auch Information eine genau messbare Größe sein, so wie Entropie. Ist sie das?

Nimm dieses Buch, es ist voll von Information, so scheint es. Stelle dir ein fast identisches Buch vor, das genauso viele Seiten und Buchstaben enthält, nur sollen die Buchstaben zufällig angeordnet sein und keinerlei Sinn haben. Das eine Buch enthält Information, das andere nicht, so scheint es.

Wiege nun beide Bücher (um ihre Energie zu messen). Werden sie das gleiche Gewicht haben?

Ich denke schon. Nähme man an, sie hätten verschiedene Gewichte, so käme man blitzschnell zu Widersprüchen. Ich kann zum Beispiel ein drittes, äußerlich wiederum identisches Buch dazulegen. Das auch wieder unsinnige Buchstabenfolgen zu enthalten scheint. Es ist aber gar nicht unsinnig, sondern nur Chinesisch. Oder eine Geheimschrift. Welches Gewicht sollte das Buch nun auf die Waage bringen? Für dich enthält es keinerlei Information, für einen Chinesen beziehungsweise einen Spion dagegen schon. Soll das Buch vielleicht ein unterschiedliches Gewicht haben, je nachdem, ob es von dir gewogen wird oder von einem Chinesen oder einem Spion?

Das ist, was die Leute meinen, wenn sie bezweifeln, dass Information eine objektiv messbare Größe sei.

Aber halt! Die Diskussion mit unserer Kugel im Loch war doch wohl nicht falsch? Den Zusammenhang zwischen Entropie und Information und Energie gibt es doch? 1 bit = $\frac{1}{2}$ k. Außerdem kann man den Maxwell-Dämon nicht verstehen ohne den Zusammenhang zwischen Entropie und Information.

Der Computer: Endlich ist er zu was gut!

Die Lösung des Rätsels findet sich meiner Meinung nach in einem Aufsatz von Bennett aus dem Jahre 1973: Im Prinzip kann ein Computer ein Programm ausführen, also bits hin- und herschalten, ohne Energie zu verbrauchen, ohne irgendwo Entropie zu verändern. Deswegen, weil jeder Schritt eines Computerprogramms sich logisch und zwangsläufig aus dem vorhergehenden ergibt. Während er rechnet, nimmt der Computer keine Information aus der Außenwelt auf.

(Für die ganz harten Burschen und Burschinnen, die es ganz genau wissen wollen: Bei den meisten Computern folgt aus jedem Arbeitsschritt logisch der nächste, aber es ist nicht immer möglich, aus einem bestimmten Arbeitsschritt den vorhergehenden zu rekonstruieren. Der Computer rechnet vorwärts, aber nicht rückwärts. Es ist aber durchaus möglich, einen Computer so arbeiten zu lassen, dass sich nicht nur jeder Schritt, also jeder Zustand des Computers, eindeutig aus dem vorhergehenden ergibt. Sondern dass man auch umgekehrt aus jedem aus-

geführten Schritt den vorhergehenden eindeutig finden kann. Dann kann der Computer genauso gut vorwärts wie rückwärts rechnen, er arbeitet reversibel. Reversible Vorgänge erzeugen keine Energie. Entropieerzeugung ist immer irreversibel.)

Ebenso wenig kommt es zu einer Entropieerzeugung, wenn man bits zufällig hin- und herschiebt oder sie kopiert.

Ein wirklicher Computer wird enorme Energiemengen verbrauchen, auch ohne irgendetwas zu tun. Tut er was, verbraucht er noch mehr Energie. Das sind aber rein technische Probleme. Uns hingegen geht es hier um die zugrunde liegende Physik: Wenn Informationsspeicherung nicht möglich ist, ohne Entropie abzustrahlen, und wenn Bennett Recht hat, dass beim reinen Rechnen oder Kopieren keine Entropie abgestrahlt werden muss, so ist die Schlussfolgerung: Weder beim Rechnen eines Programms noch beim Kopieren, noch beim zufälligen Beschreiben eines Speichers ist Information geschaffen worden.

Das bedeutet: Bits können Information enthalten, müssen aber nicht. Nur weil ich eine Tüte bits auf dem Tisch liegen habe, habe ich noch lange keine Information.

Wie ist das mit unserem Beispiel mit den Kugeln? Was bedeutet es da, ein bit umherzuschieben, ohne Information zu speichern und ohne die Entropie zu erhöhen? Nun, ist erst mal die Kugel in einem Loch, so kann ich sie ins andere Loch schieben, auch ohne Energie zu verbrauchen: Ich führ ihr Energie zu, um sie nach oben zu heben, dann lass ich sie ins andere Loch rollen und nehme ihr die dabei frei werdende Energie wieder ab. Zugegebene und abgenommene Energie sind gleich, die Entropie der Welt bleibt gleich. Das geht, allerdings kann ich dabei keine wirklich neue Information speichern: Denn erst muss ich wissen, wo die Kugel ist, und dann ist auch schon festgelegt, wo die Kugel sein wird, «im anderen Loch» nämlich, es wird bei diesem Kugelherumschieben keinerlei Information gespeichert.

Nach meiner persönlichen Meinung sind wir hier im eigentlichen Kern der Thermodynamik. Es gibt einen Unterschied zwischen dem wirklichen Schaffen von Information und dem Nur-Umschalten von bits: Das Erzeugen von Information besteht darin, über einen Messprozess den Zustand des Speichersystems mit dem Zustand der Außenwelt zu koppeln. Und nur dafür wird notwendigerweise Energie abgestrahlt.

Beispiel Maxwell-Dämon: Er sieht ein von rechts heranfliegendes Atom. Das ist der Messvorgang *. Er schaltet ein bit in seinem Speicher auf 1 (dabei wird Entropie frei). Nun ist eine Korrelation hergestellt zwischen der Außenwelt und dem Speicher. «Bit auf 1» = «Atom kommt von rechts». Der Klappenmechanismus wird durch «bit auf 1» veranlasst, die Klappe zu öffnen.

Sprachforschungen

Damit haben wir die Frage «Ist Information objektiv?» als Sprachfalle entlarvt. Kein Mensch käme auf die Idee, zu fragen: «Ist Geschwindigkeit objektiv?» Vielmehr muss es heißen: «Ist Geschwindigkeit relativ?»

Natürlich ist sie das, ebenso wie die Energie. Die Energie eines Körpers hängt davon ab, wie schnell ich mich an ihm vorbeibewege.

* Ich beziehe mich auf eine vereinfachte Version des Maxwell-Dämons. Er macht das Türchen immer auf, wenn ein Atom von rechts kommt. Bis sich rechts ein Vakuum gebildet hat und links ein Gas unter erhöhtem Druck. Lässt man dieses Gas sich ausdehnen, so leistet es Arbeit.

Mir scheint, auch die Information ist im Allgemeinen eine relative Größe. Es gibt den Fall, wo die Geschwindigkeit unabhängig ist vom Beobachter, beim Licht ist das so. Ebenso gibt es den Fall, wo die Ordnung eines Systems offensichtlich eine Größe ist, die von nichts anderem abhängt. Zum Beispiel bei einem so genannten idealen Gas, einem Gas, das nur aus winzigen Atomkügelchen besteht, ohne irgendwelche Eigenschaften.

Aber im Allgemeinen scheinen Information und Ordnung relative Größen zu sein, die man nur in Bezug auf etwas angeben kann, sie brauchen eine Referenz. Wenn ich zum Beispiel in meiner Experimentieranordnung ein Stück Eisen abkühle, so weiß ich, wo bei 0 Grad die einzelnen Atome sind. Allerdings weiß ich das nur, weil mir bekannt ist, dass Eisen in der Schachtel ist, und weil ich die Gitterstruktur des Eisens kenne. Hätte jemand aus Versehen ein anderes Material in die Schachtel getan, so hätten sich die Atome ganz anders geordnet und wären ganz und gar nicht, wo ich sie vermute. Ich wüsste nur, dass die Atome in einem ganz bestimmten Zustand sind, hätte aber nicht die geringste Ahnung, in welchem. Dass Atome «in irgendeinem ganz bestimmten Zustand sind», ist natürlich immer wahr und besagt gar nichts. Das Eisen ist geordnet in Bezug auf die Eigenschaften der Eisenatome.

Es steht, so scheint mir, nicht so in den Büchern, aber es ist zumindest eine gute Eselsbrücke, die mir hilft, es mir vorzustellen. Vielleicht hilft sie dir auch: Die Probleme mit der «Objektivität oder Nicht-Objektivität» der Information lösen sich in Wohlgefallen auf, wenn man Information als eine im Allgemeinen relative Größe betrachtet. So wie die Geschwindigkeit. «Information» ist nur definiert, wenn sie einen Bezug hat, eine Referenz.

Ich kann ein und dasselbe Buch willkürlich mit Buchstaben volldrucken, oder ich kann darin Physik beschreiben. Man sieht dem Buch durch Wiegen nicht an, ob es Information enthält. Deswegen, weil Information gar nicht definiert ist ohne

Referenz. Zu fragen: «Wie viel Information enthält dies Buch?», ist so sinnlos wie die Frage: «Welche Geschwindigkeit hat dies Buch?» Kommt drauf an. Die Referenz ist im Falle des Buches in meinem Kopf. Erst wenn ich das Buch lese, so wird Information draus.

Wiege ich also Bücher gleicher Seitenzahl, so kann ich keinen Gewichtsunterschied feststellen. Das Buch, das nur Unsinn enthält, wiegt genauso viel wie das Physikbuch. Wenn ich mich hingegen auf eine Waage setze und das Physikbuch lese, so müsste ich eigentlich abnehmen. Weil mein Kopf Information aufnimmt. Also Energie abstrahlt. Vom unsinnigen Buch sollte ich nicht abnehmen. Da passiert im Kopf ja nichts.

Ich finde, so kann man das nun gut verstehen: Information ist etwas objektiv Messbares, so wie Geschwindigkeit. Aber so wie die Geschwindigkeit auch braucht Information eine Referenz. Dieses Zusammenspiel von «objektiv gegeben und messbar sein» und «einen Bezugspunkt nötig haben», das ist im Grunde nichts anderes, als was wir vorher gesagt haben: «Das Erzeugen von Information besteht darin, über einen Messprozess den Zustand des Speichersystems mit dem Zustand der Außenwelt zu koppeln. Und nur dafür wird notwendigerweise Energie verbraucht.»

Meiner Meinung nach haben wir hier die bei weitem folgenschwerste Erkenntnis der Physik vor uns. Es ist das einzige Gesetz, dem ich nicht ins unverhüllte Gesicht schauen kann, ohne dass sich mir die Haare sträuben. Denn es erzwingt die Existenz der Wirklichkeit, einer objektiv vorhandenen Außenwelt. Die nicht unser Werk ist, sondern unabhängig von uns existiert.

Wenn unser Kopf Information verarbeitet, so gibt es eine unabhängige Außenwelt, sonst gäbe es keine Information zum Verarbeiten. Lass es uns ein wenig in den Einzelheiten betrachten.

Lass uns zuerst eine thermodynamische Definition von Leben versuchen. Das ist nahe liegend, denn wir wissen von keinem, der auch nur annähernd die Wirklichkeit erkannt hätte, es sei denn, er hätte gelebt. Unter dem Gesichtspunkt der Thermodynamik ist Leben ein autonomer Kreisprozess, finde ich. Ein Vorgang heißt Kreisprozess, wenn zwar etwas geschieht, möglicherweise etwas sehr Kompliziertes, aber am Ende ist trotzdem alles wieder so wie am Anfang. Sodass die gleiche Sache von neuem geschehen kann.

Ein Motor beispielsweise ist auch ein Kreisprozess. Er saugt Benzin an, zündet es, sein Kolben wird mit Gewalt hinuntergedrückt und leistet Arbeit, dann werden die Abgase der Verbrennung in den Auspuff geleitet. Nun ist der Motor genau wie vorher. Er saugt aufs neue Benzin an und so weiter. Hat das einmal funktioniert, so funktioniert es immer wieder aufs Neue. Ein Motor läuft deshalb immerzu weiter, weil er Entropie erzeugt. Würde er nicht laufen, so erzeugte er keine Entropie, deshalb läuft er (er strahlt Wärme ab und leistet Arbeit). Wo auch immer die Natur die Möglichkeit der Entropieerzeugung hat, macht sie davon Gebrauch.

Interessanterweise, und das ist typisch für einen solchen Prozess, braucht der Kreisprozess nicht zu jedem Zeitpunkt und an jeder Stelle Entropie zu erzeugen. Während der Motor Luft und Benzin ansaugt, erzeugt er keine Entropie. Ein Motor, der sich nicht in seinem Kreisprozess befindet, ein still stehender Motor, käme nie auf die Idee, sich einfach so in Bewegung zu setzen und Luft anzusaugen. Es wäre gespenstisch, wenn er das täte. Als Teil eines Kreisprozesses hingegen geht es.

Lebt ein Motor?

Nein, nach unserer Definition nicht. Denn sein Kreisprozess läuft ja nur, solange Benzin im Tank ist und solange nichts kaputtgeht. Bleibt er nur ein einziges Mal stehen, so kommt er nie wieder in Gang. Es sei denn, ich fülle Benzin nach und werfe den Motor wieder an. Er hängt vollkommen von mir ab, hat keine Autonomie.

Natürlich ist auch die Autonomie des Lebens keine vollkommene. Schaltete jemand die Sonne ab, so wäre es um das Leben auf der Erde geschehen. Wir wären wie ein Auto ohne Benzin. Aber solange niemand die Sonne abschaltet oder wir uns nicht ausrotten, solange geht das Leben weiter. Solange die Voraussetzungen gegeben sind, geht das Leben immer weiter, auch ewig.

Weil ein Kreisprozess verschiedene Grade von Autonomie haben kann, so gibt es dann auch verschiedene Ausmaße von «lebendig sein»? Ja, das weiß man ja auch. Die Viren etwa sind nicht wirklich lebendig. Aber sind trotzdem mehr als nur tote Materie.

Wenn das Leben, so gesehen, eine von der Natur zwangsläufig wahrgenommene Möglichkeit ist, die Entropie des Universums zu erhöhen, so könnte einer zum Fehlschluss gelangen, dass alles Lebendige folglich jede sich nur bietende Gelegenheit nutzen müsse, um möglichst schnell Energie abzustrahlen, möglichst schnell die Entropie zu erhöhen. Für das einzelne Lebewesen gilt das aber nicht. Jedes einzelne Lebewesen geht mit seiner Energie so sparsam um wie nur irgend möglich.

Der Wolfstanz

Wenn ein Wolf die Gans frisst, so ist er voller Energie und könnte eigentlich eine Stunde lang herumtanzen im Gras und sich aufführen wie ein Verrückter, er hätte ja genug Energie.

Und mit so einem kindischen Verhalten könnte er sicher die Entropie des Universums am schnellsten erhöhen. Allerdings würde er bei so einer Lebensführung nicht alt, weil es zu wenig Gänse für so ein sorgloses Dasein gibt. Der Wolfskreisprozess bräche ab – keine Entropieproduktion mehr. Das wäre nicht optimal.

So lässt der Wolf den Tanz nach der Gänsemahlzeit lieber bleiben und spart seine Energie. Ja, selbst wenn er nur einfach über die Wiese läuft, so tut er es möglichst energiesparend, und um Energie zu sparen, rollt er sich zum Schlafen zusammen, anstatt sich breit zu machen.

Sollte sich ein Massenausbruch auf der Gänsefarm ereignen, so reagiert der Wolfskreisprozess nicht, indem er Wolfstänze aufführt, sondern indem er viele kleine Wölfe macht. Das ist, wie er den Entropieumsatz erhöht.

Kann das Hirn blöde sein?

Lass uns diese Gedanken auf das Hirn anwenden. Unser Denken basiert auf Schaltvorgängen des Gehirns. Indem die Nervenzellen ihren Zustand ändern, werden bits hin- und hergeschoben, so ähnlich wie in einem Computer.

Nehmen wir an, das Hirn schalte einfach nur blöde vor sich hin, ohne Bezug auf die Außenwelt. Produziere sich seine Gedanken und Vorstellungen selbst. Es könnte das entweder (a) mit einem beliebig großen Energieaufwand tun oder aber (b) ohne jeden Energieaufwand. Denn wenn Bennett in seiner Arbeit von 1973 Recht hat, so kann das bezugslose Umherschalten von bits ohne jeglichen Energieaufwand geschehen.

Nach dem Prinzip des tanzenden Wolfes sollte man nun ausschließen, dass das Hirn unnötigen Aufwand treibt. Kann es ohne Entropieproduktion bits schalten, so wird es dies tun, Möglichkeit (a) ist damit ausgeschlossen.

Vielleicht schaltet es dann ohne Energieaufwand willkürlich hin und her, Möglichkeit (b), nach Bennett wäre das ja möglich? In dem Fall müsste es allerdings gar keine Entropie erzeugen, nach Bennett. In der Natur geschehen aber nur Dinge, welche die Entropie erhöhen. Anderes geschieht nicht von alleine. Fall (b) wäre also physikalisch möglich, könnte aber nicht im Rahmen einer natürlichen Entwicklung erfolgen. Möglichkeit (b) ist auch auszuschließen.

So gesehen ist die Möglichkeit vom blöde herumschaltenden Hirn insgesamt wohl auszuschließen. So oder so, es geht nicht.

Folglich verarbeitet das Hirn tatsächlich Information. Tendenziell zumindest. Es stellt über Messungen (Augen, Ohren, andere Sinnesorgane) einen Zusammenhang, eine Korrelation her zwischen der Außenwelt und seinem eigenen (Schalt-) Zustand. Nur das ist ein Vorgang, der, selbst wenn er auf die sparsamst mögliche Weise abläuft, die Entropie der Welt erhöht.*

Dieses Argument stützt sich auf die Definition der Entropieerhöhung unter dem Gesichtspunkt der Wärmeabstrahlung $\Delta S = \frac{\Delta E}{T}$. Man kann das Gleiche auch unter dem Aspekt des Ordnens sehen, $S = k \ln W$.

Was weiß die Physik schon von deinen Gedanken?

Wenn wir von der Ordnung des biologischen Lebens sprechen, so beziehen wir uns auf die Ordnung der Atome zu Lebewesen. Aufgrund der Beschaffenheit ihrer Elektronenhüllen, ihrer Hardware sozusagen, lassen sich die Atome nur auf relativ wenige bestimmte Weisen zu etwas Lebendigem zusammensetzen. Zu einem autonomen Kreisprozess. Die Ordnung des bio-

* Das Hirn verbraucht vermutlich nur einen geringen Teil seiner Energie auf die eigentlichen Schaltvorgänge. Wie bei einem Computer wird der größte Teil seiner Arbeit für das technische Brimborium verloren gehen. Das ändert nichts an unserem Argument. Auch die Energiedissipation des technischen Apparats braucht einen Grund. Ein sinnloses Herumschalten wäre kein Grund.

logischen Lebens hat ihre Referenz in den Hardware-Eigenschaften der Atome. Hätten die Atome etwas andere Eigenschaften, so müsste man sie auf andere Art und Weise zusammenfügen, damit es ein Lebewesen ergibt. Falls das überhaupt möglich wäre.

Dem Denken liegen Schaltvorgänge der Nervenzellen im Gehirn zugrunde. Ob sich eine Nervenzelle im 1- oder 0-Schaltzustand befindet, hat nichts mit der Hardware der Atome zu tun. Die Ordnung im Kopf kann sich nicht auf Hardwareeigenschaften beziehen. Im Unterschied zur Ordnung des biologischen Lebens. Wenn sich die Schaltzustände des Gehirns, dem zweiten Gesetz folgend, zunehmend ordnen, wozu es eine Referenz braucht, so kann sich die notwendige Referenz nur in der Außenwelt finden. Unser Hirn kann sich überhaupt nur ordnen, indem es eine außerhalb tatsächlich existierende Ordnung nachbaut: Was wir denken, gibt es deshalb auch. Vielleicht nicht ganz genau so, wie wir es denken, aber es ist jedenfalls prinzipiell unmöglich, etwas zu denken, das es in keiner Hinsicht gibt.

Gibt es das Einhorn?

Das bedeutet, dass unser Denken im Einklang steht mit der Wirklichkeit. Gibt es Raum und Zeit wirklich? Irgendwie schon, sonst könnten wir sie nicht denken.

Ein Ordnungsprozess kann unvollkommen sein. Sonst würde der Mensch nicht im Laufe des Lebens dazulernen. Sonst könnte ich mir kein Einhorn vorstellen. Einhörner gibt es nicht in Wirklichkeit.

Offensichtlich kann das Hirn verschiedene Dinge, die es gibt, falsch zusammensetzen, zum Beispiel ein Pferd und ein Horn zum Einhorn. Aber vollständig aus dem Nichts erfinden kann das Gehirn nicht. Man kann sich kein Tier vorstellen, das aus Teilen besteht, die es nirgends und in keiner Hinsicht gibt.

In Bayern gibt es die Wolpertinger. In einem Münchener Museum habe ich eine sehr schöne Kollektion von ihnen gesehen. Die Wolpertinger sind aus verschiedenen Teilen verschiedener Tiere zusammengenäht. Warum erfinden die Leute so etwas Verrücktes, warum geben sie einer so ausgefallenen Idee genug Bedeutung, um sie im Museum auszustellen? Spinnen die Bayern vielleicht, so wie die Römer? Nein, vielmehr handelt die Idee des Wolpertingers vom Problem der Wirklichkeit der Wirklichkeit, davon, wie wirklich die Wirklichkeit ist. Es gibt keine Wolpertinger, die ein Teil enthalten, das es in keiner Hinsicht und nirgendwo gibt. Das Staunen über diese unbewusst gewusste Tatsache ist, was hinter dem Wolpertinger steht.

Es gibt also die Wirklichkeit, die wir erkennen und benennen wollten, wirklich. Und wir können sie erkennen. Alles, was es gibt, gibt es wirklich.

Das steht, scheint mir, so nicht in den Physikbüchern, es ist meine persönliche Meinung. Genauer gesagt, es ist meine persönliche Meinung, dass sich dies aus der Boltzmannformel ergibt und dem zweiten Gesetz.

Werden wir irgendwann die Welt vollständig verstehen? Ja, wenn unser Gehirn nur genug Kapazität hat. Vermutlich hat es die. In der Physik siehst du ja: Je mehr die Physik fortschreitet, desto einfacher wird sie. $c = \text{konst}$, $E(\text{Welt}) = \text{konst}$, $F = \frac{\Delta p}{\Delta t}$, $E = mc^2$, $E = h\nu$, $S = k \ln W$, das sind die entscheidenden Formeln. Sie sind vollständig einfach. Das lässt eine sehr große zugrunde liegende Einfachheit der Welt vermuten.

Vielleicht wird man dieses Physikbuch in tausend Jahren auf nur drei oder vier Seiten unterbringen können? Oder weniger?

Diese tausend Jahre werden wir leider selbst abarbeiten müssen. Denn wenn es stimmt, was wir gesagt haben, so werden Computer nie denken können. Jedenfalls das, was wir uns heutzutage unter einem Computer vorstellen, das wird nie denken. Auch nicht, wenn sich Rechenleistung und Speicherkapazitäten noch so sehr erhöhen. Denn die Computer unterliegen nicht dem Wolfstanzprinzip. Der Computer erhält von außen beliebig viel Energie, will er hingegen Energie abgeben, so wird er beliebig gekühlt. Für Computer scheint das zweite Gesetz aufgehoben zu sein. Der Betreiber des Computers trägt sämtliche Folgen des zweiten Gesetzes für den Computer.

Dudelt ein Computer selbstgenügsam irgendeinen Blödsinn vor sich hin, egal ob mit oder ohne Energieverbrauch, so kann er das, solange er will, auch ewig, und er kann dabei so viel Energie verschwenden, wie er nur mag. Damit verletzt er das Wolfstanzprinzip. Ein anschauliches Beispiel sind diese grässlichen Bildschirmschoner, öde Bildchen, die ziellos auf dem Bildschirm umherhüpfen. Nur ein Computer kann sich so einen Stumpfsinn leisten, ein Wolf könnte es nicht. Ein Gehirn auch nicht.

Der Zwang zur Ordnung kommt letztlich aus dem zweiten Gesetz. Das von allen natürlich ablaufenden Prozessen verlangt, sie sollen Entropie abstrahlen, um so die Entropie der Welt zu erhöhen. Da, wo die zwangsläufig mit der Entropieabstrahlung einsetzende Ordnung sich auf die «hardware» der Atome bezieht, entsteht Leben. In einem Speicher, in dem es keine in der «hardware» begründete Ordnung zu schaffen gibt, da wird Information geschaffen, welche die außerhalb liegende Ordnung nachformt.

Der Computer, der dem zweiten Gesetz nicht unterworfen ist, hat den Zwang zum Ausbilden einer Ordnung nicht. Und warum sollte er dann eine Ordnung ausbilden? Es wäre möglich, ist aber unendlich unwahrscheinlich. Deshalb werden

Computer, so wie wir sie heute verstehen, immer bewusstlos bleiben.

Wer behauptet, Computer würden dereinst den Menschen ersetzen können, ist entweder ein Narr, oder er will etwas von dir, ohne im Gegenzug zu geben, eventuell will er dein Geld.

Heimkehr

Es gibt also die Wirklichkeit, die wir erkennen und benennen wollen, wirklich, und wir können sie erkennen. Alles, was es gibt, gibt es wirklich.

Wollte man eine Liste der Leute anfertigen, die das überraschend ähnlich gesehen haben, nur halt ohne sich auf die Boltzmannformel beziehen zu können, so würde diese Liste lang. «Überraschend ähnlich» jedenfalls dann, wenn man die Umstände bedenkt – etwa die Größe der Frage nach der Wirklichkeit vergleicht mit der Geringfügigkeit der damals zur Verfügung stehenden Mittel.

Hier fängt die Philosophie an

Wenn Platon im Phaidon schreibt: «Ehe wir anfingen, zu sehen oder zu hören oder die anderen Sinne zu gebrauchen, mussten wir schon irgendwoher die Erkenntnis bekommen haben des eigentlich Gleichen …», oder Kant von den Vorstellungen «a priori» spricht*, so ist das nur auf den ersten Blick verschieden von unserem Ergebnis. Verschieden insofern, als

* Zum Beispiel glaubt Kant, unser Verstand hätte eine Zeitvorstellung a priori, hätte also eine Vorstellung von Zeit, ehe und ohne Zeit erfahren zu haben.

das Hirn keinerlei A-priori-Eigenschaften zu haben braucht. Es gibt solche A-priori-Vorstellungen wohl auch gar nicht. Die Kantsche Vorstellung eines A-priori-Wissens von der Zeit etwa ist wohl falsch. Denn unsere natürliche Zeitvorstellung ist falsch, das wissen wir seit Einsteins Relativitätstheorie. Und eine falsche A-priori-Vorstellung ist natürlich keine A-priori-Vorstellung.

Recht hatten sie allerdings damit, dass es kein Denken aus sich selbst heraus geben kann, Gedanken ohne Inhalt sind tatsächlich leer. Nur eben liegt das «a priori» nicht im Geist selbst, wie sie dachten. Sondern außerhalb, es liegt in der Tatsache, dass ein Ensemble von bits nur dann Entropie abstrahlt, wenn es mit der Außenwelt gekoppelt ist und sich mit dieser in Beziehung setzt. Es gibt einen physikalisch messbaren Unterschied zwischen echter Information und einer Tüte beliebiger bits. Dieses ist das «a priori» und bildet das Tor, durch welches unser Geist in die Wirklichkeit gelangen kann.

Hier hört die Philosophie auf

Berücksichtigt man ihre vergleichsweise geringen Ausdrucksmöglichkeiten und die Einfachheit ihrer geistigen Werkzeuge, so ist erstaunlich, wie weit unsere Vorfahren gekommen sind. Denn immerhin, wenn in manchem ihr Wissen geringer war als unseres, so waren sie uns in anderem voraus. Selbst dieses Buch wird noch ein oder zwei Seiten brauchen, um dahin zu gelangen, wo Platon schon vor mehr als 2000 Jahren war, als er den Eros als die Triebfeder der Philosophie identifizierte (also wohl auch die der Physik) und auf die entscheidend wichtige Verbindung hinwies zwischen Eros, Musik und Mathematik.

Wie haben unsere Ahnen es geschafft, so weit zu kommen? Wie konnten sie selbst da noch zu wertvollen Erkenntnissen kommen, wo ihre Argumente zweifelhaft waren?

Sie haben es wohl gefühlt, jedenfalls hat das Einstein behauptet. Haben gefühlt, dass es da draußen etwas gibt. Mit «da draußen» meine ich außerhalb des eigenen Kopfes. Etwas, das wir nicht gemacht haben, es war vor uns da, das nicht von uns abhängt. Unser Kopf versucht es zu erkennen, erschafft es aber nicht. Etwas, das außerordentlich geordnet ist. Ich greife vor: etwas von allumfassender Schönheit.

«Sie haben es wohl gefühlt», sagten wir das soeben? Was haben denn Gefühle mit Wissenschaft zu tun? Gefühle, sind das nicht diese Entwicklungsprobleme junger Leute, die man mit etwas Erziehung und Selbstbeherrschung beheben kann? Was hat das mit Wissenschaft zu tun?

Einmal dienen Gefühle wie Hunger und Durst dazu, das einzelne Lebewesen zu erhalten; ein männliches Lebewesen empfindet ein weibliches als «schön», damit die Art erhalten bleibt. Das war wohl die ursprüngliche Funktion der Gefühle, sie sind ein Überlebensvorteil. Dabei ist es aber nicht geblieben.

Denn wenn das Denken versucht, sich zunehmend zu ordnen, so braucht es irgendein Maß für die Ordnung. Es muss merken, ob ein bestimmter Denkschritt in einer höheren Ordnung resultiert oder nicht. Das Hirn kann nicht mit dem Taschenrechner herumgehen und nachrechnen: «Habe ich mit diesem Gedanken nun meine Entropie erniedrigt?» Es hat keinen Taschenrechner.

Gefühle sind aus irgendeinem Grund sensitiv für Ordnung. Sie sind vielleicht kein sehr gutes und empfindliches Instrument, aber mir ist kein anderes bekannt.

Auch jemand, der keine Ahnung hat von Wellen, weiß, ob er nur ein Geräusch hört oder einen Ton. Ein Geräusch besteht aus einer willkürlichen, ungeordneten Folge von Schallwellen. Ein Ton besteht aus einer Sinusschwingung, also einer vollständig geordneten und vollständig einfachen Abfolge von Druckschwankungen. Der Ton einer Geige oder einer Trompete ist noch mehr geordnet als ein einfacher Ton, er enthält Sinusschwingungen in einer ganz bestimmten Zusammensetzung. Noch höher geordnet ist ein Musikstück. Den Unterschied zwischen Geräusch und Ton empfinden wir. Wir sind für ihn sensitiv, und zwar einzig und allein vermittels des Gefühls. Ein Ton kann sehr schön sein, ein Geräusch nicht.

Unser Gefühl sagt natürlich nicht: «Dies ist geordnet, ich finde Ordnung (oder Information) im Ausmaß von 1200 k.»

Sondern es sagt: «Dies ist schön, ich könnte heulen, so schön ist es.» Ich habe keine Ahnung, wie das Gehirn das schafft, aber es schafft es jedenfalls, das ist eine objektive Tatsache.

Auch wenn ich nicht weiß, wie das im Einzelnen funktioniert – das zu wissen wäre hochinteressant –, so ist doch klar, dass Gefühle nicht nur der Absicherung und Koordinierung des biologischen Lebens dienen (Hunger, Durst, Weibchen guut), sondern noch zu dieser zweiten Funktion fähig sind. Sie sind empfindlich für Entropieunterschiede, als Spürhund des Ordnungsprozesses spüren sie Ordnungen auf.

Gefühle sind also keineswegs so subjektiv, wie man oft denkt. Es ist das Gefühl, das sagt, ob eine Formel schön ist. Nur die schönen Formeln stellen sich als richtig heraus. Gefühle sind somit die Voraussetzung fürs kreative Denken. «Heureka» ist eine rein emotionale Reaktion. Wer Heureka ruft, dem ist es gelungen, ein Teil der außerhalb liegenden Ordnung nachzuformen, und das fühlt er.

Sind wir mit unseren Überlegungen am Ende, und ist, was ich sage, vollständig? Ganz bestimmt nicht. Jetzt wird es erst so richtig interessant. Und hoffentlich wirst du einmal das, was ich hier, so gut ich halt kann, anzudeuten versucht habe, genauer und vollständiger verstehen. Wenn die Physik weiter ist. Und die Gesellschaft. Vor allem die.

Aber trotzdem traue ich mich zu sagen, dass es hier erst so richtig interessant wird. Denn da, wo selbst der angebliche Widerspruch zwischen Verstand und Gefühl sich auflöst, wird auch die Rolle der Kunst verständlich. Da, wo verständlich wird, was hinter dem Bemühen der Mathematik oder der Philosophie um die Wirklichkeit steht, da führen alle Wege, die sich einst getrennt haben, wieder zusammen. Vermutlich auch die Wege, welche wir, absichtlich oder unabsichtlich, zu erwähnen ganz vergessen haben.

Womit wir uns wieder am Anfang dieses Buches befinden, bei den Eltern der Physik. Lass uns deshalb das Buch beenden, so werden Anfang und Ende eins.

Beenden heißt hier aber nicht vollenden, die Physik ist ja noch zu jung, um vollendet zu sein. Das macht nichts. Ist die Physik doch nur eine von vielen Geschichten, mögen es tausend sein oder auch eine mehr. Und was die eine nicht zu berichten weiß, davon erzählt die andere. Und sind, jede für sich unvollständig, vollendet zusammen.

Doch würde ich ein vollständiges Physikbuch denn schreiben wollen, wenn ich könnte? Würde ich die Physik abschließen, läge das in meiner Macht? Nein. Weiß nicht warum.

Anhang

Fast nichts – Differential und Integral

«Achtung, 12 % Gefälle!», sagt das Schild am Straßenrand, und das verspricht entweder enorme Beschleunigungen und spektakuläre Geschwindigkeiten, wie sie dein Fahrrad sonst nie erreicht, oder es bedeutet Schweiß und ersten Gang. Je nachdem, ob die Steigung nach oben oder nach unten geht. Das könnte man ja auch auf das Schild schreiben, –12 % oder +12 % müsste man schreiben, aber Vorzeichen lässt man im Straßenverkehr meist weg, man sieht ja, ob es rauf oder runter geht.

12 % Gefälle heißt, dass es auf 100 Meter Weglänge 12 Meter hinauf oder hinunter geht (denn 12 ist 12 % von 100, 1 % bedeutet 1 Hundertstel). Haben wir damit irgendwas Besonderes gesagt? Wir haben lediglich ausgesprochen, was jeder weiß, dass eine Straße mit Gefälle eine Steigung besitzt, die kann man durch eine Zahl ausdrücken. Nein, wirklich, das ist nichts Besonderes, fast nichts haben wir damit gesagt und jedenfalls gar nichts, was neu wäre.

Wir zeichnen die Straße trotzdem, obwohl es wirklich fast nichts ist (siehe Abb. rechts).

Natürlich haben wir nicht die Straße selbst gezeichnet, sondern nur eine Funktion, die angibt, wie hoch die Straße an irgendeinem Punkt ihres Verlaufes ist. Nennen wir die Funktion f. Die Höhe der Straße ist f, die Achse nach rechts ist x, beide, f und x, lassen wir anfangen, da, wo in unserer Zeichnung die

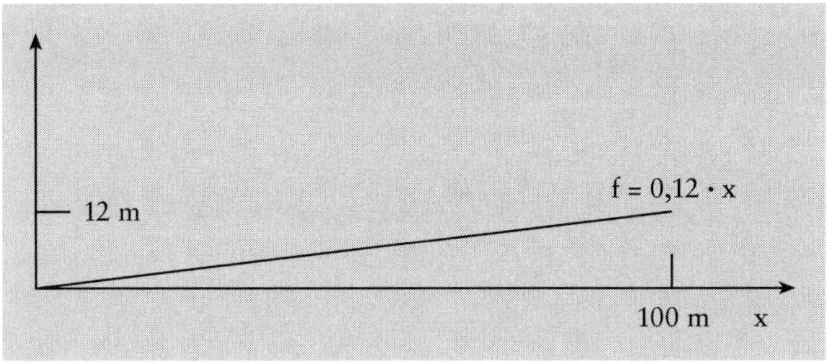

Straße anfängt, das ist f = 0 und x = 0. Dann lautet die Funktion der Straße $f = 0{,}12 \cdot x$. Die Steigung der Straße ist überall gleich, 12 %, also schreiben wir 0,12, es ist dasselbe. Das Rezept, mit dem man diese Steigung ausrechnet, ist einfach: Wenn über einen Wegabschnitt Δx die Straße um die Höhe Δf anwächst, so ist die Steigung gleich $\Delta f / \Delta x$. Entscheidend wichtig ist, man darf das keineswegs vergessen, dass man nicht irgendein Stückchen Δf nimmt und irgendein Stückchen Δx, sondern das Δf, das zu einem bestimmten Δx gehört, so wie es in der Figur gezeichnet ist. Das ist völlig trivial, aber es ist wichtig, drum sag ich's.

Nun kann es aber sein, dass die Straße nicht so gleichmäßig verläuft. Wir zeichnen ein Beispiel (siehe S. 284). Welche Steigung hat diese Straße? Eine unsinnige Frage, und deshalb kann man auf sie keine vernünftige Antwort geben.

Sondern man muss hinzufügen, an welcher Stelle der Straße man die Steigung wissen möchte. «An der Stelle x.» Wenn wir wie vorher irgendein Δx und irgendein zugehöriges Δf nehmen, so kommt fast das richtige für die Steigung heraus, aber nicht ganz. Das siehst du in der Figur. Unser Rezept von vorher funktioniert nicht. Müssen wir also ein Rezept erfinden für den Fall, dass die Straße nicht gerade ist? Entweder das, oder wir vergrößern. Denn in der Mathematik gibt es keine Einheiten und keine Maßstäbe. Dafür gibt es das Unendliche. Lass uns die Funktion an der Stelle, die wir eingekringelt haben ver-

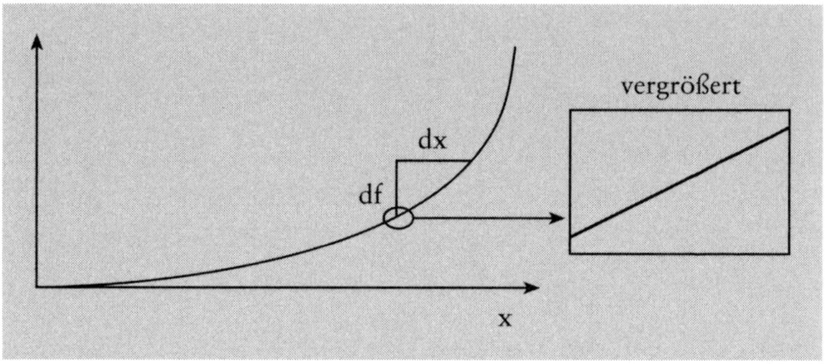

größern. Das ist im Viereck gezeigt. Das schaut schon fast wie eine Gerade aus. Wir können beliebig weitervergrößern, bis wir tatsächlich eine Gerade haben. Oder jedenfalls fast. Mit beliebiger Genauigkeit eine Gerade haben, mit unendlicher Genauigkeit eine Gerade haben.

Das ist das Schöne an der Mathematik, dass es da unendlich gibt. Na ja, der Rest ist dann klar: Wir können wieder unser Rezept von vorhin benutzen, denn nun haben wir es wieder mit einer Geraden zu tun, deren Steigung ist $\Delta f / \Delta x$.

$\Delta f / \Delta x$ geht also immer. Nur muss man bei einer gebogenen Kurve erst mal vergrößern. Oder, was dasselbe ist, Δf und Δx sehr klein wählen. Beliebig klein. Dann schreibt man nicht Δ, sondern nur d. d ist ein beliebig kleines Δ.

Und anstatt immer «Steigung der Funktion f» zu sagen, schreiben wir einfach f'. $f' = df/dx$.

Bei unserer ersten Straßenfunktion war die Steigung einfach anzugeben. 0,12 war sie. Die Funktion selbst war $f = 0{,}12 \cdot x$, die Steigung war 0,12.

Aber wie ist das mit einer schwierigen Funktion, sagen wir mal $f = 3 \cdot x^2 - 5x$? Du kannst ja mal fünf Minuten drüber nachdenken, aber bitte nicht länger, sonst wirst du wahnsinnig, und ich wär schuld. Da muss man nun einen wirklich genialen Gedanken haben. Was wir bisher gesagt haben, war ja alles sehr einfach, es war fast nichts, ich hab es eigentlich nur hingeschrieben, damit es keine Missverständnisse gibt, damit du verstehst, wie ich es meine. In der Umgangssprache war es trivial und fast nichts, was wir gesagt haben. Die geniale Idee besteht nur einfach darin, dieses fast nichts in die Sprache der Mathematik zu übersetzen. Denn dann übernimmt die Mathematik die Lösung unserer Probleme, und wir selbst haben keine mehr.

Das «beliebig klein» unserer Diskussion zu übersetzen, ist geschenkt. Die Mathematik kennt ja keine Maßstäbe, klein, groß, alles einerlei, wir schreiben's halt sicherheitshalber hin, dass es klein wird, aber das ist trivial. Wenn ich sagen will, «die Länge Δx soll unendlich klein werden», so schreib ich einfach «$\Delta x \to 0$».

Das Schwierige ist, eine Übersetzung zu finden für unsere Forderung «nehme das Δf, welches zu einem bestimmten Δx gehört». Man muss es so hinschreiben können, dass zu jedem beliebigen Δx, sei es auch noch so klein, automatisch immer das richtige Δf dasteht.

Hier ist die geniale Übersetzung unserer Forderung ins Mathematische; $f' = (f(x + \Delta x) - f(x)) / \Delta x$ für $\Delta x \to 0$. Nun hat Δf immer die richtige Größe, automatisch passend zu jedem beliebigen Δx.

(Einen Mathematiker wär das noch nicht genau genug, er würde sich am $\Delta x \to 0$ stören, es wäre ihm zu vage. Er würde erst mal den Limesbegriff definieren und Konvergenzkriterien für unendliche Reihen aufstellen und so weiter. Aber wir wollen ja nur das Prinzip verstehen, für uns reicht die Übersetzung).

Schade, dass die Idee nicht von mir ist, sie ist von Leibniz und Newton. Sie ist die Grundformel der Differentialrechnung.

Das Geniale an ihr ist, dass wir nun die Mathematik mit ihrem ganzen Instrumentarium auf unser vorheriges Problem loslassen können: Die Ableitungen sehr einfacher Funktionen weiß ich, zum Beispiel von $0{,}12 \cdot x$, aber was mach ich mit komplizierten Funktionen? Unsere Formel erlaubt es, die Ableitungen schwieriger Funktionen in Ableitungen einfacher Funktionen zu zerlegen.

Beispiel: Eine komplizierte Funktion f bestehe aus der Summe zweier einfacherer Funktionen, g und h. Also $f = g+h$.

Dann ist $f' = (g+h)' = ((g(x+\Delta x)+h(x+\Delta x)) - ((g(x)+h(x))) / \Delta x$. (Weil ja $g+h$ an der Stelle x nichts anderes ist als $g(x)+h(x)$, und $g+h$ an der Stelle $x+\Delta x$ ist halt $g(x+\Delta x) + h(x+\Delta x)$.)

Das braucht man nur ein bisschen umstellen, Klammerrechnen und Bruchrechnen, und dann kommt raus $f' = (g(x+\Delta x)-g(x))/\Delta x + (h(x+\Delta x)-h(x))/\Delta x$, was nichts anderes ist als $g' + h'$. Also $f' = g' + h'$, wenn $f = g + h$.

Wenn ich also die Ableitung der Funktionen g und h kenne, so bekomme ich auch die Ableitung der Funktion $g + h$. Und so kann man das weitertreiben. Wenn $f = g \cdot h$ ist, so gilt $f' = f \cdot g' + f' \cdot g$. Und es gibt noch eine Menge anderer Regeln dieser Art.

Bereits mit diesen beiden Regeln können wir unser vorheriges Problem lösen: $f = 3x^2-5x$ lässt sich zerlegen in die Funktionen $g = 3$, $h = x \cdot x$ und $k = 5x$. $f' = 6x - 5$.

Übrigens sagt man in der Mathematik meist nicht «Steigung ausrechnen», sondern «Ableitung bilden».

Die Differentialrechnung ist so wichtig in der Physik, weil viele physikalische Variablen miteinander durch Differentialgleichungen verbunden sind. Zum Beispiel sind Ort x, Geschwindigkeit v und Beschleunigung a miteinander verbunden. Die Geschwindigkeit v ist ja $v = \Delta x / \Delta t$, in unserer allgemeineren Schreibweise, die auch funktioniert, falls sich die Geschwindigkeit ständig verändert: $v = dx/dt$. Und ebenso $a = dv/dt$.

Wenn man also weiß, wie sich etwas bewegt, wenn man also seinen Ort kennt in Funktion der Zeit, $x(t)$, so hat man ganz automatisch auch seine Geschwindigkeit $x'(t)$ und seine Beschleunigung $x''(t)$ (x'' bedeutet ‹Ableitung der Ableitung von x›. Und so wie $f' = df/dx$ kann man auch die zweimalige Ableitung schreiben als $f'' = d^2f/dt^2$).

Und weil ja die Kraft, die auf einen Körper wirkt $F = ma$ ist, so kennt man somit auch die Kraft in Funktion der Zeit. Alles, ohne viel nachzudenken, die Mathematik gibt es einem ganz automatisch.

Ebenso kann man auf das umgekehrte Problem stoßen: Man kennt eine Funktion f und weiß, die ist die Ableitung einer anderen Funktion, F, aber die Funktion F selbst kennt man nicht. Zum Beispiel, ich kenne die Geschwindigkeitsfunktion v(t) deines Schulwegs. Weiß also, wie schnell du zu verschiedenen Zeiten fährst. Will aber eigentlich die Schulwegfunktion selbst wissen, also x(t).

Das geht mit Hilfe der Integralrechnung. Das Integrieren ist einfach die Umkehrung des Differenzierens.

Das Differenzieren einer Funktion bedeutet anschaulich, ihre Steigung auszurechnen. Das Integrieren hingegen läuft darauf hinaus, die Fläche unter der Funktion auszurechnen. Der Trick bei der Sache liegt wieder in der Nutzung des unendlich Kleinen. Man zerstückelt die Funktion in unendlich viele kleine Stückchen und addiert die dann auf. Es ist sehr beeindruckend, aber wie so was im Prinzip funktioniert, haben wir schon bei der Differentiation gesehen.

Das mathematische Zeichen für Integrieren ist «$\int$». Wenn die Funktion F das Integral ist von der Funktion f, so schreibt man $\int f = F$, wobei $F' = f$.

Und genauso wie beim Differential kann man auch hier wieder eine Menge Rechenregeln angeben, die es ermöglichen viele auch sehr komplizierte Funktionen ganz einfach zu integrieren.

Da siehst du, welch geniale Sachen man tun kann, wenn man die Unendlichkeit zur Verfügung hat. Manchmal scheint mir, dass die Mathematik immer da genial wird, wo sie mit dem Unendlichen hantiert. Während die Physik dort ihre genialsten Ergebnisse erhält, wo sie Rücksicht darauf nimmt, dass es außerhalb unserer Gedankenwelt das Unendliche gar nicht gibt.

Der Autor

Hans Graßmann wurde 1960 in Bamberg geboren. Bereits während seines Physikstudiums in Erlangen und Hamburg entwickelt er zusammen mit Mitarbeitern des Max-Planck-Instituts eine neue Methode für die Kalorimetrie, das heißt zur Messung der Energie hochenergetischer Teilchen (inzwischen sind mehrere Hochenergiedetektoren, unter anderem der zurzeit modernste in Stanford, mit der von ihm entwickelten Technologie ausgerüstet), die ihn zum viel gefragten Forscher macht. Noch während seiner Promotion geht er an das europäische Kernforschungszentrum CERN nach Genf, wo er von August 1984 bis März 1988 mit dem Nobelpreisträger Carlo Rubbia zusammenarbeitet. Anschließend geht er nach Italien, an das INFN (istituto nationale di fisica nucleare, vergleichbar den Max-Planck-Instituten in Deutschland), um eine Forschergruppe zusammenzustellen, die an einem erstklassig ausgerüsteten Kernforschungsinstitut, dem Fermilab, in Chicago nach dem Top Quark suchen soll. 1994 gelingt es ihm, zusammen mit M. Cobal und G. Belletini, tatsächlich das Top Quark nachzuweisen, das schwerste existierende Teilchen.

Verwundert darüber, dass kaum noch jemand zu verstehen scheint, womit sich die Physiker eigentlich beschäftigen und warum, versucht er nun, die Physik einmal so zu erklären, dass jeder sie verstehen kann. Wenn er oder sie nur will. Schon in seinem ersten Buch «Das Top Quark, Picasso und Mercedes-Benz» (das 1997 erschienen ist und jetzt als rororo Taschenbuch vorliegt) weckte Hans Graßmann «mit Bonbons aus der Forschungsgeschichte Appetit auf die Physik» *(Frankfurter Allgemeine Zeitung)*.